国家科学技术著作出版基金

“十二五”国家重点图书出版规划项目

先进制造理论研究与工程技术系列

FLOW COUPLING HYDROSTATIC TRANSMISSION TECHNOLOGY WITH SECONDARY REGULATION

二次调节流量耦联静液传动技术

● 姜继海　苏文海　著

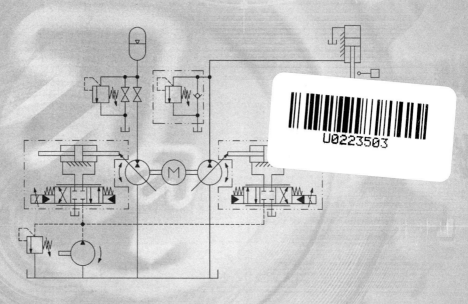

哈爾濱工業大學出版社
HARBIN INSTITUTE OF TECHNOLOGY PRESS

内 容 提 要

本书以节能为目的，介绍了二次调节流量耦联静液传动技术的总体结构、控制特性和应用等。主要内容有：二次调节流量耦联静液传动系统的组成和工作原理；二次调节流量耦联静液传动系统的数学模型；二次调节流量耦联静液传动系统的控制方法；二次调节流量耦联静液传动系统的仿真研究；二次调节流量耦联静液传动系统的试验研究；二次调节流量耦联静液传动技术的应用等。

本书可供从事液压系统设计、研究和使用的工程技术人员参考，也可作为高等学校机械与液压专业本科生和研究生的选修教材。

图书在版编目（CIP）数据

二次调节流量耦联静液传动技术/姜继海，苏文海著. —哈尔滨：哈尔滨工业大学出版社，2017.6

ISBN 978-7-5603-6653-1

Ⅰ.①二… Ⅱ.①姜… ②苏… Ⅲ.①静液压传动 Ⅳ.①TH137

中国版本图书馆 CIP 数据核字（2017）第 111830 号

策划编辑　张　荣　鹿　峰
责任编辑　范业婷
出版发行　哈尔滨工业大学出版社
社　　址　哈尔滨市南岗区复华四道街 10 号　邮编 150006
传　　真　0451-86414749
网　　址　http://hitpress.hit.edu.cn
印　　刷　哈尔滨久利印刷有限公司
开　　本　787mm×1092mm　1/16　印张 14　字数 324 千字
版　　次　2017 年 6 月第 1 版　2017 年 6 月第 1 次印刷
书　　号　ISBN 978-7-5603-6653-1
定　　价　46.00 元

编写委员会名单

（按姓氏笔画排序）

主　任　姚英学

副主任　尤　波　巩亚东　高殿荣　薛　开　戴文跃

编　委　王守城　巩云鹏　宋宝玉　张　慧　张庆春

郑　午　赵丽杰　郭艳玲　谢伟东　韩晓娟

编审委员会名单

（按姓氏笔画排序）

主　任　蔡鹤皋

副主任　邓宗全　宋玉泉　孟庆鑫　闻邦椿

编　委　孔祥东　卢泽生　李庆芬　李庆领　李志仁

李洪仁　李剑峰　李振佳　赵　继　董　申

谢里阳

总　　序

自1999年教育部对普通高校本科专业设置目录调整以来，各高校都对机械设计制造及其自动化专业进行了较大规模的调整和整合，制定了新的培养方案和课程体系。目前，专业合并后的培养方案、教学计划和教材已经执行和使用了几个循环，收到了一定的效果，但也暴露出一些问题。由于合并的专业多，而合并前的各专业又有各自的优势和特色，在课程体系、教学内容安排上存在比较明显的“拼盘”现象；在教学计划、办学特色和课程体系等方面存在一些不太完善的地方；在具体课程的教学大纲和课程内容设置上，还存在比较多的问题，如课程内容衔接不当、部分核心知识点遗漏、不少教学内容或知识点多次重复、知识点的设计难易程度还存在不当之处、学时分配不尽合理、实验安排还有不适当的地方等。这些问题都集中反映在教材上，专业调整后的教材建设尚缺乏全面系统的规划和设计。

针对上述问题，哈尔滨工业大学机电工程学院从“机械设计制造及其自动化”专业学生应具备的基本知识结构、素质和能力等方面入手，在校内反复研讨该专业的培养方案、教学计划、培养大纲、各系列课程应包含的主要知识点和系列教材建设等问题，并在此基础上，组织召开了由哈尔滨工业大学、吉林大学、东北大学等9所学校参加的机械设计制造及其自动化专业系列教材建设工作会议，联合建设专业教材，这是建设高水平专业教材的良好举措。因为通过共同研讨和合作，可以取长补短、发挥各自的优势和特色，促进教学水平的提高。

会议通过研讨该专业的办学定位、培养要求、教学内容的体系设置、关键知识点、知识内容的衔接等问题，进一步明确了设计、制造、自动化三大主线课程教学内容的设置，通过合并一些课程，可避免主要知识点的重复和遗漏，有利于加强课程设置上的系统性、明确自动化在本专业中的地位、深化自动化系列课程内涵，有利于完善学生的知识结构、加强学生的能力培养，为该系列教材的编写奠定了良好的基础。

本着“总结已有、通向未来、打造品牌、力争走向世界”的工作思路，在汇聚多所学校优势和特色、认真总结经验、仔细研讨的基础上形成了这套教材。参加编写的主编、副主编都是这几所学校在本领域的知名教授，他们除了承担本科生教学外，还承担研究生教学和大量的科研工作，有着丰富的教学和科研经历，同时有编写教材的经验；参编人员也都是各学校近年来在教学第一线工作的骨干教师。这是一支高水平的教材编写队伍。

这套教材有机整合了该专业教学内容和知识点的安排，并应用近年来该专业领域的科研成果来改造和更新教学内容、提高教材和教学水平，具有系列化、模块化、现代化的特点，反映了机械工程领域国内外的新发展和新成果，内容新颖、信息量大、系统性强。我深信：这套教材的出版，对于推动机械工程领域的教学改革、提高人才培养质量必将起到重要推动作用。

蔡鹤皋
哈尔滨工业大学教授
中国工程院院士
丁酉年8月

前　言

静液传动是液压技术的一部分，具有功率密度大、控制特性好等突出优点，在国民经济中的许多方面均得到了广泛的应用。随着近年来能源短缺问题的不断出现，静液传动控制系统除了要完成人们所需的功能外，还要考虑到对能量的有效利用，因此，静液传动控制系统的节能问题成为了当前流体传动及控制技术研究的主要方向之一。在静液传动系统中采用各种有利于节能的新技术是大功率静液传动控制系统发展的总趋势。

对静液传动技术而言，节能措施主要是对静液传动元件进行结构上的优化设计和对静液传动系统进行总体上的优化设计。在静液传动系统中，二次调节静液传动系统是通过对二次元件进行调节来实现能量转换和传递的系统，该技术不但能够实现功率匹配，还能对工作过程中的制动能和势能进行回收和重复利用。本书是机械工业出版社 2013 年出版的《二次调节压力耦联静液传动技术》的姊妹篇，二次调节流量耦联静液传动技术是静液传动系统的一个重要分支，这里主要研究的是二次调节静液传动技术与流量耦联系统的结合，在流量耦联系统中对具有四象限工作能力的能量转换元件进行无节流闭环控制的系统，其目的是发挥各自的优势，提高系统的控制性能，同时提供某些工况下能量回收的可能性。二次调节流量耦联静液传动系统是对原来基于二次调节压力耦联静液传动系统的扩展，可以进一步扩大二次调节静液传动技术的应用领域。

本书主要内容取材于作者的相关研究、博士学位论文及在国内外发表的论文，是作者多年研究工作成果的总结，全书共分 7 章，主要内容包括：概论；二次调节流量耦联静液传动系统的工作原理；二次调节流量耦联静液传动系统的数学模型；二次调节流量耦联静液传动系统的控制方法；二次调节流量耦联静液传动系统的仿真研究；二次调节流量耦联静液传动系统的试验研究和二次调节流量耦联静液传动技术的应用。

在本书的写作过程中，得到了哈尔滨工业大学机电工程学院流体控制及自动化系静液传动技术课题组的教师和学生的无私帮助，同时也得到了许多同行和朋友的关心与帮助，在此深表感谢。同时感谢本书所引用参考文献的作者，由于本书写作时间比较长，有些引用文献的出处可能遗忘或疏漏，恳请有关作者谅解。

本书中所涉及内容的研究是在国家自然科学基金、车辆传动国防科技重点实验室基金以及浙江大学流体传动及控制国家重点实验室开放基金的资助下完成的，在此一并表示感谢，还要感谢国家科学技术学术著作出版基金在本书撰写和出版过程中给予的帮助和支持。

由于作者的水平有限，一些新的领域涉足的时间还不长，本书难免存在疏漏之处，恳请各位读者批评、指正，本人将不胜感激。

作　者

2017 年 1 月

目　　录

第1章 概　　论

1.1 静液传动

静液传动是液压技术的一部分,它主要利用液体的压力能来传递能量,也称液压传动。静液传动是诸多传动技术中的一种,现已经发展成包括传动、控制和检测在内的一门完整的自动化技术。它具有功率密度大、控制特性好等突出优点,在国民经济中的许多方面都得到了广泛的应用,在某些领域中甚至占有压倒性的优势。例如,国外现在生产的工程机械的95%、数控加工中心的90%、自动线的95%以上都采用了静液传动。采用静液传动的程度已经成为衡量一个国家工业水平的重要标志之一。

静液传动由于具有许多优点而被广泛地应用于各行各业之中,其在各行业中的应用比例如图1.1所示。

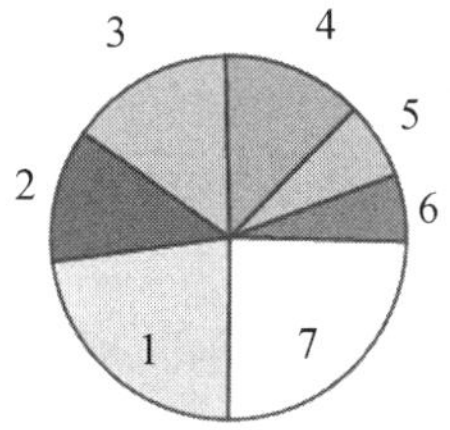

图1.1　静液传动技术在各行业中的应用比例

1—通用机械,通用设备,橡胶和塑料机械,冶金和轧钢机械,建筑材料机械,矿山机械;2—机床;3—工程机械;4—道路运输工具,公共汽车,有轨车辆;5—提升技术,采掘技术(包括堆料机);6—农业机械,农业拖拉机;7—其他

图1.2给出了同等功率时柴油发动机、电动机和液压泵三者之间的大致体积比,由此可以看出液压技术的突出优点。

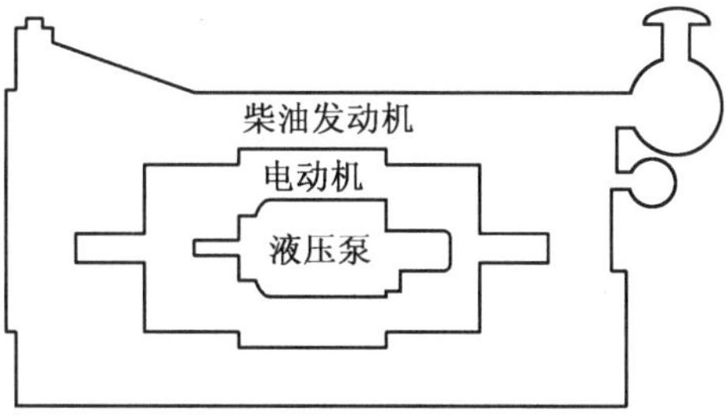

图1.2　同等功率时柴油发动机、电动机和液压泵的大致体积比

近些年由于科学技术的不断发展,通过提高液压元件的工作压力和液压泵的工作转

速使得静液传动的质量功率比由1950年的3 kg/kW下降到1990年的0.5 kg/kW。目前进一步的研究使液压泵的质量功率比进一步降到了0.25 kg/kW。它的工作压力和转速已分别提高到了原来的4倍和2倍。目前国外大多数液压元件的额定压力为35 MPa,有些甚至已达到42 MPa、45 MPa,且还有继续增大的趋势。正是因为这种高功率密度的特点才使得静液传动在各类机械和设备中都得到了广泛的应用,特别是在行走机械中由于其工作环境和工作特点等因素,使多数设备均采用静液传动技术,甚至是全液压驱动和传动技术。此外,静液传动还易于实现工作过程的自动化。因此,近几十年它在机械工程领域中得以较高速度的增长,也正是由于用静液传动作为肌体,用电子元器件和计算机作为神经和大脑来组成的液压控制系统能达到其他元件所不能达到或难以达到的目的,而使机电液一体化技术得到飞速的发展。

但是,目前静液传动也正面临着更高要求的挑战,特别是进入21世纪以来,来自于电气传动、电控伺服元件(伺服电动机和电动缸)、机械传动和交流伺服技术的高速发展所带来的竞争,使得静液传动的增长速度相对减慢,并使得有关专家对此给予高度重视。为了克服静液传动的缺点,发挥其长处,进一步使静液传动长足地发展,从事静液传动研究的专家和学者一直都在努力改进液压元件和液压系统的设计,以提高液压元件和液压系统的性能和效率。同时,随着人类可利用的能源越来越少,环境污染越来越严重,基于对节约能源和环境保护的要求,能量回收和能量重新利用等问题也正在被提到议事日程上来。

1.2　二次调节静液传动

二次调节静液传动技术的一般定义为:在液压恒压系统中对液压泵/马达无节流地进行闭环控制的液压传动技术。

如果把液压系统中机械能转化成液压能的元件(液压泵)称为一次元件或初级元件,则把液压能和机械能可以互相转换的元件(液压泵/马达)称为二次元件或次级元件,二次调节静液传动就是通过对二次元件(液压泵/马达)进行控制和调节来实现能量转换和传递的。

二次调节静液传动的最初发展和实现是以压力耦联系统为基础的,因此在定义中体现了恒压系统的前提条件。通常压力耦联系统也被称为恒压网络或准恒压网络。它是在1977年由德国汉堡国防科技大学(Hochschule der Bundeswehr,Hamburg)的H. W. Nikolaus教授在专利中提出来的,由于其具有的突出特点,使其在被人们逐渐认识之后得到了迅速地发展。但到目前为止,国内外专家、学者对二次调节静液传动技术的研究大都是在基于压力耦联的恒压网络或准恒压网络中展开的。虽然二次调节压力耦联系统有许多优点,但在该类系统接入排量不能改变的液压执行元件时(如液压缸、定量液压马达),系统必须引入相应的压力转换装置(如液压变压器)来实现系统中的恒压油源与变压载荷之间的协调关系。这类装置的引入使系统结构复杂、效率降低、成本升高,给二次调节静液传动技术的推广带来了不利影响。

后经相关学者研究,在该类系统中引入二次调节流量耦联系统,很好地解决了上述难题。在二次调节流量耦联静液传动系统中,液压泵供给负载需要的流量,液压泵的输出压力随负载变化,在系统中没有节流元件。

在二次调节流量耦联静液传动系统中,当负载发生变化时,系统的流量基本保持不变,而系统的工作压力随负载大小而改变,即外负载决定了系统工作压力。

在这种系统中没有能量存贮元件(液压蓄能器)与液压执行元件相连,液压执行元件的工作速度由液压泵的输出流量决定。这种流量耦联系统一般只适用单负载或性质完全相同的多个负载,对多个不相关的负载,流量"耦合"的效率较低。

二次调节流量耦联静液传动是对二次调节静液传动技术的拓展和延伸,对于扩大该项技术的应用领域,节省我国及世界有限的能源都具有深远的意义,本书将着重对二次调节流量耦联静液传动技术进行介绍。

1.3　二次调节流量耦联静液传动

1.3.1　流量耦联静液传动

某些液压系统仅由一个液压泵和一个液压执行元件组成,在这种液压系统中液压泵和液压执行元件的流量是相适应的,它们是通过流量来相互关联的,即液压执行元件的输出转速(速度)、输出转矩(力)、回转方向等性能参数决定于液压泵的工作状况,它们都是通过直接或间接调节液压泵(或液压马达)的排量来实现变换和控制的,这种液压系统称为流量耦联静液传动系统。

在流量耦联静液传动中通过改变变量泵(或变量马达)的排量来调节液压执行元件的运动速度,液压泵输出的液压油全部直接进入液压缸或液压马达,无溢流损失和节流损失。而且,液压泵的工作压力随负载的变化而变化,因此,这种系统的效率高、发热量少。多数用于工程机械、矿山机械、农业机械和大型机床等大功率的液压传动系统中。

流量耦联静液传动系统中的油液循环有开式和闭式两种方式。

在开式循环回路中,液压泵从油箱中吸入液压油,执行元件的回油排至油箱。这种循环回路的主要优点是油液在油箱中能够得到充分的冷却,使油温降低,同时便于沉淀油液中的杂质和析出气体;主要缺点是空气和其他污染物侵入油液的机会多,侵入后影响系统的正常工作,降低油液的使用寿命,另外,油箱结构尺寸较大,占有一定空间。

在闭式循环回路中,液压泵将油液压送到液压执行元件的进油腔,同时又从液压执行元件的回油腔吸入液压油。闭式回路的主要优点是不需要大的油箱,结构尺寸紧凑,空气和其他污染物侵入系统的可能性小;主要缺点是散热条件差,对于有补油装置的闭式循环回路来说,结构比较复杂,造价较高。

按液压执行元件形式的不同,流量耦联静液传动可分为液压泵-液压缸式和液压泵-液压马达式两类。绝大部分液压泵-液压马达式流量耦联静液传动和部分液压泵-液压缸式流量耦联静液传动的油液循环采用闭式方式。

(1)液压泵-液压缸流量耦联静液传动。

液压泵-液压缸开式流量耦联静液传动回路如图1.3所示。

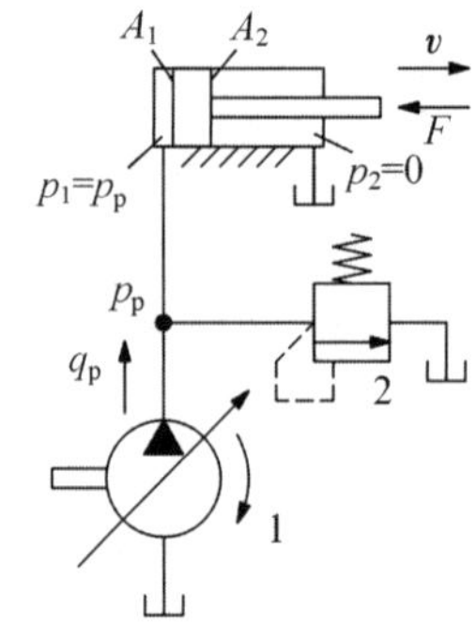

图 1.3　液压泵-液压缸开式流量耦联静液传动回路

1—变量泵;2—安全阀

液压泵-液压缸开式流量耦联静液传动回路由变量泵、液压缸和起安全作用的溢流阀组成。通过改变液压泵的排量 V_p-可调节液压缸的运动速度 v。

图 1.4 为液压泵-液压缸闭式流量耦联静液传动回路。

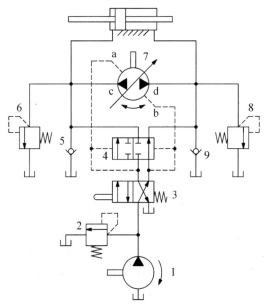

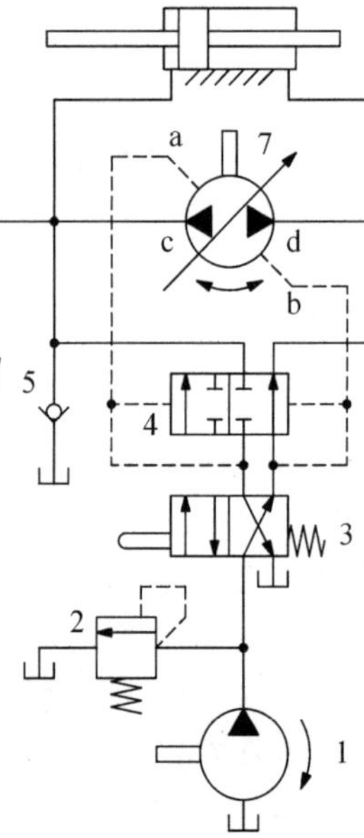

图 1.4　液压泵-液压缸闭式流量耦联静液传动回路

1—补油泵;2—溢流阀;3—机动换向阀;4—液动换向阀;5,9—单向阀;6,8—安全阀;7—双向变量泵

液压泵-液压缸闭式流量耦联静液传动回路中的液压缸由双向变量泵 7 供油驱动,在双向变量泵和液压缸之间组成闭式循环回路。改变双向变量泵的排量可调节液压缸的速度,改变双向变量泵的输出油方向,可使液压缸运动换向。该回路设有补油和运动换向装置。当机动换向阀 3 和液动换向阀 4 处于图示位置时,双向变量泵 7 的油口 c 为压油口,液压缸活塞向右运行。补油泵 1 输出的低压油经机动换向阀 3 和液动换向阀 4 的右位,向双向变量泵 7 的吸油口 d 补油。当机动换向阀 3 变换位置使左位接入系统时,补油泵 1 输出的压力油一方面使液动换向阀 4 的左位接入系统,同时作用在双向变量泵 7 的控制油缸 a 上,使双向变量泵 7 改变输油方向,这时,d 为压油口,c 为吸油口;另一方面经

液动换向阀 4 的左位向双向变量泵 7 的吸油口 c 补油。溢流阀 2 用来调节补油泵 1 的工作压力(也就是液压缸回油腔和双向变量泵吸油口压力),同时,将补油泵 1 输出的多余油液溢回油箱。双向变量泵 7 只在换向过程瞬间经单向阀 5 或 9 从油箱中吸油。两个安全阀 6 和 8 用以限定回路在每个方向的最高压力,起过载保护作用。

(2)液压泵-液压马达流量耦联静液传动。

液压泵-液压马达流量耦联静液传动有变量泵-定量马达、定量泵-变量马达和变量泵-变量马达三种不同的组合形式,它们普遍用于工程机械、行走机构、矿山机械以及静压无级变速装置中。

①变量泵-定量马达流量耦联静液传动。图 1.5 为闭式循环的变量泵-定量马达流量耦联静液传动回路。

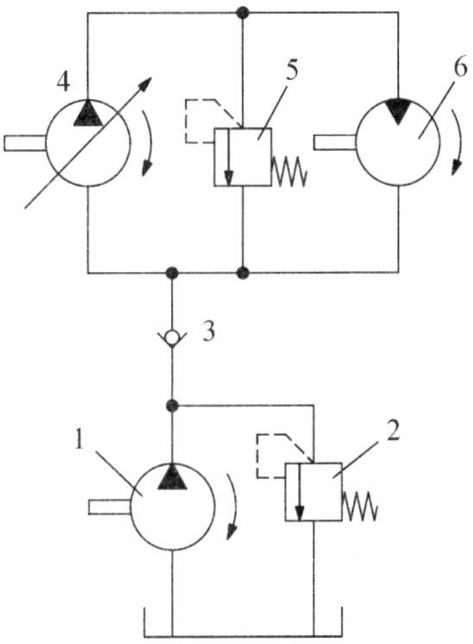

图 1.5　闭式循环的变量泵-定量马达流量耦联静液传动回路

1—补油泵;2—溢流阀;3—单向阀;4—变量泵;5—安全阀;6—定量马达

闭式循环的变量泵-定量马达流量耦联静液传动回路由变量泵 4、定量马达 6、安全阀 5、补油泵 1、溢流阀 2 和单向阀 3 等组成。改变变量泵 4 的排量 V_p,即可以调节定量马达 6 的转速 n_M。安全阀 5 用来限定回路的最高压力,起过载保护作用。补油泵 1 用以补充由泄漏等因素造成的变量泵 4 吸油流量的不足部分。溢流阀 2 用来调节补油泵 1 的输出压力,并将其多余的流量溢回油箱。

在正常工作条件下(除了 V_p过小而不能承受负载的工况外),回路输出转矩与实际的负载转矩相等。回路的工作压力由负载转矩决定。因此,当负载转矩增大时,回路的工作压力自动增大,负载转矩减小时,回路的工作压力自动减小。当回路的工作压力随负载增大到安全阀 5 所调定的压力 $p_{安}$时,负载转矩如果再增大,回路就无力驱动负载,则液压马达停止转动。这样,安全阀 5 的调定压力就决定了这种回路输出转矩的最大能力。该回路输出的最大转矩为

$$T_{\mathrm{Mmax}}=\frac{\Delta p V_{\mathrm{M}}}{2\pi}\eta_{\mathrm{mM}} \tag{1.1}$$

式中　Δp——压差,Pa。

$$\Delta p = p_S - p_0$$

式中　p_S——液压泵出口(液压马达入口)压力,Pa;

p_0——补油压力,Pa。

由式(1.1)可以看出,该回路的最大输出转矩不受变量泵4的排量V_p的影响,而且与调速无关,在高速和低速时回路输出的最大转矩相同,并且是个恒定值,故称这个回路为恒转矩调速回路。

该回路的输出功率由实际负载功率决定。在不考虑管路泄漏和压力损失的情况下,当回路输出最大转矩时,回路的最大输出功率为

$$P_{\mathrm{Mmax}} = 2\pi T_{\mathrm{Mmax}} n_{\mathrm{M}} = \Delta p V_{\mathrm{M}} n_{\mathrm{M}} \eta_{\mathrm{mM}} = p_S n_p V_p \eta_{\mathrm{M}} \tag{1.2}$$

综上所述,该回路的工作特性($n_M - V_p$,$T_M - V_p$,$P_M - V_p$)曲线如图1.6所示。

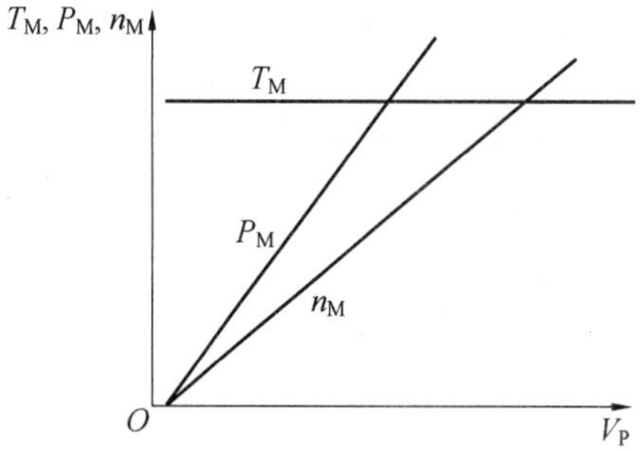

图1.6　变量泵-定量马达流量耦联静液传动回路工作特性

变量泵-定量马达流量耦联静液传动回路的调速范围可达40。当回路中的液压泵和液压马达都能双向作用时,液压马达可以实现平稳换向。这种回路在小型内燃机车、液压起重机、船用绞车等处的有关装置上均得到了应用。

②定量泵-变量马达流量耦联静液传动。带有辅助泵补油装置的定量泵-变量马达流量耦联静液传动类似图1.5,只是变量泵4改为定量泵,定量马达6改为变量马达。液压马达的转速通过改变它自身的排量V_M进行调节。

在正常工作条件下,回路的输出转矩与负载转矩相等,工作压力由负载转矩决定。回路能输出的最大转矩受安全阀调定压力限定,并且与液压马达排量成正比。

该回路输出功率的最大值同式(1.2)。由式(1.2)可以看出,该回路输出功率的最大能力与调速参数V_M无关。即回路能输出的最大功率是恒定的,不受转速高低的影响。因此,称这种回路为恒功率调速回路。

综上所述,该回路的工作特性曲线($n_M - V_M$,$T_M - V_M$,$P_M - V_M$)如图1.7所示。

由于液压泵和液压马达存在着泄漏和摩擦等损失,在$V_M = 0$处附近,n_M、T_M、P_M均等于零。

这种调速回路的调速范围很小,一般不大于3。这是因为过小地调节液压马达的排量V_M,会导致输出转矩T_M值降至很小,甚至带不动负载,使高转速受到限制;而低转速又由于马达泄漏使其数值不能太小。

定量泵-变量马达流量耦联静液传动回路的应用不如变量泵-定量马达流量耦联静液传动回路广泛,其在造纸、纺织等行业的卷曲装置中得到了应用,能使卷件在不断加大

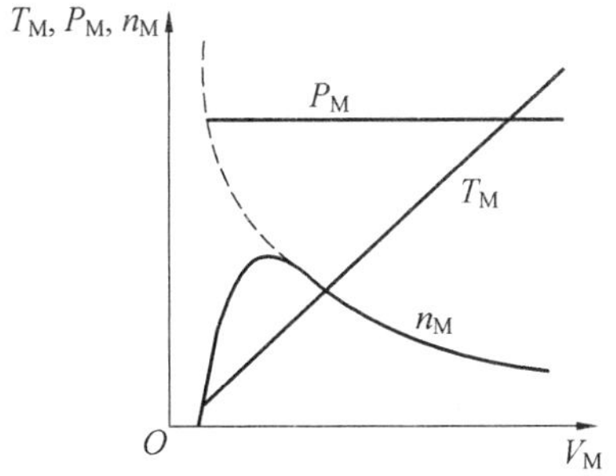

图 1.7　定量泵-变量马达流量耦联静液传动回路工作特性

直径的情况下，基本上保持被卷件的线速度和拉力恒定不变。

③变量泵-变量马达流量耦联静液传动。图 1.8 为带有补油装置的闭式循环双向变量泵-变量马达流量耦联静液传动回路。

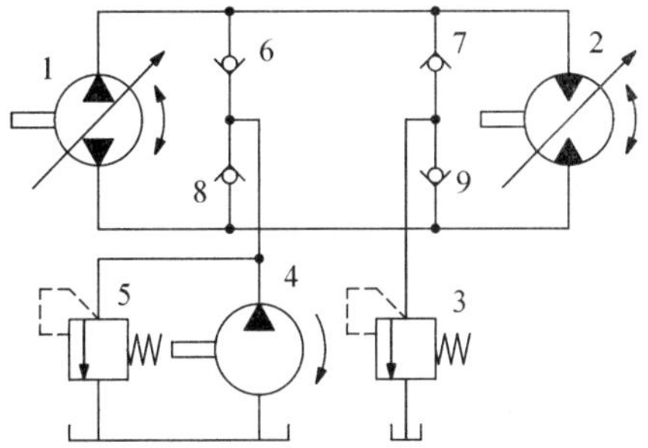

图 1.8　变量泵-变量马达流量耦联静液传动回路

1—双向变量泵；2—双向变量马达；3—安全阀；4—补油泵；5—溢流阀；6，7，8，9—单向阀

在该闭式循环双向变量泵-变量马达流量耦联静液传动回路中改变双向变量泵 1 的供油方向，可使双向变量马达 2 正向或反向转动。左侧的两个单向阀 6 和 8 保证补油泵 4 能双向地向变量泵 1 的吸油腔补油，补油压力由溢流阀 5 调定。右侧两个单向阀 7 和 9 使安全阀 3 在吸油腔随着变量泵的转动方向改变而改变。在变量马达 2 的正反向时，都能起过载保护作用。

变量泵-变量马达流量耦联静液传动回路中液压马达转速的调节可分成低速和高速两段进行。在低速段，将变量马达 2 的排量调到最大，通过调节变量泵 1 的排量来改变马达的转速，所以，这一速度段为变量泵-定量马达流量耦联静液传动回路的工作特性。在高速段，是将变量泵 1 的排量调至最大后，改变变量马达 2 的排量来调节马达转速，所以，这一速度段为定量泵-变量马达流量耦联静液传动回路的工作特性。图 1.9 为该回路的转矩和功率输出特性曲线。这种回路的调速范围是变量泵的调节范围 R_{CP} 与变量马达调节范围 R_{CM} 之积。因此，调速范围大（可达 100）。

这种回路适宜于大功率液压系统，如港口起重运输机械、矿山采掘机械等。在这种液压系统中，当不考虑液压泵和液压马达的泄漏和摩擦等损失，并且系统压力没有达到安全阀开启压力时，液压泵的输出功率完全由液压马达转换为机械功率，液压泵和液压马达的工作压力和流量是完全相等的。当负载发生变化时，系统的流量基本保持不变，系统压力

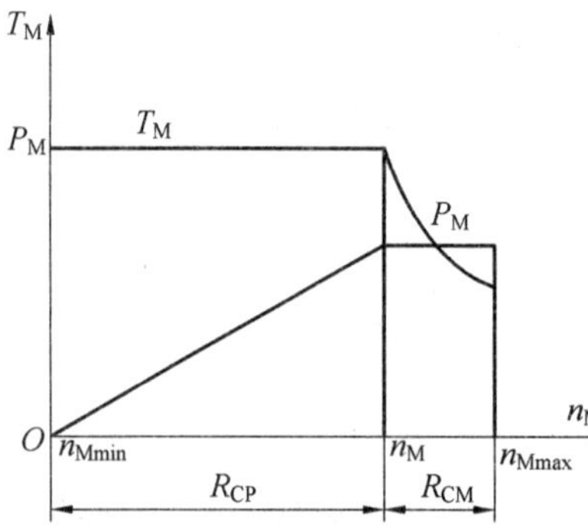

图 1.9 变量泵-变量马达流量耦联静液传动回路的转矩和功率输出特性曲线

随负载变化,即负载决定了系统的工作压力。该系统能够正常工作的先决条件是系统的工作压力能快速对负载的变化做出反应,在条件允许的范围内,系统压力迅速达到负载所需要的压力。这种液压系统中液压泵输出的流量决定了液压马达的转速,改变液压马达输入压力油方向可改变液压马达的转动方向。

1.3.2 二次调节流量耦联静液传动概述

(1)二次调节流量耦联静液传动的定义。

这里是在压力耦联的二次调节静液传动系统基础上,提出的二次调节流量耦联静液传动系统。

对二次调节流量耦联静液传动做如下定义:二次调节流量耦联静液传动系统是在流量耦联系统中对具有四象限工作能力的能量转换元件(液压泵/马达)进行无节流闭环控制的系统,其所组成的二次调节流量耦联静液传动系统如图 1.10 所示,在该系统中为简化说明其工作情况,没有考虑补油回路。

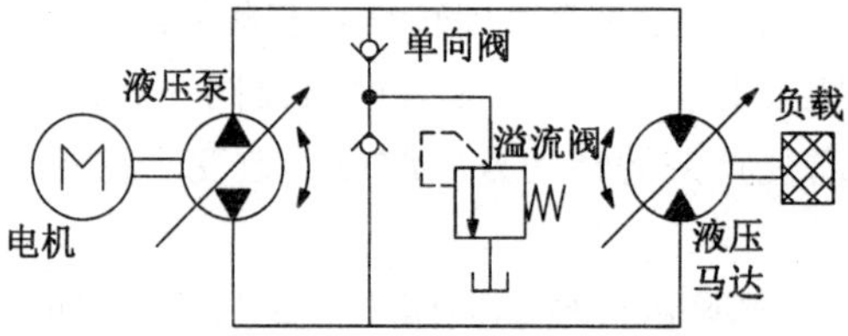

图 1.10 二次调节流量耦联静液传动系统组成

二次调节流量耦联静液传动是二次调节静液传动技术与流量耦联系统的结合,其目的是发挥各自的优势,提高系统的控制性能,同时提供某些工况下能量回收的可能性。二次调节流量耦联静液传动系统是对基于压力耦联系统的二次调节静液传动系统的扩展,它能够进一步扩大二次调节静液传动技术的应用领域。

(2)二次调节流量耦联静液传动的特点。

二次调节流量耦联静液传动系统的特征有以下三点:

①具有四象限工作能力的能量转换元件;

②无节流地进行闭环控制;

③能实现势能或动能的回收与再利用。

(3)二次调节流量耦联静液传动的工作原理。

图 1. 11 所示为液压执行元件是液压缸的二次调节流量耦联静液传动系统工作原理图。该系统的压力取决于液压缸所带负载,通过调节二次元件 2(液压泵/马达)的排量实现对液压缸 6 速度的控制。利用冲程开关发出信号使电磁换向阀 5 换向,实现液压缸 6 的上、下往复运动。当负载 9 运动有位能变化时,该系统提供了能量回收的可能性,具有四象限工作能力的液压泵/马达 2 在提升重物时工作在液压泵工况,向负载 9 输出能量;在重物下降时,液压泵/马达 2 工作在液压马达工况,可将重物势能进行回收和存储,并在提升重物时重新利用。对于该系统,若实现能量的回收和存储,并在提升重物时重新利用,需在系统中接入能量回收装置,此时系统才能成为真正意义上的二次调节流量耦联静液传动系统。

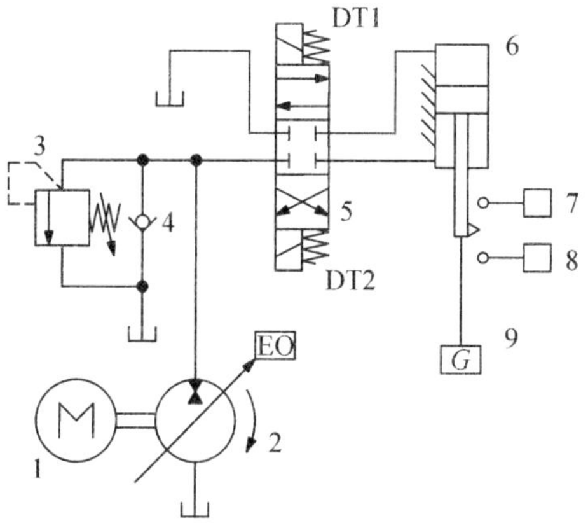

图 1. 11　二次调节流量耦联静液传动系统工作原理图

1—电动机;2—二次元件(液压泵/马达);3—溢流阀;4—单向阀;

5—电磁换向阀;6—液压缸;7,8—冲程开关;9—负载

根据能量回收装置所采用的储能单元不同,可分为不同储能回收工作原理的二次调节流量耦联静液传动系统。本书着重介绍飞轮储能型、液压蓄能器储能型和电网回馈储能型二次调节流量耦联静液传动这三类系统。

1.3.3　二次调节流量耦联静液传动的优点

二次调节流量耦联静液传动系统是对二次调节静液传动技术的继承和发展,因此很好地继承了二次调节静液传动系统的以下优点:

(1)无节流和溢流损失;

(2)能在四个象限内工作,提供了回收与重新利用系统重力势能和制动动能的可能性;

(3)可通过调节二次元件的排量实现速度和功率的控制;

(4)具有良好的控制性能;

(5)减小系统的装机功率,降低了设备的制造成本。

除此之外,与二次调节压力耦联静液传动相比,二次调节流量耦联静液传动还具有以下优点:

(1)克服了二次调节压力耦联静液传动系统不宜接入定量执行元件(如液压缸和定量液压泵)的劣势,无须引入价格昂贵且技术还不成熟的压力转换装置(液压变压器)来实现系统压力与变压载荷工况之间的协调关系,可直接与定量执行元件连接,为提高液压系统的效率提供了一条非常有效的途径;

(2)更容易实现对单负载和非变量负载系统的控制,能够更方便地实现重力势能的回收和重新利用;

(3)采用液压蓄能器进行能量回收时,液压蓄能器内压力的变化与负载系统压力的变化无关,因此压力波动对系统无影响,且能在工作压力较高的液压系统中获得较好的能量回收和重新利用效果。

当然,二次调节流量耦联静液传动系统还存在一些缺点:

(1)由于使用了液压泵/马达和能量回收装置,使系统的装机成本有所增加;

(2)二次调节流量耦联静液传动系统一般只适用单负载或性质完全相同的多负载,对多个不相关的负载,流量"耦合"的效率很低。

1.4 国内外二次调节静液传动技术研究

1.4.1 国外二次调节静液传动技术研究

自 H. W. Nikolaus 教授在其专利中提出二次调节静液驱动的概念后,1980 年原联邦德国的 W. Backé 教授和 H. Murrenhoff 先生开始从事液压直接转速控制的二次调节静液传动系统研究,那时的二次元件(液压泵/马达)的变量油缸是单出杆活塞缸。1981 年 H. W. Nikolaus 教授研究了二次元件采用双出杆活塞变量油缸来对液压直接转速进行控制的二次调节静液传动系统。在液压直接转速控制二次调节静液传动系统中,用测速泵作为二次元件输出转速的检测和反馈元件,由于测速泵的最小感知转速较高,所以当测速泵的转速低于系统所需要的最小感知转速时,测速泵不能真实地检测和反馈二次元件的输出转速,因此,这种系统的调速范围比较小,最低工作转速也比较高。从 1981 年开始,德国汉堡国防工业大学静液传动和控制试验室研究液压先导控制二次调节静液传动控制系统,其中包括机液位移反馈调速系统和机液力反馈调速系统两种调节形式。1983 年开始研究电液转速二次调节静液传动控制系统和电液转角二次调节静液传动控制系统,在电液控制系统中,用测速电动机作为二次元件的检测和反馈元件。由于测速电动机的最小感知转速比测速泵的最小感知转速小得多,因而使得电液调速系统的调速范围比机液调速系统的调速范围大得多。此外,用测速电动机测量转速所消耗的功率比用测速泵所消耗的功率小得多,因而使得该系统的效率得到了提高。在此基础上,国外学者又进行了其他方面的研究,包括对单反馈和双反馈电液转速控制系统的研究。1987 年 F. Metzner 为提高系统的控制性能,还提出了数字模拟混合转角控制系统,将经过电液力反馈转速控制的二次元件作为被控对象,用数字 PID 控制方法,能实现位置(转角)、转速、转矩和功率控制。W. Holz 先生发表连载文章从基本原理开始介绍二次调节静液传动系统并给出应用的可能性。1993 年 W. Backé 教授和 Ch. Koegl 对转速和转矩控制的二次调节静液传动问题进行了研究,其中包括该系统中两个参数解耦问题的研究。1994 年 R. Kodak 先生研究了具有高动态特性的电液二次调节转矩控制系统。在单反馈控制、双反馈控制及闭环数字控制等的研究基础上,此技术被逐渐地应用于生产实际中。类似的二次调节静液传动系统曾在德国汉堡国防工业大学静压传动和控制试验室四轮驱动试验车上进行实物实验。1995 年德国力士乐公司为德累斯顿工业大学内燃机和汽车研究所研制了大功率、用于旋转试件并接近于实际运行条件的次级(二次)反馈控制实验台。1997 年美国威斯康星大学的 John Henry Lumkes 应用二次调节静液传动技术直接对福特汽车进行改造,他们采用闭式二次调节静液传动系统,对液压马达的排量采用 Bang-Bang 控制策略进行研究。

德国专家 Z. Pawelski 等将二次调节静液传动系统应用在市区公共汽车的节能控制上,其效果相当显著,改造后市区公共汽车由一台轴向柱塞单元 A4VSO250DS21 来驱动(图 1.12)。它在满载启动时能输出大约 180 kW 的功率,可使汽车在 20 s 内加速到它的最大速度——50 km/h,而发动机的功率却只有 30 kW,其 150 kW 的差值是从液压蓄能器中获得的。

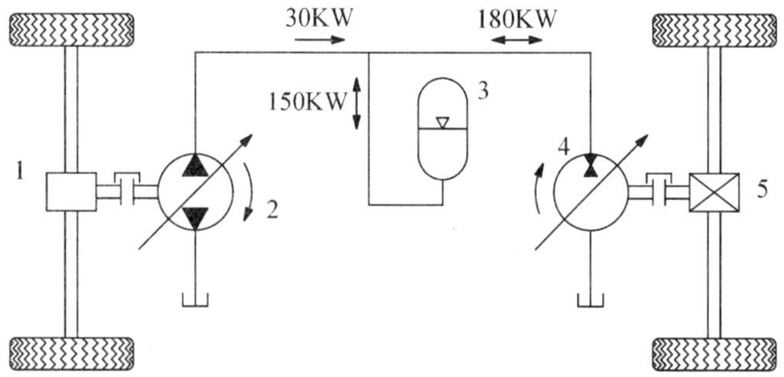

图 1.12 二次调节静液传动应用于公共汽车的工作原理图
1—发动机;2—恒压变量泵;3—液压蓄能器;4—二次元件;5—汽车后桥

日本也积极开发采用二次调节静液传动技术的公共汽车,几家名牌汽车制造公司生产了 CPS(Constant Pressure System)公共汽车,即采用二次调节静液传动技术的公共汽车,使其在东京等三个城市中运营,其尾气排放和燃油费用各降低了 20% 以上。1998 年,德国液压专家 R. E. Parisi 探讨了利用二次调节静液传动技术获取石油高产的可行性。国外的研究一直在不断地发展,并且在生产实际中不断地扩大其应用范围。近几年国外多家单位(如德 FEVEngine Technology Inc.、美 Southwest Research Institute、美 Michigan 大学、英 Ricard 等著名研究机构与高校)相继开展相关研究,报道与论文数也有明显的增长。如美国环保署(U. S. Environmental Protection Agency)立项支持美国福特(Ford)汽车公司与伊顿(Eaton)公司共同研制液驱车,2004 年已有样车参展。2005 年 2 月,美国环保署在其网站上公布了与四家单位合作研制新一代全液驱车的消息,并提出将液驱车技术从实验室向市场转化的目标。最近几年,瑞典 Linköping 大学的 Jan-Ove Palmberg 和 Ronnie Werndin 又提出了新型液压变压器(IHT)的概念,欲将恒压系统与变压载荷连接起来,这将扩大二次调节技术的应用领域,使液压缸接入二次调节系统中使用后,能方便地实现对压力和流量的控制。

1.4.2 国内二次调节静液传动技术研究

国内对二次调节静液传动技术的研究始于 1989 年。哈尔滨工业大学的谢卓伟博士首先对二次调节静液传动的原理及其机液、电液调速特性进行了理论分析,并于 1990 年在哈尔滨工业大学机械工程系液压传动与气动实验室的实验台上用单片机组成闭环控制系统进行实验研究,提出了用变结构 PID 控制算法来控制二次元件的转速,取得了较好的控制效果。此后,蒋晓夏博士对二次元件的模型进行了一定的简化,研究了用微机控制的二次调节静液传动系统,并引入了仅需要输入输出信号的二次调节全数字自适应控制系统。1995 年,哈尔滨工业大学机械工程系的姜继海博士用智能 PID、神经网络和模糊控制等控制方法分别对二次调节的转速控制和转角控制进行研究。1997 年,哈尔滨工业大学田联房博士首次在国内采用国产元件,自行设计、加工、安装了第一台二次调节转矩伺服加载实验台,从时域和频域两个方面对其进行分析,并进行了转速和转矩的解耦控制研究。1999 年,哈尔滨工业大学的战兴群博士对二次调节系统在重力负载和恒转矩负载条件下的静态调速特性进行了研究,建立了二次调节转矩加载实验装置的数学模型,采用神经优化的 T-S 模糊模型控制方案对加载系统进行了研究。哈尔滨工业大学的徐志进硕士、刘宇辉硕士、孙兴义硕士和高维忠硕士分别对二次调节静液传动系统的转角控制、双闭环转速控制、转矩控制和功率控制方面进行了研究。浙江大学的金力民等根据二次调节系统的数学模型,研究了低速滞环问题,并采用非线性补偿算法来克服低速滞环。中国农机研究所的闫雨良等也进行过二次元件调速特性的实验研究,并将其应用于遥控装载机行走液压传动系统中。上海煤炭机械研究所的蒋国平搭建了采用二次元件——A4VSO DS 通轴泵和利用次级(二次)传动技术的功率回收液压实验台,并展示了各元件并联在恒压网络中相互独立、互不影响的优点。同济大学的范基、萧子渊等也对二次调节的节能液压系统研制和二次调节静液传动技术进行了研究,其实验系统的二次元件是由 ZM75 变量马达改制的,其作用除回收二次调节系统的回转运动和直线运动的能量外,还可为实验系统加载。1998 年以来,吴光强、王会义、姜继海和赵春涛等分别对二次调节传动技术做了理论和实验研究。2003 年,北京理工大学苑士华发表了论文《城市用车辆制动能量回收的液压系统设计》,对车辆制动能量进行回收研究,该研究依据客车四工况循环图要求,进行了仿真计算,仿真结果显示节油率达到 28%。2003 年,浙江大学顾临怡等提出一种“定流网络二次调节液压系统”。2005 年,南京理工大学韩文研制了基于二次调节静液传动技术的新型电控液驱车实验装置。2005 年,哈尔滨工业大学刘宇辉和姜继海进行了基于二次调节静液传动技术的液压抽油机研究(图 1.13)。

2006 年和 2008 年,哈尔滨工业大学刘晓春、Okoye Celestine N. 利用二次调节能量回收技术进行了将能量回馈电网的研究,取得了不错的效果。2008 年,哈尔滨工业大学刘海昌利用二次调节技术、能量回收技术进行了回收机械能的研究。在元件生产和研制方面,国内贵阳航空液压件厂引进了德国力士乐公司可用于二次调节静液传动系统的二次元件制造技术后,有关技术人员和科技人员在吸收和消化该技术的基础上,进行了研究,并取得了一些阶段性成果;北京华德液压工业集团有限责任公司也进行了同样的尝试。

综上所述,国内外很多专家学者对二次调节静液传动技术进行了研究,并取得了显著

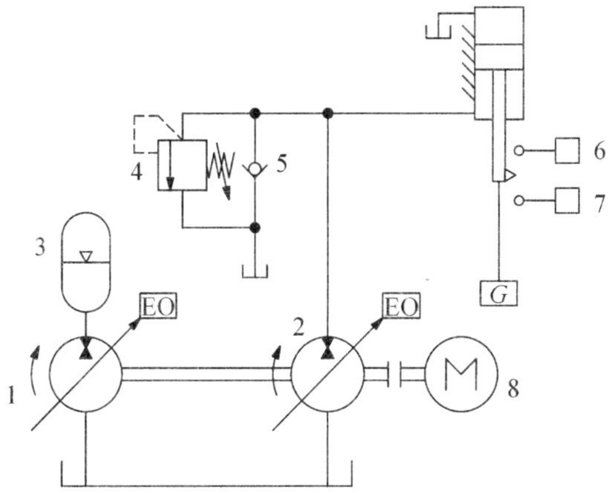

图1.13 基于二次调节静液传动技术的液压抽油机原理图
1,2—二次元件(液压泵/马达);3—液压蓄能器;4—溢流阀;
5—单向阀;6,7—行程开关;8—电动机

的成绩。但对该技术的研究多数是在基于压力耦联的恒压网络或准恒压网络中展开的。现有的二次调节压力耦联系统存在不宜直接接入排量不能改变的液压执行元件(如液压缸)的缺点。如果执行元件是液压缸,则在系统中必须引入相应的压力转换装置(液压变压器)来实现系统恒压油源与变压载荷工况之间的协调关系。这类装置的引入给二次调节压力耦联系统在生产实际中的推广应用带来了诸如使系统结构复杂、效率降低、成本升高等不利影响。而将二次调节技术与传统的流量耦联系统相结合,组成的二次调节流量耦联静液传动系统可以很好地解决所存在的问题。

1.5 二次调节流量耦联静液传动系统的关键元件

1.5.1 二次元件

在二次调节流量耦联静液传动系统中驱动负载部分的核心元件为二次元件,即液压泵/马达。二次元件对负载转矩或转速变化的反应,最终是通过改变液压泵/马达的排量来实现的。这种调节是在输出区的液压泵/马达上进行的,调节功能不改变系统的工作压力而是通过液压泵/马达自身的闭环反馈控制来实现。

为了实现能量回收的目的,二次元件能在四个象限内工作,既有“液压泵”工况,也有“液压马达”工况。当二次元件工作于液压泵工况时,向系统回馈能量。这里可以通过改变能量的存储形式(如动能、电能)或不改变能量的存储形式来存储能量,这部分能量既可储存起来,也可以立即提供给其他用户。

现有的液压泵/马达就是轴向柱塞元件,市场上成熟的二次元件产品目前只有德国力士乐公司的 A4VSO DS(图1.14)和 A10VSO DS(图1.15)两个系列的液压泵/马达,在我国贵州力源液压股份有限公司和北京华德液压工业集团有限责任公司也有类似产品。

图 1.14 A4VSO DS 系列二次元件

图 1.15 A10VSO DS 系列二次元件

1.5.2 储能单元

由于在二次调节流量耦联静液传动中所回收的能量形式可以是机械能、液压能或电化学能、电能，因此下面分别介绍在这四种能量回收过程中所涉及的储能单元。

(1)飞轮储能。

飞轮储能是机械储能的一种储能形式，以惯性能(动能)的方式将能量储存在高速旋转的飞轮中，其储能量可由下式计算：

$$E=\frac{1}{2}I\omega^2 \tag{1.3}$$

式中 I——飞轮转动惯量，kg · m²；

ω——飞轮转速，rad/s。

在诸多的储能方式中，以飞轮动能储存方式最为简单，并可以达到相当高的能量密度和功率密度。但由于来自轴承的摩擦损耗，使得飞轮系统仅能用作短时储能来用于负载的均衡化或满足负载高峰时的需求。20 世纪 90 年代以来，由于高强度纤维材料、低损耗磁轴承和电力电子学等方面的发展，飞轮储能得到世界各国的高度重视，成为研究热点，飞轮储能技术也随之迅速发展。目前飞轮的边缘速度已超过 1 000 m/s，储能密度达 150(W · h)/kg。飞轮储能显示出大储能、强功率、高效率、长寿命、无污染的优点。

(2)液压蓄能器储能。

液压蓄能器是以液压能的方式储存能量。在系统中由一个具有可逆功能的液压泵/马达实现液压蓄能器中的液压能与其他形式能量之间的转化，在储能时，液压泵/马达以液压泵的形式工作，将高压油压入液压蓄能器中，以液压能的形式储存起来。在能量释放时，液压泵/马达以液压马达的形式工作，高压油从液压蓄能器中输出，驱动液压马达工作，实现液压能的重新利用。其储能量可由下式计算：

$$E=\Delta p\Delta V \tag{1.4}$$

式中 E——存储能量，J；

Δp——液压蓄能器储能前后压力差，Pa；

ΔV——液压蓄能器中储能前后油液体积之差，m³。

液压蓄能器主要有重锤式、弹簧式和气囊式等，其中以气囊式液压蓄能器使用最为广泛,该液压蓄能器是在钢质压力容器内装有气体和油,中间以某种材料隔开,利用密封气体的可压缩性原理制成。同时,液压蓄能器储能可较长时间存储,各个部件技术成熟,工作可靠,便于实现商业化应用。日本的 Mitsubishi 公司、德国的 MAN 公司都曾开发研制过液压蓄能器储能系统,经对样车测试表明:燃油经济性可提高 25% ~30%。目前,该系统已成功地在欧洲和北美多个城市的公共汽车上得到应用。由于使用钢质材料,常规液压蓄能器能量密度较低(单位质量储存的最大能量),而最近在美国出现一种利用碳素纤维和玻璃纤维绕制而成的液压蓄能器,其耐压能力达到了普通使用的钢质液压蓄能器的标准,而其质量却只有钢质液压蓄能器的几十分之一。无疑,这种液压蓄能器能够大幅度提高液压蓄能器的能量密度。

(3)蓄电池储能。

蓄电池是以电化学能的方式储存能量。可以采用具有可逆作用的发电机/电动机实现蓄电池中的电能和其他形式能量之间的转化。蓄电池有很多种类,如铅酸蓄电池、镍镉电池、镍氢电池和锂电池等。目前,从技术成熟程度和性价比综合来看,铅酸电池得到广泛的关注。铅酸电池的阴极为二氧化铅(PbO_2),阳极为金属铅(Pb),电解液为硫酸(H_2SO_4),化学反应方程式如下:

$$Pb_2SO_4+2H_2O \rightleftharpoons PbO_2+H_2SO_4+2H_2+2e^- \tag{1.5}$$

$$PbSO_4+2H_2+2e^- \rightleftharpoons H_2SO_4+Pb \tag{1.6}$$

其中式(1.5)为储能时的化学反应方程式,式(1.6)为释放能量时的化学反应方程式。

现在,铅酸电池已经被广泛地应用于电动汽车上,在车辆制动时,发电动机/电动机以发电动机形式工作,车辆行驶的动能带动发电机将车辆动能转化为电能并储存在蓄电池中。而在车辆启动或加速时,发电机/电机以电动机形式工作,将储存在蓄电池中的电能转化为机械能供给车辆。从式(1.5)可以看出,蓄电池在存电时,有氢气放出,这将增加存电的阻力,导致功率密度(单位质量释放的最大功率)降低。改善铅酸电池性能主要从两方面着手:一是增加电池两极的面积;二是缩短两个极板之间的距离,通常做成螺旋状。铅酸蓄电池仍存在功率密度低、充放电次数少、寿命短、且受温度的影响大的缺点。

(4)超级电容储能。

超级电容器(EDLC)是一种新型电能储能器件,它的电容量极大,可达数千法拉,它既具有静电电容器的高放电功率优势,又具有像电池一样具有较大电荷存储能力。此外,超级电容器还具有容量配置灵活、易于实现模块化设计、循环使用寿命长、工作温度范围宽、环境友好、免维护等优点,这些特性使其更适于苛刻的工作环境。近年来随着碳纳米技术的发展,超级电容器的制造成本不断降低,而其功率密度和能量密度却不断提高,这些都将进一步拓展并加快超级电容器在新型电力储能方面的应用。

超级电容器在储能领域应用非常广泛:可以改善分布式发电系统的稳定性、提高配电网的电能质量、减小电动机车运行时对电网的冲击、加速 UPS 的启动等。

超级电容器由带铝电极的多孔活性炭和有机物电解质组成,电能作为负荷储存于碳电极的表面,储能大小由下式决定:

$$E=\frac{1}{2}CV^2 \tag{1.7}$$

式中 C——电容,F;

V——电压,V。

在日本,EDLC 被开发为大众性的储能设备。1999 年,EDLC 的最大容量为一小节电池 100 μF,2.7 V。目前 EDLC 向两方面开发:一个方向是开发其快速充放电性能以适应汽车和船舶;另一个方向是开发面向商业供电系统的大众化储能设备。恒定电压充放电的电容效率一般是 50%。

恒定电流充电的超级电容效率如下式所示:

$$\eta=\frac{\frac{1}{2}CV^2}{\frac{1}{2}CV^2+ri^2t} \tag{1.8}$$

式中 η——超级电容效率;

r——内部阻抗,Ω;

i——充电电流,A;

t——充电时间,s。

其中$\frac{1}{2}CV^2$ 为储存的能量,ri^2t 为在恒流充电时间 t 期间,因内部阻抗而引起的损耗。式(1.8)是在较小的持续电流和长时间充电,并忽略不计小的内部串联阻抗的前提下所得到的电容工作效率。高能电容的内阻必须要小,以提高能量输出效率。

国内外的专家、学者在这些应用方面都进行了探索性研究。1994 年,美国能源部就对商业化超级电容器的性能指标提出了具体要求:能量密度和功率密度要分别大于 5 W·h/kg和 1 000 W/kg。1996 年,为了满足电动汽车的要求,欧共体制订了电动汽车用超级电容器储能发展计划。日本的本田 FCX 燃料电池——超级电容器混合动力汽车是世界上最早实现商品化的燃料电池轿车,2002 年该车在日本和美国的加州同时上市。俄罗斯的 Eltran 公司、美国的 NASA Lewis 研究中心也在超级电容器混合动力汽车应用方面取得了一定进展。在国内,国家“十五”规划中的“863 计划”电动汽车重大专项也对电动车用超级电容器提出了功率密度要大于 1 000 W/kg 的标准和充放电寿命大于 5 万次的要求。2004 年 7 月,首部“超级电容蓄能变频驱动式无轨电车”在上海投入试运行。上海交通大学、中科院电工研究所、哈尔滨工业大学、北京理工大学等科研院校先后在电动汽车用超级电容器储能的研究方向投入大量的人力、物力,但由于各种原因,超级电容器储能技术在电动汽车领域的应用与国外相比还有一定差距。

(5)超导磁储能。

超导磁储能(Superconducting Magnetic Energy Storage,SMES)储能量大,响应迅速,控制方便、灵活,无污染。1911 年,荷兰物理学家 Onne 就观察到了超导体,但直到 20 世纪 70 年代石油危机时期,超导磁储能才首次被提出作为电力系统的能量存储技术,用以调节日负荷曲线,其目的是为了节约能源。20 世纪 90 年代以来,超导磁储能的研究更热衷于将其用于提高电力系统的稳定性、可靠性以及改善用户的电能质量。SMES 装置投入运行时需要低温容器、制冷装置以维持液化冷却期的低温,廉价可靠的低温冷却技术的开发,会进一步推进超导磁储能的实用化进程。

(6)电网回馈储能。

电网回馈储能是将由生产机械中储存的动能或势能转换而来的电能及时、高效地“回收”到电网,即通过有源逆变装置将再生能量回馈到交流电网,起到能量回收、节能降耗的功用。

如图1.16所示,电能回馈实质上是利用了电动机7和二次元件5的四象限运行特性和变频器8的双向逆变技术。

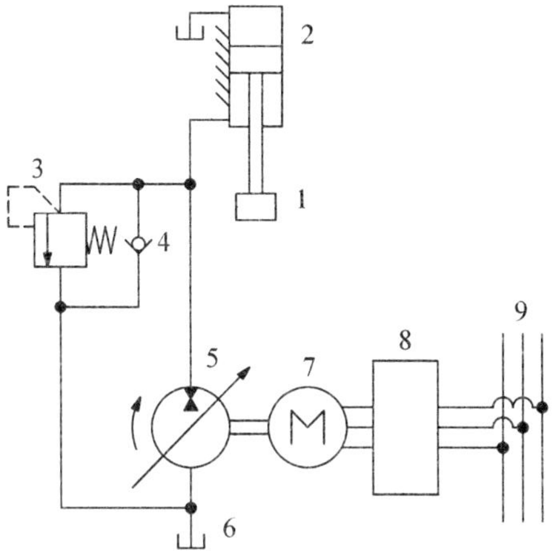

图1.16 电网回馈储能系统

1—负载;2—液压缸;3—溢流阀;4—单向阀;

5—二次元件;6—油箱;7—电动机;8—变频器;9—电网

其工作过程为:负载1上升时,其工作过程和普通应用中的电动机驱动泵工作过程完全一样;当负载1下降时,二次元件5工作在液压马达工况,负载1依靠其势能驱动液压系统运行,并最终带动电动机7和二次元件5同轴转动,此时,利用变频器8减小电动机7的输入频率f,其同步转速也相应减少。

电动机的同步转速和输入频率及极对数的关系如下:

$$n_0=\frac{60f}{p} \tag{1.9}$$

式中 n_0——电动机的同步转速,r/min;

f——输入电流的频率,Hz;

p——旋转磁场的磁极对数。

电动机的输出转速和输入频率及极对数的关系如下:

$$n=(1-s)\frac{60f}{p} \tag{1.10}$$

式中 n——电动机转子的速度,r/min;

s——电动机的转差率。

当电动机7的转子速度大于电动机的同步转速时,电动机7工作在第二象限。此时,电动机处于发电状态,也即通过变频器8向电网回馈电能。回馈的过程如图1.17所示。

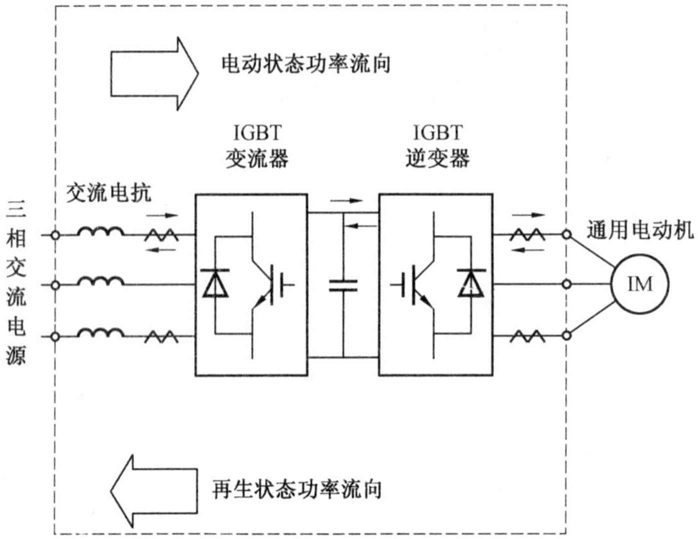

图 1.17 电能回馈电网过程

电能回馈电网最为关键的是控制电流实现正弦化。

从技术层面看,电能回馈控制系统经历了二三十年的发展,给人的印象是较成熟的领域。但是随着电力电子技术和变流技术的快速发展,电能回馈控制系统展现出新的发展趋势,市场对三相电能回馈单元提出了更为严格的性能要求,主要表现如下:

(1)回馈电流的谐波要符合国家标准,即电流总畸变率(Total Harmonic Distortion, THD)小于5%;

(2)电抗器的电感值尽可能小,降低电抗器成本;

(3)载波(Pulse Width Modulation,PWM)频率不应该超过额定开关(Insulated Gate Bipolar Transistor,IGBT)频率,避免损坏 IGBT;

(4)电能回馈单元要求本质可并联使用。随着电能回馈功率增大,三相电能回馈单元并联使用很可能是解决功率要求的唯一途径;

(5)低电磁噪声化、静音化。在某些应用场合,要求电抗器噪声小于 70 dB,例如在电梯电能回馈中,电抗器发出过大噪声是不允许的。

要满足以上五项性能指标,目前仍是未解决的难题,因此电能回馈电网的储能形式的关键技术在于能量回馈单元而不是二次元件,其作为储能形式的研究尚属于起步阶段。

1.5.3 储能单元的比较

酸铅蓄电池、飞轮、超级电容和液压蓄能器性能的比较见表 1.1。

表1.1　储能单元性能的比较

	铅酸蓄电池	飞轮储能	超级电容	液压蓄能器
储能形态	电化学能	机械动能	电能	液压能
功率密度/(kW·kg^{-1})	0.2	0.5~11.9	1	19
能量密度/(W·h·kg^{-1})	65	5~150	10	2
效率	约80%	约90%	约90%	约90%
放能度/DoD	约75%	约95%	约100%	约90%
寿命/年	2~5	>20	>20	~20
安全性	好	不好	好	较差
温度范围	受限	限制很小	限制很小	受限
环保性	差	好	一般	一般
储能持续时间	几年	几十分	几天	几个月
维修性	好	中等	很好	中等
技术成熟程度	成熟	一般	差	好

从表1.1可知液压蓄能器的功率密度最大，可以达到19 kW/kg，而铅酸蓄电池的功率密度最小。铅酸蓄电池和飞轮储能的能量密度较大，液压蓄能器和超级电容的能量密度较小。能量密度和功率密度是储能单元最重要的两个参数，根据不同的应用场合，选择适合的储能单元。不同储能单元的能量密度和功率密度的对比曲线如图1.18所示。

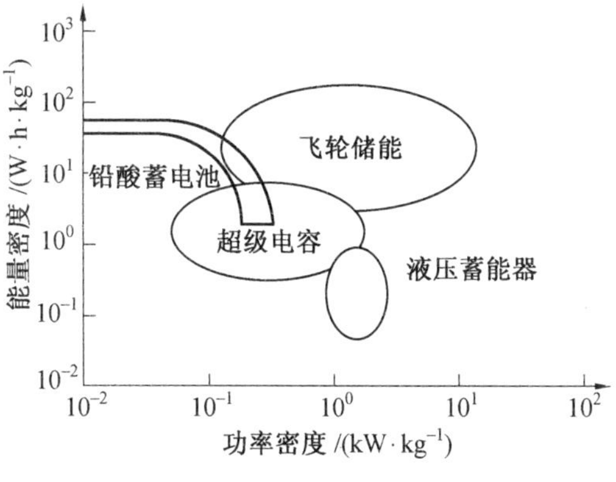

图1.18　不同储能元件的能量密度与功率密度比较

铅酸蓄电池的效率、放能度和寿命都是最低的，飞轮储能不会像铅酸蓄电池那样在废弃时对环境造成化学污染，超级电容有安全性好和放能度高的优点。对于低功率密度和高能量密度要求的场合，铅酸蓄电池是比较适宜的。虽然超级电容的效率、放能度和环保性能优良，但是，其较低的能量密度和技术不太成熟限制了其应用。飞轮储能可以同时提供较大的能量密度和功率密度，但储能持续时间较短。对于功率密度有较高要求的装置，液压蓄能器将成为首选。表1.1中的四种储能单元各有其优缺点，应根据实际工况来确定使用哪种储能单元。

1.5.4 飞轮储能技术的研究和发展

飞轮储能(Flywheel Energy Storage)是一种古老的储能方法。飞轮作为一种简单的机械储能元件,已被人类利用了数千年。从古代陶工的制坯机械、古老的纺车,到18世纪工业革命时期发明的蒸汽机;从现代汽车发动机,到航天飞行器姿态控制用的陀螺等,均使用到了飞轮。飞轮按其构成材料主要分为两种:金属质飞轮与超级飞轮。金属质飞轮以钢质飞轮为主,与超级飞轮相比,此种飞轮能量密度较低,但因其价廉,易于加工,在传动系中便于实现连接而得到广泛应用。超级飞轮选用比强度(拉伸强度/密度)较高的碳素纤维材料制造,能量密度高,然而它的成本相当昂贵,并且转速甚高。为了使飞轮能充分有效地保存能量,常将飞轮运行于密闭的真空系统中。目前该方面的前沿研究是飞轮轴承采用高温超导磁悬浮技术,利用永磁铁的磁通被超导体阻挡所产生的排斥力使飞轮处于悬浮状态。在设计时,既要考虑本身强度,又需注意系统的共振及稳定性。虽然超级飞轮储能附加质量较小,但技术难度大。所以,目前研究方向主要集中在两个方面:一是飞轮储能系统(高速飞轮)的基础研究,包括整机系统及各组件等关键技术的研究;二是飞轮储能系统的应用研究(低速飞轮),主要包括在电力调峰、风力发电、混合动力机车、不间断电源、液压系统等领域的应用研究,而且其应用领域在不断扩大。

(1)国内外高速飞轮储能技术研究现状。

20世90年代以来,由于高强度纤维材料、低损耗磁轴承和电力电子学等方面的发展,高速飞轮储能得到了世界各国的高度重视,成为研究热点,飞轮储能技术也随之迅速发展。日本在高温超导磁悬浮飞轮储能技术的研究方面投入很大,于1991年完成了8 MW·h飞轮储能装置的理论设计。装置的设计高度为7.6 m,储能效率为84%,每天充电4 h、待机16 h、发电4 h。1993年,研制成功0.1 kW·h飞轮储能实验装置,其转速为17 000 r/min,到1997年3月为止已经试验运行3年多,积累运行时间为3 800 h。1996年研制出0.2 kW·h飞轮储能装置,首次采用高强度碳素纤维材料制成飞轮,而且采用了异步电动/发电机,其转速为16 500 r/min,具有较好的高速稳定性。美国在高速飞轮储能技术研究方面处于世界领先水平。如美国飞轮系统公司(USFS)与Honeywell公司合作研制出的电动汽车用飞轮电池,充电后飞轮转速可达20×10^4 r/min,这种飞轮电池储能密度为铅酸蓄电池的3~6倍;美国能源部与州立爱迪生电力公司、阿贡国家实验室合作,进行高温超导磁轴承飞轮储能系统的研究开发,研制出的高温超导磁轴承摩擦系数可以达到世界纪录3×10^{-7};美国马里兰大学PARK学院研究出了300 W·h的飞轮;休斯敦大学已研制出质量为19 kg的飞轮储能系统;伯克利大学的研究小组得到美国国家自然科学基金资助,正在研究混合型电动车的飞轮储能系统;美国NASA研究中心正在研究如何将一个飞轮储能测试单元放入国际空间站(ISS),首先在ISS上做试验以评价飞轮储能系统代替老化电池的可行性。同时,欧洲的法国国家科研中心、德国的物理高技术研究所、意大利的SISE均正开展高温超导磁悬浮轴承飞轮储能系统的研究。

我国在飞轮储能技术方面的研究起步较晚,由科技部资助、曾宪林负责的“八五”国家科技攻关项目“飞轮储能装置研制”,经过196次试验,于1999年取得了阶段性研究成果。研制出XD001原型机,并进行了升速储能和减速发电试验。飞轮电动机采用的是磁滞电动机，飞轮材料为玻璃纤维。最大转速可达21 600 r/min，储能量为0.3 kW·h。系统储能运行时采用普通变频器对其进行加速控制，发电运行时空载电压为71 V，负载电压为38.55 V，负荷为6 W。1995年，清华大学工程物理系和中科院电工所等单位开始进行初步研究，组建了专用的飞轮储能实验室。鉴于国内在磁悬浮方面的技术与国外的差距，该实验室提出并采用了永磁悬浮与机械轴承混合支承储能飞轮结构方案，设计并成功运行储能为0.3 kW·h的小型飞轮储能系统，应用永磁无刷电动/发电动机驱动，其中包括电力转换部分（如电动机控制、整流、变压、变频等），实现飞轮线速度为500 m/s，发电功率为200 W。国内其他大学如华北电力大学、合肥工业大学也进行了飞轮储能的研究，但与国外相比较，尚有差距。

(2)国内外低速飞轮储能技术研究现状。

由于低速飞轮运行、设计简单，制造成本低，对飞轮材料、轴承等无过高的要求。低速飞轮储能的应用研究也一直广受研究人员关注。20世纪70年代，N. H. Beachley的科研小组研制出了飞轮储能的混合动力汽车，指出飞轮储能适用于负载变化不大的场合。1988年，Martini，Stefan教授在其论文《考虑制动能量回收情况下，在城市公共汽车上对无级液压机械动力换挡变速器与传统变速器比较》中讲述飞轮储能的液压机械无级变速器对汽车的加速性和燃料经济性有很大提高。日本东芝电气公司为了解决电力系统频率不稳定问题研制了当今世界上容量最大的变频调速飞轮储能发电系统，其飞轮质量达70 t，功率为26 500 kV·A，电压为6.6 kV，但转速较低且调速范围较窄，仅为510 ~690 r/min，1996年8月已在冲绳电力公司中城湾变电所投入运行。

1998年，德国液压专家R. E. Parisi探讨了利用飞轮储能获取石油高产的可行性，如图1.19所示。

2000年，荷兰埃因霍温工业大学的A. Serrarens等把飞轮储能技术应用到火车上，消除了速度的波动。

2002年，日本东京工业大学学者S. Yokota等提出一种新型的工作在恒压网络的飞轮储能型汽车，如图1.20所示。实验研究表明，这种新型汽车在载质量为1 500 kg时，耗油量为26 km/L。

2004年，韩国蔚山大学教授Kyoung-Kwan AHN和Boem-Sueng OH提出了一种闭式开关型飞轮储能混合动力汽车，如图1.21所示，在降低油耗的基础上，还解决了高压腔压力波动和噪声大的问题。

1993年，吉林工业大学张铁柱博士首先研制出飞轮储能型混合动力汽车试验装置，并取得了较好的节能效果。随后，同济大学吴光强教授分析了直接影响使用飞轮储能的车辆混合动力传动系统性能的几个关键性问题，并给出了相应的解决办法。2002年，江苏大学何仁教授提出了一种新型飞轮储能型动力传动系统。2004年，浙江大学管成设计了机械-液压复合式节能液压机，其工作原理如图1.22所示。

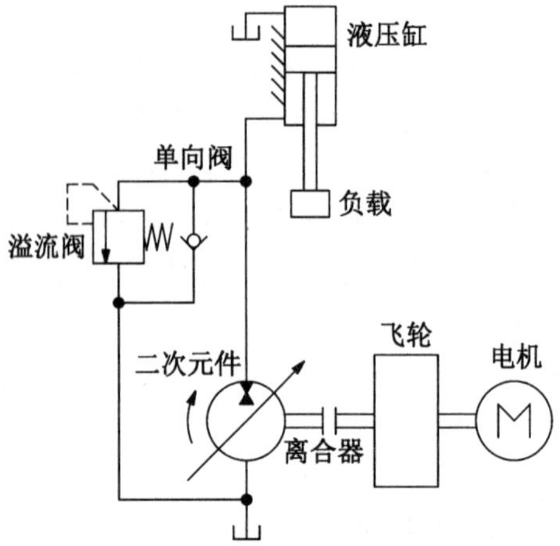

图 1.19　飞轮式能量回收系统原理图

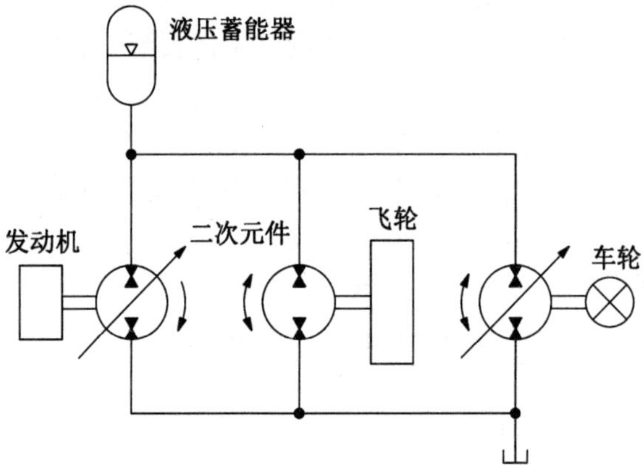

图 1.20　工作在恒压网络的飞轮储能型汽车原理图

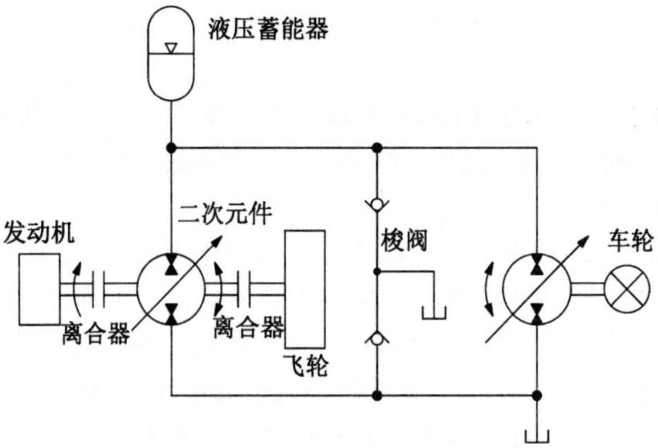

图 1.21　闭式开关型飞轮储能混合动力汽车原理图

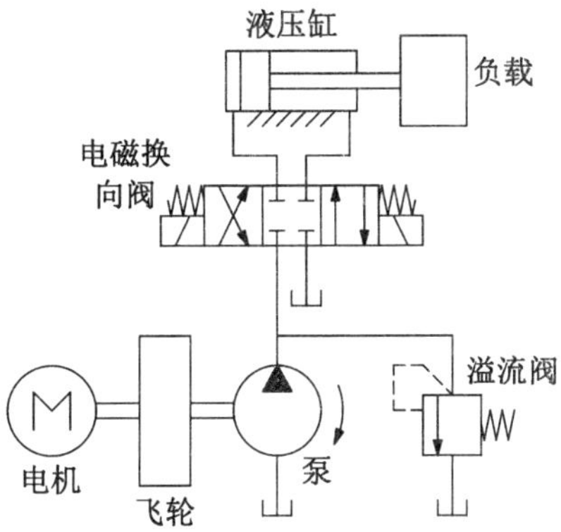

图1.22 机械-液压复合式节能液压机工作原理图

1.5.5 液压蓄能器

液压蓄能器被认为是液压控制系统中的重要辅助元件,在系统中起着存储能量、减小冲击和吸收脉动的作用,它的使用对改善系统响应能力、节约能源、减小振动、减小噪声、提高元件寿命都具有重要意义。

(1)液压蓄能器的分类和选用。

液压蓄能器按加载方式可分为弹簧式、重锤式和气体式。弹簧式液压蓄能器依靠压缩弹簧把液压系统中的过剩压力能转化为弹簧势能存储起来,需要时释放出去。其结构简单,成本较低。但是因为弹簧伸缩量有限,而且弹簧的伸缩对压力变化不敏感,消振功能差,所以只适合小容量、低压系统(p 为 1.0~1.2 MPa),或者用作缓冲装置。重锤式液压蓄能器通过提升加载在密封活塞上的质量块把液压系统中的压力能转化为重力势能积蓄起来。其结构简单、压力稳定。缺点是安装局限性大,只能垂直安装,不易密封且质量块惯性大,反应不灵敏,这类液压蓄能器仅供暂存能量用。这两种液压蓄能器因为其局限性已经很少采用。

到目前为止,气体式蓄能器的应用最为广泛。气体式蓄能器的工作原理以玻意耳定律($pV^n=K=$常数)为基础,通过压缩气体完成能量转化,使用时首先要向液压蓄能器充入预定压力的气体。当系统压力超过液压蓄能器内部压力时,液体压缩气体,将液体中的压力能转化为气体内能;当系统压力低于液压蓄能器内部压力时,液压蓄能器中的液体在高压气体的作用下流向外部系统,释放能量。选择适当的充气压力是气体式蓄能器的关键。气体式蓄能器按结构可分为管路振消器、气液直接接触式蓄能器、活塞式蓄能器、隔膜式蓄能器、气囊式蓄能器等。

管路消振器是直接安装在高压系统管路上的短管状蓄能器,这种蓄能器响应性能良好,能很好地消除高压高频系统中的高频振荡,多应用在高压消振系统中。

气液直接接触式蓄能器充入惰性气体,优点是容量大,反应灵敏,运动部分惯性小,没有机械磨损,但是因为气液直接接触,所以这种蓄能器气体消耗量较大,元件易气蚀,容积利用率低,附属设备多,投资大。

活塞式蓄能器利用活塞将气体和液体隔开,活塞和筒状蓄能器内壁之间有密封,所以油不易氧化。这种蓄能器寿命长、质量小、安装容易、结构简单、维护方便。但是反应灵敏性差，不适于低压吸收脉动；尺寸小，充气压力有限；密封困难，气液相混的可能性大。

隔膜式蓄能器是两个半球形壳体扣在一起，两个半球之间夹着一张橡胶薄膜，用来将油和气体分开。其质量和容积比较小，反应灵敏，低压消除脉动效果显著。橡胶薄膜面积较小，气体膨胀受到限制，所以充气压力有限，容量小。

气囊式蓄能器由耐压壳体、弹性气囊、充气阀、提升阀、油口等组成。这种蓄能器可做成各种规格，适用于各种大、小型液压系统；胶囊惯性小，反应灵敏，适合用作消除脉动；不易漏气，没有油、气混杂的可能；维护容易、附属设备少、安装容易、充气方便，是目前使用和研究最多的蓄能器形式。

(2)液压蓄能器储能技术的发展。

在17世纪和18世纪，为了适应使用需求出现一些简单的液压蓄能器，比如用装满水的容器做质量块的重锤式蓄能器。但是这时候的液压蓄能器使用和研究都是针对某一单独系统进行的，没有专门的理论。

第二次世界大战后期，液压机械受到青睐，液压伺服技术在军事武器制造业的应用使液压传动和控制技术得以发展，并为液压控制技术、材料密封润滑技术和自动控制技术的进步及液压控制理论的发展奠定了理论基础。战后由于军事需要而发展起来的技术逐步转向工业民用领域，并开始蓬勃发展，液压蓄能器的理论研究得到长足的发展，出现通用性的液压蓄能器，比如弹簧式蓄能器、更加成熟的重锤式蓄能器和一些简单的气体式蓄能器。

从20世纪70年代开始，液压蓄能器基本理论得到不断的发展和完善，特别是汽车节能技术的发展推动了液压蓄能器和液压蓄能器节能技术的研究，利用液压蓄能器在液压系统中节能的功用开始引起重视。

20世纪80年代，液压蓄能器的结构、种类、形式及功用开始多样化，研制各种类型的液压蓄能器成为主要研究内容。

20世纪90年代，新型计算机软、硬件和控制技术的发展为液压系统和智能型液压元件的研究提供了先进的研究工具和研究手段，也为21世纪液压蓄能器的研究提出了新的要求。

随着复合材料和纳米技术的发展，采用新型复合材料作为21世纪液压蓄能器外筒和皮囊材质，提高液压蓄能器的能量密度和比能，是21世纪液压蓄能器蓄能技术研究的重要方向之一。

1.5.6 变频回馈技术的研究和发展

三相交流异步电动机，由于转子侧的电流不从外部引入，而由电磁感应产生，因此具有结构简单牢固、体积小、质量小、价格低廉、便于维护等优点，备受人们的青睐。与其他电动机相比，它在工、农业生产设备中的占有率一直处于绝对领先的地位。

另一方面，随着工、农业生产的不断发展和进步，人们对调速的要求越来越高。交流电动机变频调速是近20年内发展起来的新技术，而在我国的普及应用，则大约只有10余年。即使在这短短的10余年中，国内外变频器技术的进步也十分可观。在各种功能的设定方面，早期的模拟量设定早已被数字量设定所取代；设定的项目也由几个上升至几十个乃至近百个；逆变管逐渐由 GTR 更新为 IGBT，如今第四代 IGBT 已经得到成熟应用；交接器的容量已能做到数千伏安等。现在比较成熟和广泛应用的有八种通用交流调速技术，如图 1.23 所示。

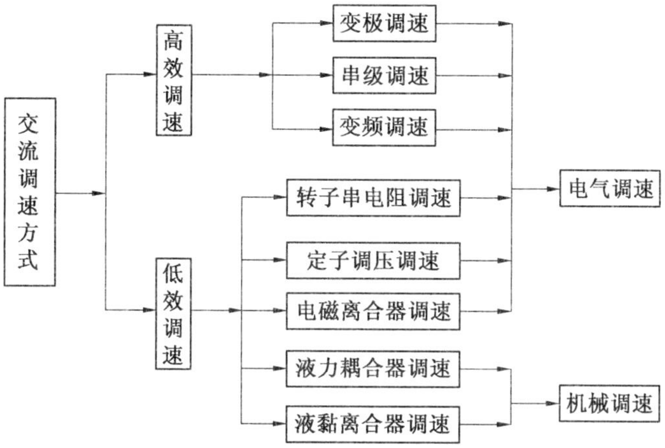

图 1.23　广泛应用的八种通用交流调速技术

基于节能角度，通常把交流调速分为高效调速和低效调速。高效调速指基本上不增加转差损耗的调速方式，在调节电动机转速时转差率基本不变，不增加转差损失，或将转差功率以电能形式回馈电网或以机械能形式回馈机轴；低效调速则存在附加转差损失，在相同调速工况下其节能效果低于不存在转差损耗的高效调速方式。

属于高效调速方式的主要有变极调速、串级调速和变频调速；属于低效调速方式有电磁离合器调速、液力耦合器调速、液黏离合器调速（这三者也被称为滑差调速）、转子串电阻调速和定子调压调速。其中，液力耦合器调速和液黏离合器调速属于机械调速，其他均属于电气调速。变极调速和滑差调速方式适用于笼型异步电动机，串级调速和转子串电阻调速方式适用于绕线型异步电动机，定子调压调速和变频调速既适用于笼型异步电动机，也适用于绕线型异步电动机。变频调速和机械调速还可用于同步电动机。

变频调速技术涉及电子、电工、信息与控制等多个学科领域。采用变频调速技术是节能降耗、改善控制性能、提高产品产量和质量的重要途径，已在应用中取得了良好的应用效果和显著的经济效益。但是，在对调速节能的一片赞誉中，人们往往忽视了进一步挖掘变频调速系统节能潜力和提高效率的问题。事实上，从变频器内部研究和设计的方面看，应用或寻求哪种控制策略可以使变频驱动电动机的损耗最小而效率最高，怎样才能使生产机械储存的能量及时高效地回馈到电网，这正是提高效率的两个重要环节。第一个环节是通过变频调速技术及其优化控制技术实现“按需供能”，即在满足生产机械速度、转矩和动态响应要求的前提下，尽量减少变频装置的输入能量；第二个环节则是将由生产机械中储存的动能或势能转换而来的电能及时、高效地“回收”到电网，即通过有源逆变装置将再生能量回馈到交流电网，一方面是节能降耗，另一方面是实现电动机的精密制动，提高电动机的动态性能。在能源资源日趋紧张的今天，这方面的研究无疑具有十分重要的现实意义。

为了解决电动机处于再生发电状态产生的再生能量,德国西门子公司推出了电动机四象限运行的电压型交-直-交变频器。日本富士公司也成功研制了电源再生装置,如RHR系列、FRENIC系列电源再生单元,它们把有源逆变单元从变频器中分离出来,直接作为变频器的一个外围装置,可并联到变频器的直流侧,将再生能量回馈到电网中。同时,已见到国外有四象限电压型交-直-交变频器及电网侧脉冲整流器等的研制报道。

普遍存在的问题是这些装置价格昂贵,再加上一些产品对电网的要求很高,不适合我国的国情。国内在中小容量系统中大都采用能耗制动方式,即通过内置或外加制动电阻的方法将电能消耗在大功率电阻器中,实现电动机的四象限运行,该方法虽然简单,但有如下严重缺点:

① 浪费能量,降低了系统的效率;

② 电阻发热严重,影响系统的其他部分正常工作;

③ 简单的能耗制动有时不能及时抑制快速制动产生的泵升电压,限制了制动性能的提高(制动力矩大,调速范围宽,动态性能好)。

上述缺点决定了能耗制动方式只能用于几十千瓦以下的中小容量系统。国内关于能量回馈控制的研究正在进行,并有个别厂家取得了不错的成果。

交-直-交电压型变频器的主电路输入侧一般是经三相桥式全控整流器向中间直流环节的滤波电容充电,然后通过PWM控制下的逆变器输入到交流电动机上。虽然这样的电路成本低、结构简单、可靠性高,但是由于采用三相桥式全控整流器使得功率因数低、网侧谐波污染以及无法实现能量的再生利用等。消除对电网的谐波污染并提高功率因数,实现电动机的四象限运行以构成变频技术是不可回避的问题。为此,PWM整流技术的研究,新型单位功率因数变流器的开发,在国内外引起广泛的关注。传统的制动方法是在中间直流环节电容两端并联电阻消耗能量,这既浪费了能量,又不可靠,而且制动慢;或者设置一套三相有源逆变系统,但增加了变压器,加大了回馈装置的体积,增加了成本而且逆变电流波形畸变严重,电网污染重,功率因数低。而在整流电路中采用自关断器件进行PWM控制,可使电网侧的输入电流接近正弦波并且功率因数达到1,可以彻底解决对电网的污染问题。

由PWM整流器和PWM逆变器组成的变频回馈系统如图1.24所示,无须增加任何附加电路,就可实现系统的功率因数约等于1,消除网侧谐波污染,使能量双向流动,方便电动机四象限运行,同时对于各种调速场合,使电动机很快达到速度要求,动态响应时间短。

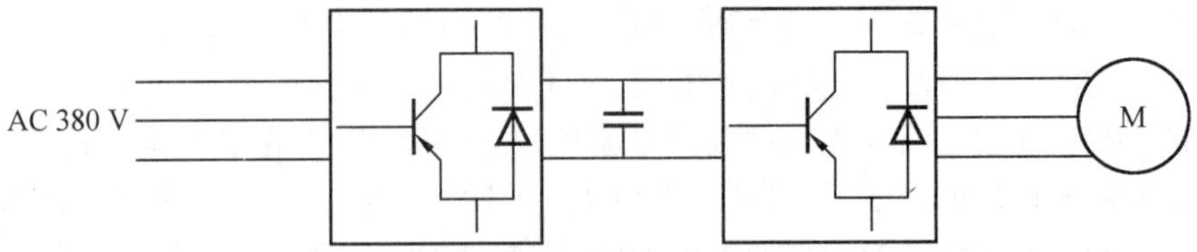

图1.24 回馈制动PWM方案

双PWM控制技术的工作原理如下:

① 当电动机处于拖动状态时,能量由交流电网经整流器中间滤波电容充电,逆变器

在 PWM 控制下将能量传送到电动机；

② 当电动机处于减速运行状态时，由于负载惯性作用进入发电状态，其再生能量经逆变器中开关元件和续流二极管向中间滤波电容充电，使中间直流电压升高，此时整流器中开关元件在 PWM 控制下将能量反馈到交流电网，完成能量的双向流动。同时由于 PWM 整流器闭环控制作用，使电网电流与电压同频同相位，提高了系统的功率因数，消除了网侧谐波污染。

双 PWM 控制技术打破了过去变频器的统一结构，采用 PWM 整流器和 PWM 逆变器提高了系统功率因数，并且实现了电动机的四象限运行，这给变频器技术增添了新的生机，形成了高质量能量回馈技术的最新发展动态。

第2章 二次调节流量耦联静液传动系统的工作原理

前面已经介绍了二次调节流量耦联静液传动系统的工作原理，但它们只是由最基本的系统组成，若要实现能量的回收和重新利用，需在系统中接入能量回收装置，才能构成真正意义上的二次调节流量耦联静液传动系统。二次调节流量耦联静液传动系统根据能量回收装置所采用的储能单元不同可定义为不同的类型。本章将分别对飞轮储能型、液压蓄能器储能型和电网回馈储能型二次调节流量耦联静液传动系统的工作原理进行介绍。

2.1 二次调节流量耦联静液传动系统的工作原理

2.1.1 飞轮储能型二次调节流量耦联静液传动系统

图2.1所示为飞轮储能型二次调节流量耦联静液传动系统原理图。该系统主要由飞轮1、电磁离合器2、双轴电动机3、二次元件(由液压泵/马达4和变量液压缸6组成)、电液伺服阀5、负载液压缸7、负载8、控制回路(溢流阀9、控制油泵10和控制电动机11组成)、安全阀12、单向阀13和交流接触器14组成。

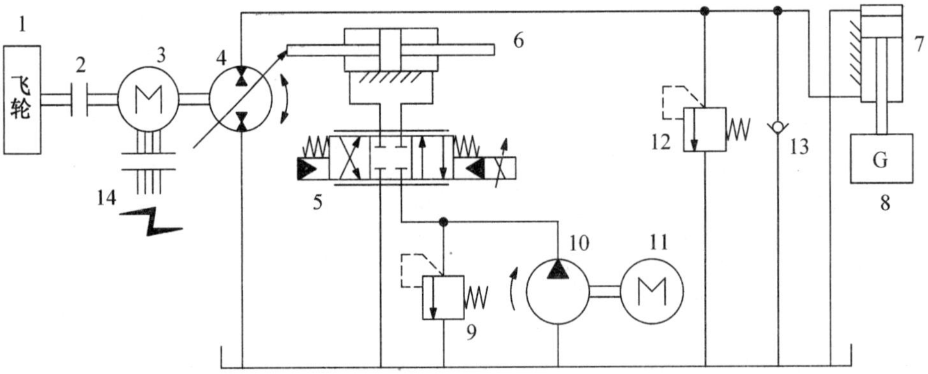

图2.1 飞轮储能型二次调节流量耦联静液传动系统原理图

1—飞轮；2—电磁离合器；3—双轴电动机；4—液压泵/马达；5—电液伺服阀；6—变量液压缸；7—负载液压缸；8—负载；9—溢流阀；10—控制油泵；11—控制电动机；12—安全阀；13—单向阀；14—交流接触器

飞轮储能型二次调节流量耦联静液传动系统工作原理如下：

(1)电磁离合器2处于分离状态，交流接触器14处于接合状态，控制器发出指令调节二次元件的斜盘倾角使二次元件工作在液压泵工况，电动机启动，单独驱动负载液压缸7上升。

(2)当负载液压缸 7 达到上升极限位置时,电磁离合器 2 处于接合状态,交流接触器 14 处于分离状态,控制器发出指令调节二次元件的斜盘倾角使二次元件工作在液压马达工况。此时将负载下降的势能转化为飞轮动能储存于飞轮 1 中,带动飞轮 1 升速。当液压缸 7 运行到下降极限位置时,控制器发出指令调节二次元件的斜盘倾角使二次元件工作在液压泵工况。这时飞轮 1 单独传递功率驱动负载 8。

(3)当飞轮 1 转速低于设定值时(其功率不足以带动负载 8),交流接触器 14 接合,电磁离合器 2 分离,重新进入(1)工作状态。进入下一个循环。

此外,该系统还可实现以下功能:

(1)电磁离合器 2 和交流接触器 14 处于接合状态,控制器发出指令调节二次元件的斜盘倾角为零,双轴电动机 3 向储能飞轮传递功率使飞轮 1 升速。在需要大的启动动力的情况下,先为飞轮 1 加速,飞轮 1 和双轴电动机 3 一起驱动工作在液压泵工况的二次元件提供较大的启动力矩。

(2)电磁离合器 2 和交流接触器 14 处于接合状态,控制器发出指令调节二次元件的斜盘倾角使二次元件工作在液压泵工况。双轴电动机 3 和飞轮 1 同时驱动负载 8。当要求较大的加速度或要求较大动力时,发动机和飞轮 1 共同为其提供所需功率;当需要较小动力时,由于电动机的转差率,电动机升速,飞轮 1 可以吸收多余功率。此时相当于飞轮 1 与电动机为串联结构。

根据飞轮储能部分和动力装置结合方式的不同,飞轮储能系统可以分为串联式和并联式。串联式飞轮储能系统如图 2.2 所示。

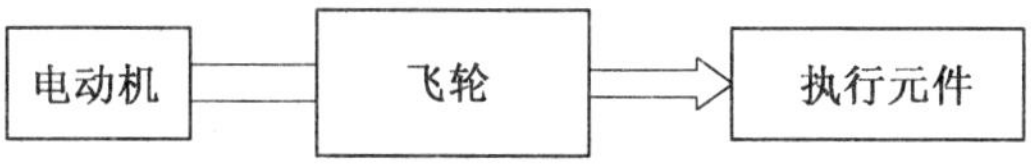

图 2.2　串联式飞轮储能系统

并联式飞轮储能系统如图 2.3 所示。

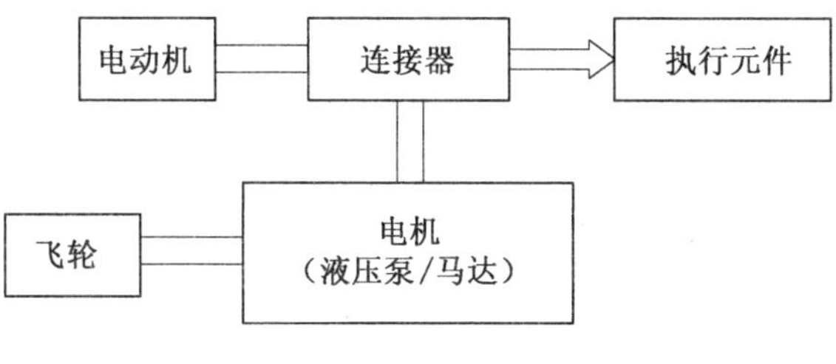

图 2.3　并联式飞轮储能系统

串联式飞轮储能系统和并联式飞轮储能系统的不同点在于系统内部能量的分配状态。在串联式飞轮储能系统中,动力源(如电动机)不直接驱动执行元件,而是带动飞轮,用飞轮作为驱动元件来驱动执行元件。串联系统结构简单,易于实现和便于控制,但是从其工作原理来看,飞轮的转速主要限制在电动机的实际转速和同步转速之间,其最低转速受电动机转差率限制,因此其储存能量大小如下:

$$E=\frac{1}{2}I(\omega_0^2-s^2\omega_0^2) \tag{2.1}$$

式中 ω_0——飞轮同步转速,$rad \cdot s^{-1}$;

s——电动机转差率。

在并联式飞轮储能系统中,电动机可以直接驱动执行元件,也可和飞轮一起提供动力。其存储能量不受电动机转差率的影响,理论上储存能量为

$$E=\frac{1}{2}I\omega_0^2 \tag{2.2}$$

但系统结构和控制较为复杂。

并联式飞轮储能系统又可分为直接结合方式和间接分流方式两种。直接结合方式的飞轮储能系统是飞轮通过离合器与动力源(如发动机或电动机)和传动轴相连,如图 2.4 所示。

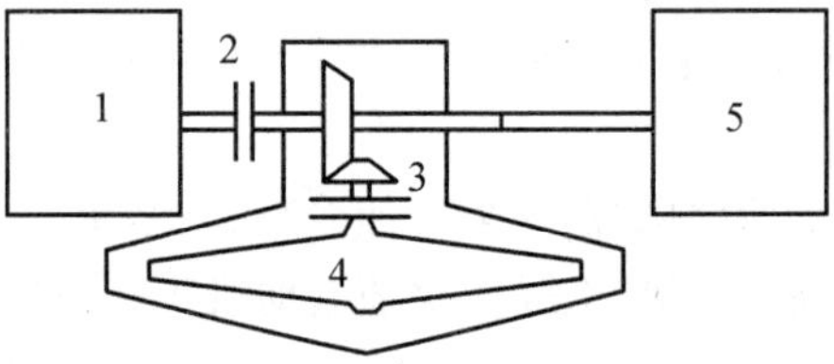

图 2.4 直接结合方式飞轮储能系统

1—动力源;2—离合器;3—飞轮离合器;4—飞轮;5—执行元件

在正常工作状态时,直接结合方式的飞轮储能系统的执行元件 5 由飞轮 4 驱动,当飞轮 4 转速低于某一值时,动力源 1 开始工作,为飞轮 4 补充能量并驱动执行元件 5。

间接分流方式的飞轮储能系统是通过行星齿轮无级变速装置将动力源、飞轮及执行元件相连。在这种结构中,飞轮与动力源及飞轮与执行元件之间的能量传递可以通过行星齿轮系统无级平稳地分流传递,这种系统的结构组成如图 2.5 所示。

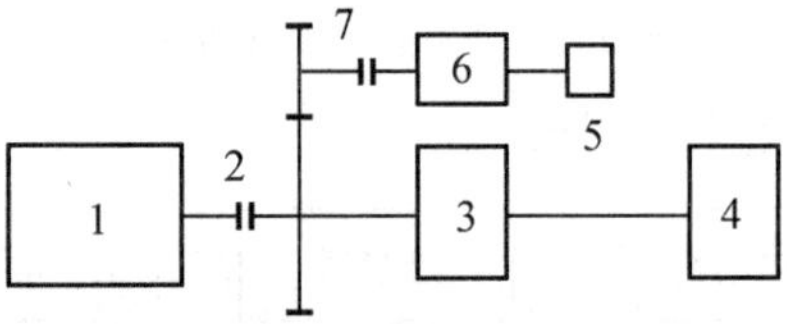

图 2.5 间接分流方式飞轮储能系统

1—动力源;2—离合器;3—变速箱;4—执行元件;5—储能飞轮;6—行星齿轮传动装置;7—飞轮离合器

间接分流方式的飞轮储能系统的工作原理如下:

(1)飞轮离合器 7 处于分离状态,离合器 2 处于接合状态,这时动力源 1 与执行元件 4 间进行单独的功率传递;

(2)离合器 2、飞轮离合器 7 都处于接合状态,动力源 1 和储能飞轮 5 一起向执行元件 4 提供能量。当执行元件 4 需要较小动力时,储能飞轮 5 可以吸收动力源 1 的剩余功率;

(3)离合器 2 处于分离状态,飞轮离合器 7 处于接合状态,执行元件 4 带动储能飞轮 5 加速储存能量。

2.1.2　液压蓄能器储能型二次调节流量耦联静液传动系统

图2.6所示为用液压蓄能器实现能量回收的二次调节流量耦联静液传动系统原理图。这种能量回收形式是把液压缸和负载的势能通过液压蓄能器的作用来储存液压能。

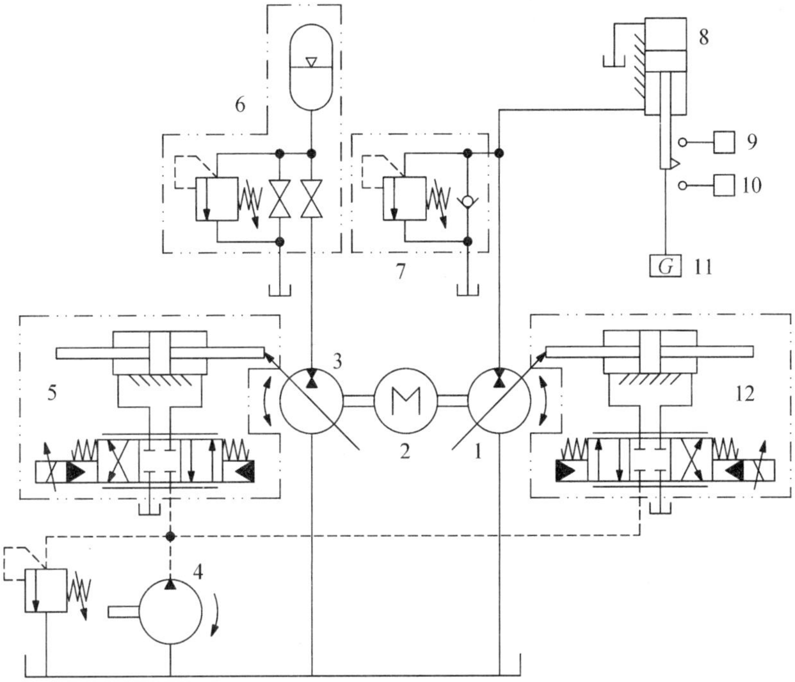

图2.6　液压蓄能器储能型二次调节流量耦联静液传动系统原理图

1,3—液压泵/马达;2—电动机;4—控制油路组件;5,12—电液控制阀组件;

6—液压蓄能器组件;7—安全阀组件;8—液压缸;9,10—行程开关;11—负载

图2.7给出了液压缸的上升工况和下降工况,可以看出在系统工作循环过程中两个液压泵/马达的工作情况。图中在液压缸带动负载的上升和下降过程中,电动机不换向。该系统中的两个液压泵/马达与电动机刚性连接。

如图2.7(a)所示,在液压缸8上升的过程中,液压泵/马达3从液压蓄能器5中获取能量,并与电动机1一起带动液压泵/马达2输出高压油,使液压缸8上升。此过程中,液压泵/马达3工作于液压马达工况,液压泵/马达2工作于液压泵工况。

如图2.7(b)所示,在液压缸8下降的过程中,液压缸8输出高压油相当于一个液压泵在工作,输出的高压油驱动液压泵/马达2与电动机1一起驱动液压泵/马达3工作,将能量回收至液压蓄能器5中。在此过程中,液压泵/马达3工作于液压泵工况,液压泵/马达2工作于液压马达工况。再次循环当提升负载11时液压蓄能器5释放能量,液压泵/马达3工作于液压马达工况,与电动机1一起带动液压泵/马达2工作,为液压缸8提供所需能量,实现回收能量的再利用。

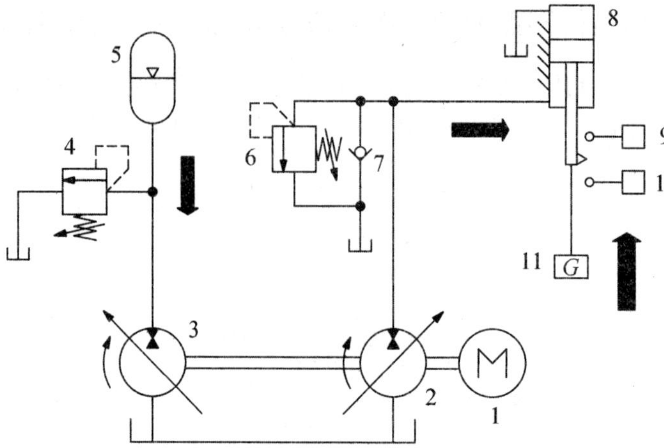

(a)上升工况

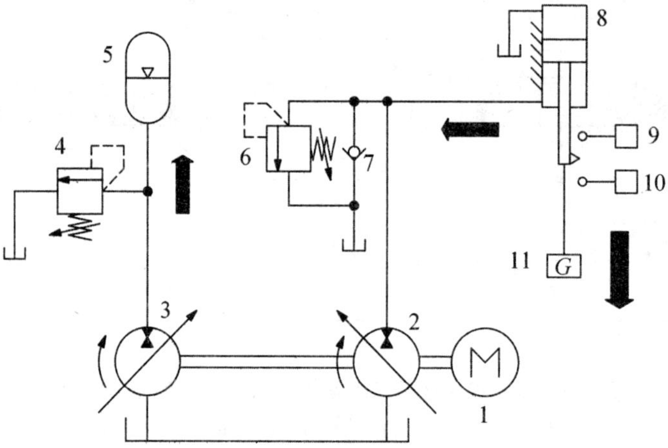

(b)下降工况

图 2.7　液压泵/马达驱动液压缸时的工作原理图

1—电动机;2,3—液压泵/马达;4,6—控制油路组件;

5—液压蓄能器组件;7—安全阀组件;8—液压缸;9、10—行程开关;11—负载

2.1.3　电网回馈储能型二次调节流量耦联静液传动系统

图 2.8 所示为电网回馈储能型二次调节流量耦联静液传动系统,实质上,在这个系统中利用了电动机 7 和二次元件 5 的四象限运行特性和变频器 8 的双向逆变技术。

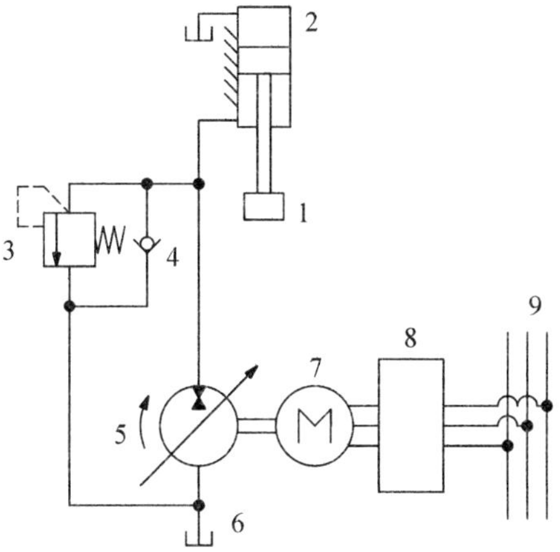

图 2.8　电网回馈储能型二次调节流量耦联静液传动系统原理图

1—负载;2—液压缸;3—溢流阀;4—单向阀;5—二次元件(液压泵/马达);

6—油箱;7—电动机;8—变频器;9—电网

其工作过程为:负载 1 上升时,其工作过程和普通应用中的电动机驱动泵工作过程完全一样;当负载 1 下降时,二次元件 5 工作在液压马达工况,负载 1 依靠其势能驱动液压系统运行,并最终带动电动机 7 和二次元件 5 同轴转动,此时,利用变频器 8 减小电动机 7 的输入频率 f,其同步转速也相应减少。

$$n_0=\frac{60f}{p} \tag{2.3}$$

$$n=(1-s)\frac{60f}{p} \tag{2.4}$$

式中　n_0——电动机的同步转速,r/min;

n——电动机转子的转速,r/min;

f——输入电流的频率,Hz;

p——旋转磁场的磁极对数,对;

s——电动机的转差率。

如果使得 $n>n_0$,即电动机 7 在势能性负载 1 的作用下,其转子的速度超过了定子旋转磁场的转速,电动机 7 工作在第二象限。此时,电动机 7 处于发电状态,也即通过变频器 8 向电网 9 回馈电能。电能变频回馈的过程如图 2.9 所示。

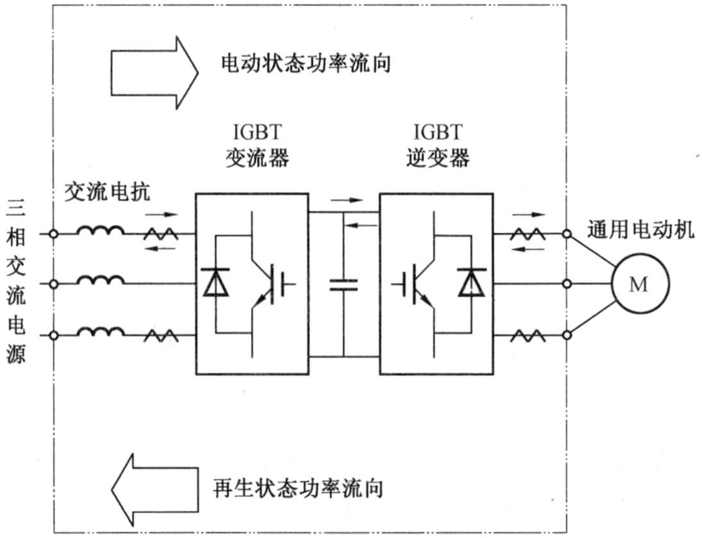

图 2.9 电能变频回馈过程

2.2 二次调节流量耦联静液传动系统中的液压泵/马达

不同种类的驱动系统中能量转换单元的形式各有不同,但作用相同,都是实现从一种能量到另一种能量的转换。如电力系统中的具有可逆作用的发电机/电动机,液压系统中的液压泵/马达。这里主要介绍液压泵/马达。

液压泵/马达既能作为将机械能转换为液压能的液压泵使用,又能作为将液压能转换为机械能的液压马达使用。液压泵/马达可以工作在四个象限,它的这种特性为液压系统的能量回收提供了可能。本节以博世力士乐公司的二次元件 A4VSO 型液压泵/马达为例介绍典型液压泵/马达的结构原理及能量回收原理。

2.2.1 液压泵/马达的结构原理

图 2.10 所示是 A4VSO 型液压泵/马达的回路图。

该类型液压泵/马达的主要结构特点是:

(1)柱塞与传动轴轴线之间成一定夹角,由此减小了配油盘的直径,这样有利于降低缸体配流面运动的线速度,提高了 pv 值。同时,柱塞的离心力也有利于柱塞的回程,提高了作为泵使用时的自吸能力。为降低噪声、减小死区容积,柱塞末端制成锥体。

(2)缸体与配流盘之间采用球面配流,这样有利于补偿由于轴向偏载所引起的附加力矩对缸体产生的倾覆,消除了配油表面之间的倾斜,使支承油膜均匀,减小磨损。

(3)采用渐开线花键轴传动缸体,为防止滑靴作用于柱塞上的侧向力对传动轴产生附加弯矩,缸体上花键配合长度的中点位于柱塞头中心的平面上。为了提高缸体的自位能力,缸体上花键配合长度较短。

(4)缸体与配流盘之间的预密封采用碟形弹簧压紧。

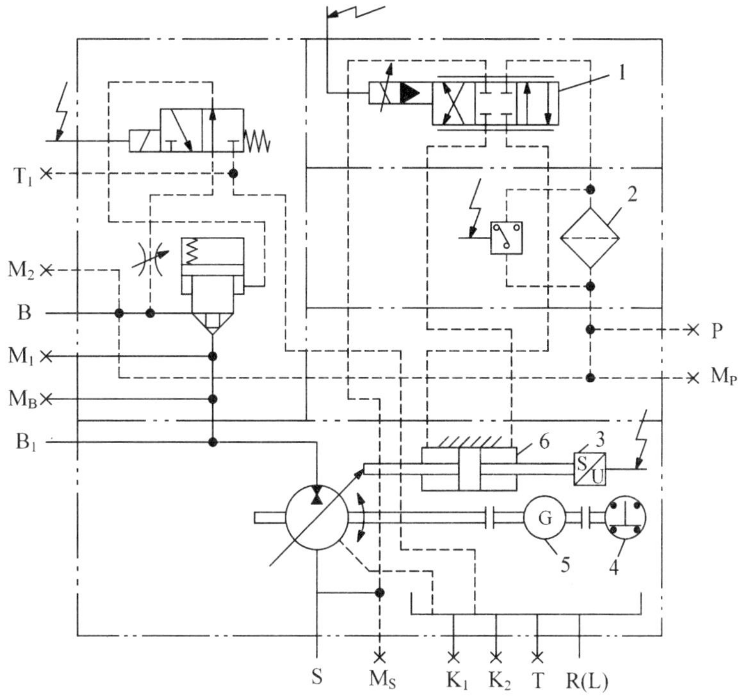

图2.10　A4VSO型液压泵/马达的回路图

1—电液伺服阀;2—过滤器;3—电感位置传感器;4—增量式编码器;5—转速传感器;6—变量油缸;B—压力油口;B_1—附加油口;K_1,K_2—壳体冲洗口;M_B—工作压力测试口;P—接压力表接口;M_S—吸油压力测试口;M_1,M_2—工作压力测试口;R—注油口(排气口);L—泄油口;S—吸油口;M_P—压力测试口;T、T_1—放油口

(5)为了使结构紧凑,配流盘端的轴承采用无内圈的圆柱滚子轴承。

(6)变量油缸两端装有大弹簧,在变量油缸卸压后,变量斜盘自动复位。

(7)A4VSO型轴向柱塞液压元件集成了多个控制元件,结构更加紧凑。特别是应用于闭式系统中,由于轴向柱塞液压元件的高度集成化从而使静液传动系统更加紧凑。

2.2.2　液压泵/马达的能量回收原理

二次调节流量耦联静液传动系统中的二次元件是可逆式液压泵/马达,它可以在由二次元件的斜盘倾角 α 和旋转角速度 ω 构成的直角坐标系中的四个象限中工作,如图2.11所示。

当二次元件驱动负载时,其工作为液压泵状态,当二次元件从“驱动负载”过渡到“负载驱动”的工况时,它就由“液压泵”工况过渡到“液压马达”工况,即由消耗能量工况转变为回收能量工况。定义功率 P 为只有正负但无方向的极向量。当二次元件向负载提供功率时,定义其功率为正值;相反,当二次元件向负载吸收能量时,定义其功率为负值。从一般意义上讲,功率为流变量和势变量的点积。二次元件有输入和输出两个端口,每个端

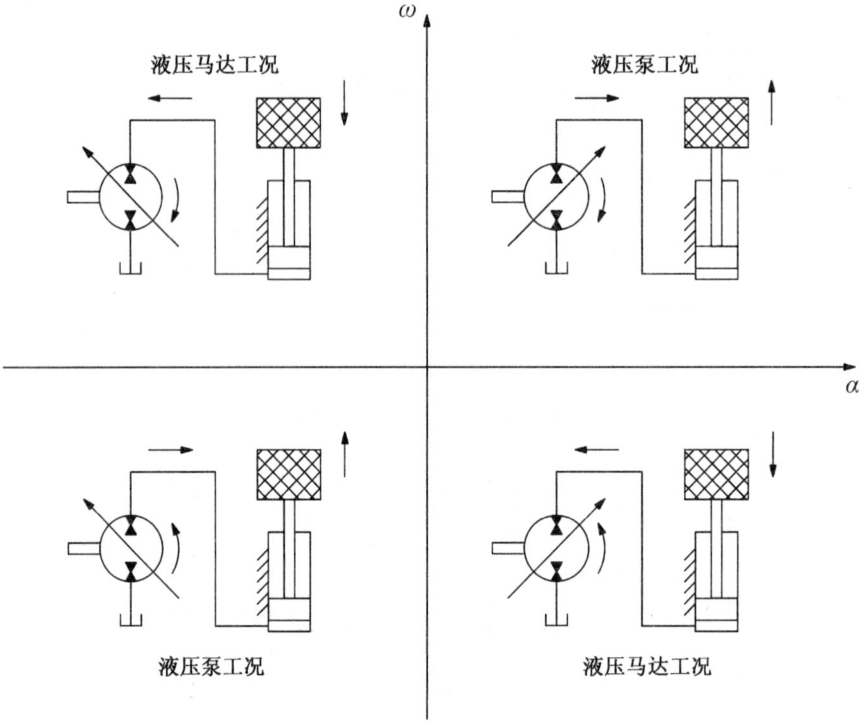

图 2.11 二次元件四象限工作原理图

口都包含两个变量(一般为流变量和势变量),当输出端口的两个变量为流量和压力时,其工作状态为液压泵工况;当输出端口的两个变量为转矩和角速度时,其工作状态为液压马达工况。

当二次元件工作于第Ⅰ象限时,为液压泵工况。若取由二次元件流向液压缸的流量 $q=V\omega$ 为正,并定义二次元件作为液压泵工作时的斜盘倾角 α 为正,二次元件旋转方向顺时针方向为正。二次元件输出量为压力和流量,由 $P=pq$ 得功率 P 的值为正,这时表示二次元件消耗功率,即能量回收装置或电动机向二次元件输出能量。由此可知在该象限中,有 $q>0,\alpha>0,\omega>0,V>0,P>0$。

当二次元件工作于第Ⅱ象限时,为液压马达工况。这时二次元件的斜盘将越过零点到达另一侧,二次元件流量 q 的方向将随之改变;并定义二次元件作为液压马达工作时的斜盘倾角 α 为负,于是二次元件输出转矩 T 为负,角速度 ω 的方向与第Ⅰ象限的方向相同,因此 ω 为正。于是有功率 $P=T\omega$ 为负,表示二次元件为回馈功率,即将液压缸下降的势能储存为飞轮动能,使飞轮加速。于是在该象限中,有 $q<0,T<0,\alpha<0,\omega>0,V<0,P<0$。

当二次元件工作于第Ⅲ象限时,为液压泵工况。这时二次元件的斜盘方向与工作于第Ⅰ象限时的方向相反,所以排量为负。同时,二次元件旋转方向也与第Ⅰ象限时的方向相反,二次元件流量 $q=V\omega$ 的方向同第Ⅰ象限,由二次元件流向液压缸;于是其功率 $P=pq$ 为正,表示二次元件吸收电动机或能量回收装置的能量向液压缸提供能量,驱动负载。因此在该象限中,有 $q>0,\alpha<0,V<0,\omega<0,P>0$。

当二次元件工作于第Ⅳ象限时,为液压马达工况。这时二次元件的斜盘倾角方向与工作于第Ⅰ象限时相同,其排量为正,其输出转矩 T 也为正,但二次元件旋转方向与第Ⅰ象限时的方向相反,流量 q 为负,流量由液压缸流入二次元件。由 $P=pq$ 可得,功率 P 为负,同第Ⅱ象限相同,是向能量回收装置储能的过程。于是在该象限中,有 $q<0,\alpha>0$, $V>0,T>0,\omega<0,P<0$。

由上述分析可知,当二次元件作为液压泵工作时,从系统中取得能量驱动负载;而当二次元件作为液压马达工作时,向系统回馈能量,供其他装置使用或储存起来重新利用。因此,二次元件通过在液压马达和液压泵之间的工况转换,系统就实现了能量的回收和重新利用。

通过对二次元件能量回收原理的分析可以看出,二次调节流量耦联静液传动系统之所以能够回收和重新利用系统中的惯性动能和重力势能,是因为系统的关键元件——二次元件的斜盘倾角可控,过零点即转换液压泵/马达的功能,所以能实现系统中的能量的回收和重新利用。

2.3　两种类型二次调节静液传动系统的对比分析

二次调节压力耦联静液传动系统如图2.12所示。

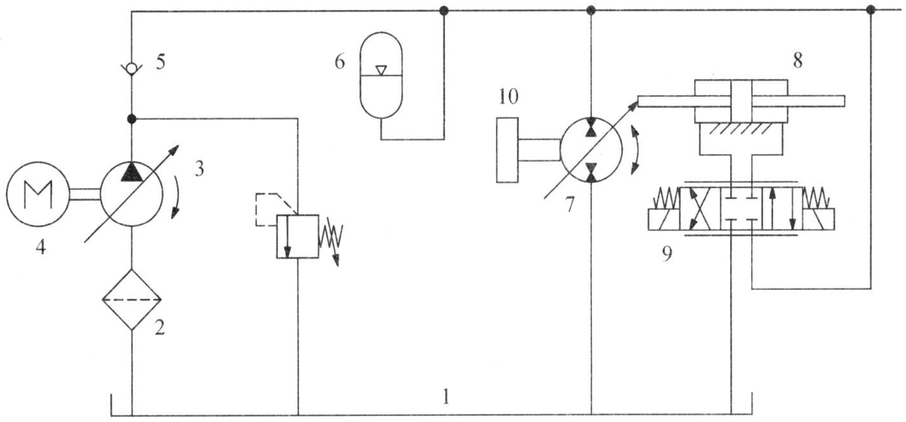

图2.12　二次调节压力耦联静液传动系统原理图

1—油箱;2—过滤器;3—变量泵;4—电动机;5—单向阀;6—液压蓄能器;
7—液压泵/马达;8—变量油缸;9—电液伺服阀;10—负载

变量泵3和液压蓄能器6组成恒压网络。在二次调节压力耦联静液传动系统中,当负载10发生变化时,系统的压力基本保持不变,流量随负载10发生变化。液压泵/马达7连接在一个恒压源上,通过液压泵/马达7的排量调节实现负载10的控制。二次调节压力耦联调节系统可以并联多个互不相关的负载,用互不相关的控制规律来实现,驱动旋转负载可以通过变量马达和伺服调节机构来实现,驱动直线负载则需要通过液压变压器来实现。多个液压执行器的输入端和输出端,可分别并联接到恒压油源上。为了提高这种恒压系统的传动效率,在负载端的液压元件必须是变量的,这种系统可适用于多负载,它的传动效率高、控制性能好。

在二次调节流量耦联静液传动系统中，当二次元件斜盘倾角按照工况要求转到指定的角度时，液压泵的输出流量基本恒定，压力随负载变化。当负载发生变化时，系统的流量基本保持不变，而系统的工作压力随负载大小而改变，即负载决定了系统工作压力。二次调节流量耦联静液传动系统工作条件是系统的工作压力能快速地对负载变化做出反应，在允许的范围内，系统压力能迅速地达到克服负载所需要的压力，在这种系统中液压蓄能器与液压执行元件无关，其液压执行元件的速度由液压泵的输出流量决定，改变液压马达输入压力油的方向，即可改变液压马达的转动或者液压缸的运动方向。二次调节流量耦联静液传动系统一般只适用单负载或性质完全相同的多负载，对于多个不相关的负载，流量耦合的效率较低。

上述两种系统均可利用二次元件的四象限工作原理实现能量回收。二次调节流量耦联静液传动系统与二次调节压力耦联静液传动系统之间的区别如下：

(1)在二次调节流量耦联静液传动系统中，系统压力随负载变化。即当负载发生变化时，系统的流量基本保持不变，而系统的工作压力随负载大小而改变，即负载决定了系统工作压力。其工作条件是系统的工作压力能快速地对负载变化做出反应，在允许的范围内，系统压力能迅速地达到克服负载所需要的压力。而在二次调节压力耦联静液传动系统中，由恒压变量泵和液压蓄能器组成的恒压油源，其压力基本为恒定值，不随负载的变化而变化。

(2)二次调节流量耦联静液传动系统和二次调节压力耦联静液传动系统都是通过调节二次元件的排量实现速度和功率的控制，但在二次调节压力耦联静液传动系统中，驱动负载时二次元件为液压执行元件，即工作为液压马达，而能量回收时，二次元件作为液压泵使用。与此相反，二次调节流量耦联静液传动系统驱动负载时作为液压泵工作，而回收能量时作为液压马达工作。

(3)二次调节压力耦联静液传动系统不宜使用定量液压执行元件(如液压缸)，除非中间接入液压变压器，这无疑增加了系统的成本和复杂程度。而二次调节流量耦联静液传动系统可以与定量液压执行元件(如液压缸)相连，并且易于控制。因此对于直线运动装置，二次调节流量耦联静液传动系统具有明显优势。

(4)二次调节流量耦联静液传动系统一般只适用单负载或性质完全相同的多负载，对多个不相关的负载，流量“耦合”的效率很低。而二次调节压力耦联静液传动系统可驱动多个互不相关的负载，并且传动效率较高。

(5)能量回收的方式及实现的难易程度。当液压恒压网络中连接液压蓄能器进行能量回收时，存在以下问题：

①液压恒压网络中液压蓄能器的能量回收过程产生压力变化，此压力变化会对液压恒压网络产生冲击，对系统中并联的其他负载产生不利影响。特别是当负载回收的能量较多时，瞬时使系统产生的压力波动很大，对系统的影响更大。

②随着液压技术的发展，液压系统工作压力越来越高，因此要求液压恒压网络中回收能量的液压蓄能器的工作压力也越来越高，使得实现能量回收的难度越来越大，很难获得较好的能量回收和重新利用效果。

对于液压蓄能器储能型二次调节流量耦联静液传动系统，由于采用液压蓄能器子系统进行能量回收，使得液压蓄能器内压力的变化与负载系统压力的变化无关，因此不存在上述问题。相对于基于液压恒压网络的二次调节压力耦联静液传动系统，二次调节流量耦联静液传动系统更容易实现对单负载和非变量负载系统的控制，能够更方便地实现重力势能的回收和重新利用。可见二次调节流量耦联静液传动系统是对传统二次调节静液传动技术的扩展和补充。

2.4　二次调节流量耦联静液传动系统的节能分析

2.4.1　二次调节流量耦联静液传动系统的能量传递分析

二次调节流量耦联静液传动系统的能量流如图 2.13 所示，图中虚线方框内的能量损耗被消除、减小或重新利用，即基本可消除溢流损耗、节流损耗、输入和输出功率不匹配的无功损耗，并且可将原来转化为热能损耗掉的重物下降势能回收利用，为提高液压系统的效率提供了一条非常有效的途径。

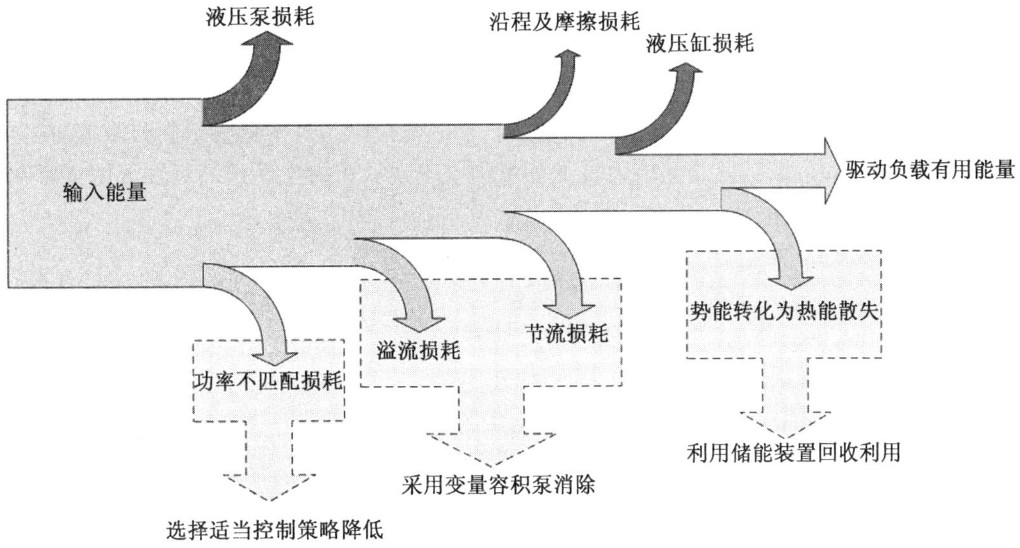

图 2.13　二次调节流量耦联静液传动系统的能量流

2.4.2　二次调节流量耦联静液传动系统节能的评价指标

能源利用效率是衡量能量利用技术水平和经济性的一项综合性指标。通过对能源利用效率的分析，可以有助于改进工艺和设备，挖掘节能的潜力，提高能量利用的经济效果。

能源利用效率是指能源中具有的能量被有效利用的程度。通常以 η 表示，其计算公式为

$$\eta = \frac{E_1}{E_2} \times 100\% \tag{2.5}$$

式中　η——能源利用效率(无量纲);

E_1——有效利用的能量,J;

E_2——供给的能量,J。

二次调节流量耦联静液传动系统能实现对重力势能或系统制动动能的回收和重新利用,为更好地对系统的节能效果进行评价,首先给出系统的能量回收与重新利用情况的评价指标:储能元件的能量吸收率、可再生能量的能量回收率和能量回收系统的能量再利用率等。

(1)储能元件的能量吸收率的定义。

能量回收装置中储能元件吸收的功率与储能元件总的输入功率的比值称为储能元件的能量吸收率。该指标用来衡量能量回收装置中储能元件吸收输入能量的能力,用公式表示为

$$\eta_A=\frac{E_{A1}}{E_{A2}}\times 100\% \tag{2.6}$$

式中　η_A——储能元件的能量吸收率(无量纲);

E_{A1}——储能元件吸收的输入能量,J;

E_{A2}——输入的总量,J。

(2)可再生能量的能量回收率的定义。

储能元件中吸收的再生能量(重力势能、制动动能等)的功率与可再生能量的理论输入功率之间的比值称为可再生能量的能量回收率。该指标用来衡量能量回收系统对可再生能量的吸收能力,该指标受储能元件的能量吸收率以及可再生能量的特性等因素影响,能反映出可再生能量的回收特性,用公式表示为

$$\eta_R=\frac{E_{R1}}{E_{R2}}\times 100\% \tag{2.7}$$

式中　η_R——可再生能量的能量回收率(无量纲);

E_{R1}——储能元件吸收的可再生能量,J;

E_{R2}——可再生能量的总量,J。

(3)能量回收系统的能量再利用率的定义。

能量回收系统的实际输出功率与储能元件吸收的功率的比值称为能量回收系统的能量再利用率。该指标评价能量回收系统的能量使用效率,用公式表示为

$$\eta_U=\frac{E_{U1}}{E_{U2}}\times 100\% \tag{2.8}$$

式中　η_U——能量回收系统的能量再利用率(无量纲);

E_{U1}——能量回收系统实际输出的能量,J;

E_{U2}——储能元件吸收的能量,J。

前两者的差异在于最终进入储能元件的能量的来源不同,可再生能量的能量回收率是衡量系统对重物势能或动能的回收效率,储能元件的能量吸收率是衡量能量回收子系统对能量输入的接收效率。

第3章　二次调节流量耦联静液传动系统的数学模型

本章对前述的三种二次调节流量耦联静液传动系统建立数学模型。所建立的数学模型基于以下假设:

(1)液压泵/马达的泄漏为层流,壳体回油压力为零,忽略低压腔向壳体内的外泄漏。

(2)连接管道短而粗,管道内的压力损失、流体质量效应和管道动态忽略不计。

(3)两根管道完全相同,二次元件管道组成的两个腔室的总容积相等,每个腔室内油液的温度和体积弹性模数为常数,压力均匀相等。

(4)二次元件和负载之间连接刚度很大,忽略结构柔度的影响。

(5)电液伺服阀为理想零开口四通滑阀,四个节流窗口是匹配和对称的。

(6)节流窗口处的流动为紊流,液体压缩性的影响在阀中予以忽略。

(7)伺服阀具有理想的响应能力,即对应于阀芯位移和阀压降的变化相应的流量变化能瞬间发生。

(8)液压缸回油压力为零。

3.1　二次调节流量耦联静液传动系统中元件的数学模型

3.1.1　电液伺服阀的数学模型

由于电液伺服阀的动态响应往往高于动力元件的动态响应,电液伺服阀的数学模型根据其所在液压控制系统情况的不同,可以简化为不同的形式,一般可用二阶振荡环节表示,即

$$G_{sv}=\frac{q_{sv}(s)}{I(s)}=\frac{K_{sv}}{\frac{s^2}{\omega_{sv}^2}+\frac{2\zeta_{sv}}{\omega_{sv}}s+1} \tag{3.1}$$

式中　q_{sv}——电液伺服阀输出流量,$m^3 \cdot s^{-1}$;

I——电液伺服阀线圈输入电流,A;

K_{sv}——电液伺服阀流量增益,$m^3 \cdot s^{-1} \cdot V^{-1}$;

ω_{sv}——电液伺服阀固有频率,$rad \cdot s^{-1}$,$\omega_{sv}=2\pi f_{svn}$,其中f_{svn}是对应于相位滞后90°的频率,Hz。

ζ_{sv}——电液伺服阀阻尼比(无因次),取决于电液伺服阀类型及规格,一般为0.5~1。

当液压控制系统频宽相对电液伺服阀较低时,电液伺服阀可用一阶惯性环节表示,即

$$G_{sv}=\frac{q_{sv}(s)}{I(s)}=\frac{K_{sv}}{\frac{s}{\omega_{sz}}+1} \tag{3.2}$$

式中 ω_{sz}——电液伺服阀转折频率,rad・s^{-1}。

当电液伺服阀的固有频率相对电液控制系统频宽很高时,可将电液伺服阀数学模型近似处理为比例环节,即

$$G_{sv}=\frac{q_{sv}(s)}{I(s)}=K_{sv} \tag{3.3}$$

3.1.2 液压泵/马达组件的数学模型

液压泵/马达组件中液压泵/马达的斜盘由电液伺服阀和变量液压缸控制驱动,建立该组件的数学模型。

(1)电液伺服阀的线性化流量方程。

电液伺服阀的线性化流量方程为

$$q_{cc}=K_q x_v-K_c p_{cL}=q_{sv}-K_c p_{cL} \tag{3.4}$$

式中 q_{cc}——电液伺服阀的负载流量,m^3・s^{-1};

K_q——电液伺服阀的流量增益,m^3・s^{-1}・m^{-1};

x_v——电液伺服阀的阀芯位移,m;

K_c——电液伺服阀的流量-压力系数,m^3・s^{-1}・Pa^{-1};

p_{cL}——电液伺服阀的负载压力,Pa;

q_{sv}——电流伺服阀输出流量,m^3・s^{-1}。

(2)变量液压缸的流量连续性方程。

变量液压缸的流量连续性方程为

$$q_{cc}=A_{cc}\frac{dx_c}{dt}+C_{cc}p_{cL}+\frac{V_{cc}}{4\beta_e}\frac{dp_{cL}}{dt} \tag{3.5}$$

式中 A_{cc}——变量液压缸活塞有效作用面积,m^2;

x_c——变量液压缸活塞位移,m;

C_{cc}——变量液压缸总的泄漏系数,m^3・s^{-1}・Pa^{-1};

V_{cc}——变量液压缸两腔的总容积,m^3;

β_e——工作液体的体积弹性模量,MPa,液压油一般在$(0.7\sim1.4)\times10^3$ MPa 范围内选取。

(3)变量液压缸的力平衡方程。

变量液压缸的力平衡方程为

$$A_{cc}p_{cL}=m_{cc}\frac{d^2x_c}{dt^2}+B_{cc}\frac{dx_c}{dt}+kx_c+F_{cc} \tag{3.6}$$

式中 m_{cc}——变量液压缸活塞部分运动部件总质量,kg;

B_{cc}——变量液压缸黏性阻尼系数,N・m^{-1}・s;

k——变量液压缸对中弹簧的弹簧刚度,N・m^{-1};

F_{cc}——变量液压缸活塞所受库仑摩擦阻力和斜盘的控制力，N，主要由库仑摩擦力和柱塞对斜盘的反作用力组成，相对于由压力油和弹簧等引起的作用力而言，该力较小，可忽略不计。

对式(3.4)、式(3.5)和式(3.6)进行拉氏变换，得如下方程

$$Q_{cc}=Q_{sv}-K_cP_{cL} \tag{3.7}$$

$$Q_{cc}=A_{cc}sX_c+(C_{cc}+\frac{V_{cc}}{4\beta_e}s)P_{cL} \tag{3.8}$$

$$P_{cL}=\frac{1}{A_{cc}}(m_{cc}s^2+B_{cc}s+K)X_c+\frac{F_{cc}}{A_{cc}} \tag{3.9}$$

忽略 F_{cc}，得出活塞位移 x_c 对电液伺服阀输出流量 q_{sv} 的传递函数为

$$\frac{X_c}{Q_{sv}}=\frac{\frac{1}{A_{cc}}}{\frac{V_{cc}m_{cc}}{4\beta_eA_{cc}^2}s^3+\left(\frac{K_{ce}m_{cc}}{A_{cc}^2}+\frac{V_{cc}B_{cc}}{4\beta_eA_{cc}^2}\right)s^2+\left(\frac{K_{ce}B_{cc}}{A_{cc}^{\ 2}}+\frac{V_{cc}k}{4\beta_eA_{cc}^2}+1\right)s+\frac{kK_{ce}}{A_{cc}^2}} \tag{3.10}$$

式中　K_{ce}——总的流量-压力系数，$K_{ce}=K_c+K_{cc}$，$K_c=1.04\times10^{-13}\ \mathrm{m^3\cdot s^{-1}\cdot Pa^{-1}}$，与 C_{cc} 的数量级比较略去 K_c，则 $K_{ce}=10^{-11}\ \mathrm{m^3\cdot s^{-1}\cdot Pa^{-1}}$。

变量液压缸中，当活塞处于中位时，液压弹簧刚度最低，此时有

$$k_h=\frac{4\beta_eA_{cc}^2}{V_{cc}} \tag{3.11}$$

$$\omega_h=\sqrt{\frac{k_h}{m_{cc}}} \tag{3.12}$$

$$\zeta_h=\frac{K_{ce}}{A_{cc}}\sqrt{\frac{\beta_em_{cc}}{V_{cc}}} \tag{3.13}$$

式中　k_h——变量液压缸的液压弹簧刚度，$\mathrm{N\cdot m^{-1}}$；

ω_h——变量液压缸的无阻尼固有频率，$\mathrm{rad\cdot s^{-1}}$；

ζ_h——变量液压缸的阻尼比(无量纲)。

负载弹簧刚度 k 与液压弹簧刚度 k_h 比较可以略去不计，即不考虑负载弹性刚度，则式(3.10)可以简化为

$$\frac{X_c}{Q_{sv}}=\frac{\frac{1}{A_{cc}}}{s\left(\frac{s^2}{\omega_h^2}+\frac{2\zeta_h}{\omega_h}s+1\right)} \tag{3.14}$$

考虑到 ω_h 较大，超出了一般控制系统应用的频率范围，且比电液伺服阀的自振频率高出许多，因此可以将式(3.10)进一步简化为

$$\frac{X_c}{Q_{sv}}=\frac{1}{A_{cc}s} \tag{3.15}$$

(4)液压泵/马达排量方程。

液压泵/马达排量方程为

$$D=D_{\max}\frac{x_{c}}{x_{\max}} \tag{3.16}$$

式中 D——液压泵/马达的实际控制排量，$m^3\cdot rad^{-1}$；

$D_{\max}$——液压泵/马达的最大公称排量，$m^3\cdot rad^{-1}$；

$x_{\max}$——变量液压缸的最大位移，m。

3.1.3 液压蓄能器的数学模型

(1)液压蓄能器气囊内气体的热力学方程。

液压蓄能器气囊内气体的热力学方程为

$$p_{a0}V_{a0}^{n}=p_{a}V_{a}^{n} \tag{3.17}$$

将式(3.17)在工作点 p_{a0}、V_{a0} 附近泰勒级数展开，并省略高次项得

$$\begin{cases}V_{a0}^{n}\dfrac{dp_{a}}{dt}+p_{a0}nV_{a0}^{n-1}\dfrac{dV_{a}}{dt}=0\\ \dfrac{dp_{a}}{dt}=-\dfrac{np_{a0}}{V_{a0}}\dfrac{dV_{a}}{dt}\end{cases} \tag{3.18}$$

式中 p_{a0}——液压蓄能器在初始充气状态下的压力，Pa；

V_{a0}——液压蓄能器在初始充气状态下的容积，m^3；

p_{a}——液压蓄能器气囊内气体的工作压力，Pa；

V_{a}——液压蓄能器气囊内气体的工作容积，m^3；

n——气体指数，取 $n=1.4$。

(2)液压蓄能器的流量连续性方程。

液压蓄能器的流量连续性方程为

$$q_{a}=-\frac{dV_{a}}{dt} \tag{3.19}$$

式中 q_{a}——液压蓄能器的流量，m^3/s。

(3)液压蓄能器的力平衡方程。

液压蓄能器的力平衡方程为

$$(p_{2}-p_{a})A_{ac}=m_{ac}\frac{d(q_{a}/A_{ac})}{dt}+B_{ac}\frac{q_{a}}{A_{ac}} \tag{3.20}$$

式中 A_{ac}——液压蓄能器油液腔的有效作用面积，m^2；

B_{ac}——液压蓄能器黏性阻尼系数，$N\cdot m^{-1}\cdot s$；

m_{ac}——管道和液压蓄能器中油液的质量，kg；

p_{2}——液压蓄能器入口压力，Pa。

将式(3.18)和式(3.19)代入式(3.20)中并进行拉氏变换得

$$p_{2}-\frac{1}{\dfrac{V_{a0}m_{ac}}{np_{a0}A_{ac}^{2}}s^{2}+\dfrac{V_{a0}B_{ac}}{np_{a0}A_{ac}^{2}}s+1}p_{2}=\frac{1}{A_{ac}^{2}}(m_{ac}s+B_{ac})q_{a}$$

$$p_2=\frac{\dfrac{V_{a0}m_{ac}}{np_{a0}A_{ac}^2}s^2+\dfrac{V_{a0}B_{ac}}{np_{a0}A_{ac}^2}s+1}{\dfrac{V_{a0}}{np_{a0}}s}q_a \tag{3.21}$$

整理得

$$p_2=\frac{np_{a0}}{V_{a0}s}\left(\frac{s^2}{\omega_a^2}+\frac{2\zeta_a}{\omega_a}s+1\right)q_a \tag{3.22}$$

式中　ω_a——液压蓄能器固有频率，$\omega_a=\sqrt{\dfrac{k_b}{m_{ac}}}$，rad · s^{-1}；

k_b——液压蓄能器气体弹簧刚度，kg · m^2 · s^{-2}，$k_b=\dfrac{np_{a0}A_{ac}^2}{V_{a0}}$；

ζ_a——液压蓄能器阻尼系数，$\zeta_a=\dfrac{B_{ac}}{2\sqrt{k_b m_{ac}}}$，无量纲。

3.1.4　逆变器-异步电动机系统的数学模型

电网回馈储能型二次调节流量耦联静液传动系统采用的是电压源逆变器 - 异步电动机变频调速系统，将分解为 q 及 d 轴分量，经推导可得异步电动机考虑主磁路饱和后，在静止坐标系中的电压矩阵方程为

$$\begin{bmatrix}V_{qs}\\V_{ds}\\V_{qr}\\V_{dr}\end{bmatrix}=\begin{bmatrix}R_s & 0 & 0 & 0\\ 0 & R_s & 0 & 0\\ L_mP & L_{rs}P & K_1R_r+R_rY & -K_1L_{r\sigma}\omega_r-\omega_r-L_{r\sigma}\omega_rY\\ -L_{r\sigma}\omega_r & -R_r & K_1L_{r\sigma}\omega_r+\omega_r+L_{r\sigma}\omega_rY & K_1R_r+R_rY\end{bmatrix}\begin{bmatrix}I_{qs}\\I_{ds}\\l_{mq}\\l_{md}\end{bmatrix}+$$

$$\begin{bmatrix}L_{s\sigma} & 0 & 1 & 0\\ 0 & L_{s\sigma} & 0 & 1\\ L_{s\sigma} & 0 & K_1L_{s\sigma}+1+L_{ss}A & L_{s\sigma}B\\ 0 & -L_{s\sigma} & L_{s\sigma}B & K_1L_{s\sigma}+1+L_{ss}A\end{bmatrix}P\begin{bmatrix}I_{qs}\\I_{ds}\\l_{mq}\\l_{md}\end{bmatrix} \tag{3.23}$$

$$\boldsymbol{V}=\boldsymbol{Z}_1\begin{bmatrix}I_s\\l\end{bmatrix}+\boldsymbol{Z}_2\begin{bmatrix}I_s\\l\end{bmatrix} \tag{3.24}$$

$$A=2K_3l_{mq}^2+4K_5l_{mq}^2l_{md}^2+K_3l_m^2+K_5l_m^4$$

$$B=2K_3l_{mq}+4K_5l_{md}l_{mq}^3+4K_5l_{md}^3l_{mq}$$

$$C=2K_3l_{mq}^2+4K_5l_{mq}^4+4K_5l_{md}^2l_{mq}^2+K_3l_m^2+K_5l_m^4$$

$$Y=K_3l_m^2l_m^4$$

式中　R,L,ω——分别表示电动机电阻、漏电感及转子角速度；

下标 s，r——分别表示定、转子的量；

λ_m——激磁磁链。

选取电流、磁链及转子角速度为状态量，考虑主磁路饱和异步电动机数学模型，有

$$\begin{cases} T_e=\dfrac{3}{2}N_P(I_{qs}l_{md}-I_{ds}l_{mq}) \\ P\omega_r=N_P(T_e-T_1)/J \\ P\begin{bmatrix} I_s \\ l \end{bmatrix}=-\boldsymbol{Z}_2^{-1}\boldsymbol{Z}_1\begin{bmatrix} I_s \\ l \end{bmatrix}+\boldsymbol{Z}_2^{-1}\boldsymbol{V} \end{cases} \tag{3.25}$$

式中 N_p, T_e, J, T_1——分别为电动机极对、电磁转矩、电动机及负载转动惯量、负载转矩。

电压矩阵 $\boldsymbol{V}$ 为

$$\boldsymbol{V}=\begin{bmatrix} V_{qs} \\ V_{ds} \\ V_{qr} \\ V_{dr} \end{bmatrix}=\begin{bmatrix} \dfrac{1}{3}(V_{ab}-V_{ca}) \\ -\dfrac{\sqrt{3}}{3}V_{bc} \\ 0 \\ 0 \end{bmatrix} \tag{3.26}$$

3.2 飞轮储能型二次调节流量耦联静液传动系统的数学模型

本节对图 2.5 所示飞轮储能型二次调节流量耦联静液传动系统分别建立负载上升和负载下降工况的非线性模型，并进一步利用泰勒级数展开得到其线性模型。

3.2.1 负载上升时的数学模型

(1)伺服放大器方程。

对于伺服放大器有

$$i=K_i u \tag{3.27}$$

式中 i——放大器输出电流，A；

u——控制电压，V；

K_i——放大器与线圈电路增益，$A \cdot V^{-1}$。

伺服阀阀芯位移与输入电流之间方程为

$$x_v=K_s i \tag{3.28}$$

式中 K_s——伺服阀系数，$m \cdot A^{-1}$；

x_v——伺服阀阀芯位移，m。

由式(3.27)和式(3.28)可得伺服放大器方程

$$x_v=K_i K_s u \tag{3.29}$$

(2)电液伺服阀的流量方程。

当电液伺服阀做正向移动，即 $x_v>0$ 时，变量液压缸左腔为进油腔，流入的流量为

$$q_1=C_d w x_v\sqrt{\frac{2}{\rho}(p_c-p_1)} \tag{3.30}$$

变量液压缸右腔为回油腔，流出的流量为

$$q_2=C_d w x_v\sqrt{\frac{2}{\rho}p_2} \tag{3.31}$$

式中　q_1——变量液压缸左腔流量，$m^3 \cdot s^{-1}$；

q_2——变量液压缸右腔流量，$m^3 \cdot s^{-1}$；

C_d——流量系数，无量纲；

w——伺服阀阀芯面积梯度，m；

ρ——油液密度，$kg \cdot m^{-3}$；

p_c——控制回路压力，Pa；

p_1——变量液压缸左腔压力，Pa；

p_2——变量液压缸右腔压力，Pa。

(3) 变量液压缸流量连续方程。

变量液压缸进油腔的流量连续性方程可写成

$$q_1 - C_{ic}(p_1 - p_2) - C_{ec}p_1 = A_g \frac{dy}{dt} + \frac{V_1}{\beta_e}\frac{dp_1}{dt} \tag{3.32}$$

其中

$$V_1 = V_0 + A_g y$$

同理，回油腔的流量连续性方程可写成

$$C_{ic}(p_1 - p_2) - C_{ec}p_2 - q_2 = -A_g \frac{dy}{dt} + \frac{V_2}{\beta_e}\frac{dp_2}{dt} \tag{3.33}$$

其中

$$V_2 = V_0 - A_g y$$

式中　A_g——变量液压缸有效作用面积，m^2；

y——变量液压缸活塞位移，m；

β_e——液压油的有效体积弹性模量，MPa；

C_{ic}——变量液压缸内部泄漏系数，$m \cdot N \cdot s^{-1}$；

C_{ec}——变量液压缸外部泄漏系数，$m \cdot N \cdot s^{-1}$；

V_1——变量液压缸进油腔的体积，m^3；

V_2——变量液压缸出油腔的体积，m^3；

V_0——变量液压缸初始位置时两腔的容积，其值为变量液压缸总容积的一半，m^3。

(4) 变量液压缸的力平衡方程。

忽略油液的质量，根据牛顿第二定律，可得

$$A_g(p_1 - p_2) = m\frac{d^2y}{dt^2} + B_c\frac{dy}{dt} + Ky \tag{3.34}$$

式中　m——变量液压缸活塞和斜盘的等效质量，kg；

B_c——变量液压缸阻尼系数，$N \cdot s \cdot m^{-1}$；

K——负载弹簧刚度，$N \cdot m^{-1}$。

(5) 二次元件的排量与变量液压缸位移的关系。

二次元件排量为

$$D = 1.75d^2 z r_p \tan\alpha \tag{3.35}$$

式中　D——二次元件，$m^3 \cdot rad^{-1}$；

d——柱塞直径，m；

z——柱塞个数；

r_p——柱塞分布圆半径，m；

α——配流盘倾角，rad。

由式（3.35）可以看出二次元件的排量与斜盘倾角的正切成正比。而变量液压缸活塞杆相对于中位的位移与斜盘倾角的正切成正比，即

$$\tan\alpha \propto y$$

因此，二次元件的排量和变量液压缸的位移成正比，其排量为

$$D=\frac{y}{y_{max}}D_{max} \tag{3.36}$$

式中 D_{max}——二次元件最大排量，$m^3 \cdot rad^{-1}$；

y_{max}——变量液压缸最大位移量，m。

（6）二次元件流量方程。

根据二次元件高压腔流量连续性方程，可得

$$\omega D-C_t p_L=Av+\frac{V}{4\beta_e}\frac{dp_L}{dt} \tag{3.37}$$

式中 ω——二次元件的转速，$rad \cdot s^{-1}$；

D——二次元件排量，$m^3 \cdot rad^{-1}$；

p_L——负载液压缸进油腔压力，Pa；

C_t——二次元件和负载液压缸总的泄漏系数，$m^3 \cdot s^{-1} \cdot Pa^{-1}$；

A——负载液压缸有效作用面积，m^2；

v——负载液压缸速度，$m \cdot s^{-1}$；

V——二次元件高压腔、液压缸上腔和管路的总容积，m^3。

（7）负载液压缸力平衡方程。

根据牛顿第二定律，负载液压缸的力平衡方程为

$$p_L A+m_p g=(M+m_p)\frac{dv}{dx}+Bv+Mg \tag{3.38}$$

式中 m_p——负载液压缸活塞杆的质量，kg；

M——负载的质量，kg；

B——当量黏性阻尼系数，$N \cdot s \cdot m^{-1}$；

g——重力加速度，$m \cdot s^{-2}$。

令 $x_1=v, x_2=p_L, x_3=y, x_4=\dot{y}, x_5=p_1, x_6=p_2$，系统的状态空间描述为

$$\begin{cases}\dot{\boldsymbol{x}}=\boldsymbol{f}(\boldsymbol{x})+\boldsymbol{g}(\boldsymbol{x})\boldsymbol{u}\\ \boldsymbol{y}=\boldsymbol{h}(\boldsymbol{x})\end{cases} \tag{3.39}$$

式中

$$
\boldsymbol{f}(\boldsymbol{x})=\begin{cases}-\dfrac{B_{\mathrm{c}}}{M+m_{\mathrm{p}}}x_1+\dfrac{A}{M+m_{\mathrm{p}}}x_2+\dfrac{m_{\mathrm{p}}-M}{M+m_{\mathrm{p}}}g\\ -\dfrac{4\beta_{\mathrm{e}}A}{V}x_1-\dfrac{4\beta_{\mathrm{e}}A}{V}x_2+\dfrac{4\beta_{\mathrm{e}}\omega D_{\max}}{Vx_{3\max}}x_3\\ x_4\\ -\dfrac{k}{m}x_3-\dfrac{B_{\mathrm{c}}}{m}x_4+\dfrac{A_{\mathrm{g}}}{m}x_5-\dfrac{A_{\mathrm{g}}}{m}x_6\\ -\dfrac{\beta_{\mathrm{e}}A_{\mathrm{g}}}{V_0+A_{\mathrm{g}}x_3}x_4-\dfrac{\beta_{\mathrm{e}}(C_{\mathrm{ic}}+C_{\mathrm{ec}})}{V_0+A_{\mathrm{g}}x_3}x_5+\dfrac{\beta_{\mathrm{e}}C_{\mathrm{ic}}}{V_0+A_{\mathrm{g}}x_3}x_6\\ \dfrac{\rho_{\mathrm{e}}A_{\mathrm{g}}}{V_0-A_{\mathrm{g}}x_3}x_4+\dfrac{\rho_{\mathrm{e}}C_{\mathrm{ic}}}{V_0-A_{\mathrm{g}}x_3}x_5-\dfrac{\rho_{\mathrm{e}}(C_{\mathrm{ic}}+C_{\mathrm{ec}})}{V_0-A_{\mathrm{g}}x_3}x_6\end{cases} \tag{3.40}
$$

$$
\boldsymbol{g}(\boldsymbol{x})=\begin{bmatrix}0\\0\\0\\0\\ \dfrac{\beta_{\mathrm{e}}C_{\mathrm{d}}\omega K_{\mathrm{i}}K_{\mathrm{s}}}{V_0+A_{\mathrm{g}}x_3}\sqrt{\dfrac{2}{\rho}(p_{\mathrm{c}}-x_5)}\\ -\dfrac{\beta_{\mathrm{e}}C_{\mathrm{d}}\omega K_{\mathrm{i}}K_{\mathrm{s}}}{V_0-A_{\mathrm{g}}x_3}\sqrt{\dfrac{2}{\rho}x_6}\end{bmatrix} \tag{3.41}
$$

$$
h(\boldsymbol{x})=x_1 \tag{3.42}
$$

式中　K——负载弹簧刚度，$\mathrm{N\cdot m^{-1}}$；

ρ——液压油密度，$\mathrm{kg\cdot m^{-3}}$；

V_0——变量液压缸初始位置时两腔容积，其值为变量液压缸总容积的一半，$\mathrm{m^3}$。

电液伺服阀在稳态工作点附近线性化后得到的流量方程为

$$
q=K_{\mathrm{q}}x_{\mathrm{v}}-K_{\mathrm{c}}p \tag{3.43}
$$

式中　K_{q}——电液伺服阀流量增益，$\mathrm{m^3\cdot s^{-1}\cdot V^{-1}}$；

K_{c}——流量压力系数，$\mathrm{m^3\cdot s^{-1}\cdot Pa^{-1}}$。

变量液压缸流量方程为

$$
q=A_g\frac{\mathrm{d}y}{\mathrm{d}t}+C_{\mathrm{tc}}p+\frac{V_{\mathrm{t}}}{4\beta_{\mathrm{e}}}\frac{\mathrm{d}p_{\mathrm{L}}}{\mathrm{d}t} \tag{3.44}
$$

令 $x_1=v,x_2=p_{\mathrm{L}},x_3=y,x_4=\dot{y},x_5=p$，联立式(3.27)和式(3.28)，得到负载上升时系统线性化状态空间描述为

$$
\begin{cases}\dot{\boldsymbol{x}}=\boldsymbol{f}(\boldsymbol{x})+\boldsymbol{g}(\boldsymbol{x})\boldsymbol{u}\\ \boldsymbol{y}=\boldsymbol{h}(\boldsymbol{x})\end{cases} \tag{3.45}
$$

式中

$$
\boldsymbol{f}(\boldsymbol{x})=\begin{bmatrix}-\dfrac{B}{M+m_{\mathrm{p}}}x_1+\dfrac{A}{M+m_{\mathrm{p}}}x_2-\dfrac{M-m_{\mathrm{p}}}{M+m_{\mathrm{p}}}g\\ -\dfrac{\beta_{\mathrm{e}}A}{V}x_1-\dfrac{\beta_{\mathrm{e}}C_{\mathrm{t}}}{V}x_2+\dfrac{\beta_{\mathrm{e}}\omega D_{\max}}{Vx_{3\max}}x_3\\ x_4\\ -\dfrac{K}{m}x_3-\dfrac{B_{\mathrm{c}}}{m}x_4+\dfrac{A_{\mathrm{g}}}{m}x_5\\ -\dfrac{4\beta_{\mathrm{e}}A_{\mathrm{g}}}{V_{\mathrm{t}}}x_4-\dfrac{4\beta_{\mathrm{e}}(C_{\mathrm{tc}}+K_{\mathrm{c}})}{V_{\mathrm{t}}}x_5\end{bmatrix} \tag{3.46}
$$

$$
\boldsymbol{g}(\boldsymbol{x})=\begin{bmatrix}0\\0\\0\\0\\K_{\mathrm{i}}K_{\mathrm{s}}K_{\mathrm{q}}\end{bmatrix} \tag{3.47}
$$

$$
\boldsymbol{h}(\boldsymbol{x})=x_1 \tag{3.48}
$$

其状态变量图如图 3.1 所示。

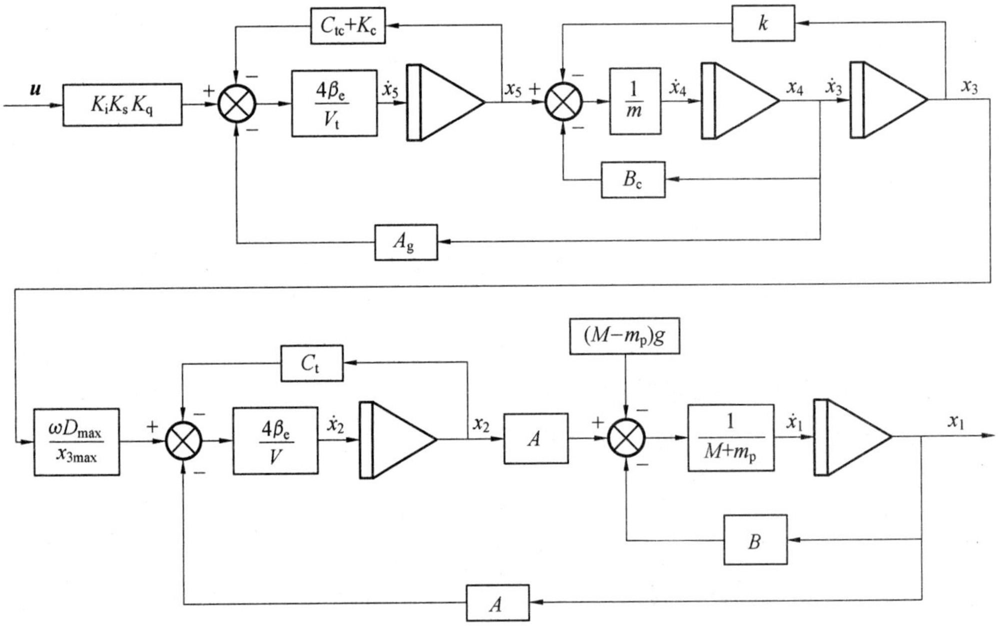

图 3.1 负载上升时的状态变量图

3.2.2　负载下降时的数学模型

(1)二次元件力矩平衡方程。

二次元件力矩平衡方程为

$$p_L D = I\frac{d\omega}{dt} + b\omega \tag{3.49}$$

式中　I——二次元件和飞轮的总惯量,$kg \cdot m^2$;

ω——飞轮角速度,$rad \cdot s^{-1}$;

b——飞轮阻尼系数,$N \cdot m \cdot rad^{-1} \cdot s$。

(2)二次元件流量方程。

对高压腔应用连续性方程,可得

$$Av - C_t p_L = \omega D + \frac{V}{4\beta_e}\frac{dp_L}{dt} \tag{3.50}$$

(3)负载液压缸力平衡方程。

负载液压缸力平衡方程为

$$Mg - m_p g - p_L A = (M + m_p)\frac{dv}{dt} + Bv \tag{3.51}$$

令 $x_1 = \omega, x_2 = p_L, x_3 = v, x_4 = y, x_5 = \dot{y}, x_6 = p_1, x_7 = p_2$,联合式伺服放大器方程 $x_v = K_i K_s u$,系统的状态空间描述为

$$\begin{cases} \dot{\boldsymbol{x}} = \boldsymbol{f}(\boldsymbol{x}) + \boldsymbol{g}(\boldsymbol{x})\boldsymbol{u} \\ \boldsymbol{y} = \boldsymbol{h}(\boldsymbol{x}) \end{cases} \tag{3.52}$$

式中

$$\boldsymbol{f}(\boldsymbol{x}) = \begin{bmatrix} \frac{D_{max}}{I x_{4max}} x_2 x_4 - \frac{b}{I} x_1 \\ \frac{4\beta_e A}{V} x_3 - \frac{4\beta_e C_t}{V} x_2 - \frac{4\beta_e D_{max}}{V x_{4max}} x_1 x_4 \\ -\frac{B}{M + m_p} x_3 - \frac{A}{M + m_p} x_2 + \frac{M - m_p}{M + m_p} g \\ x_5 \\ -\frac{k}{m} x_4 - \frac{B_c}{m} x_5 - \frac{A_g}{m} x_6 + \frac{A_g}{m} x_7 \\ \frac{\beta_e A_g}{V_0 - A_g x_4} x_5 - \frac{\beta_e (C_{ic} + C_{ec})}{V_0 - A_g x_4} x_6 + \frac{\beta_e C_{ic}}{V_0 - A_g x_4} x_7 \\ -\frac{\beta_e A_g}{V_0 - A_g x_4} x_5 + \frac{\beta_e C_{ic}}{V_0 - A_g x_4} x_6 - \frac{\beta_e (C_{ic} + C_{ec})}{V_0 - A_g x_4} x_7 \end{bmatrix} \tag{3.53}$$

$$g(x)=\begin{bmatrix}0\\0\\0\\0\\0\\-\dfrac{\beta_e C_d \omega K_i K_s}{V_0-A_g x_4}\sqrt{\dfrac{2}{\rho}x_6}\\\dfrac{\beta_e C_d \omega K_i K_s}{V_0+A_g x_4}\sqrt{\dfrac{2}{\rho}(p_c-x_7)}\end{bmatrix}\tag{3.54}$$

$$h(x)=\dot{x}_1\tag{3.55}$$

令 $x_1=\omega,x_2=y,x_3=\dot{y},x_4=p$,联立式(3.22)、(3.29)和式(3.30),系统的状态空间描述为

$$\begin{cases}\dot{x}=f(x)+g(x)u\\y=h(x)\end{cases}\tag{3.56}$$

式中

$$f(x)=\begin{bmatrix}\dfrac{D_{max}}{Ix_{3max}}p_L x_2-\dfrac{b}{I}x_1\\x_3\\-\dfrac{k}{m}x_2-\dfrac{B_c}{m}x_3-\dfrac{A_g}{m}x_4\\-\dfrac{4\beta_e A_g}{V_t}x_4-\dfrac{4\beta_e C_{tc}}{V_t}x_5\end{bmatrix}\tag{3.57}$$

$$g(x)=\begin{bmatrix}0\\0\\0\\K_i K_s K_q\end{bmatrix}\tag{3.58}$$

$$h(x)=\dot{x}_1\tag{3.59}$$

其状态变量图如图3.2所示。

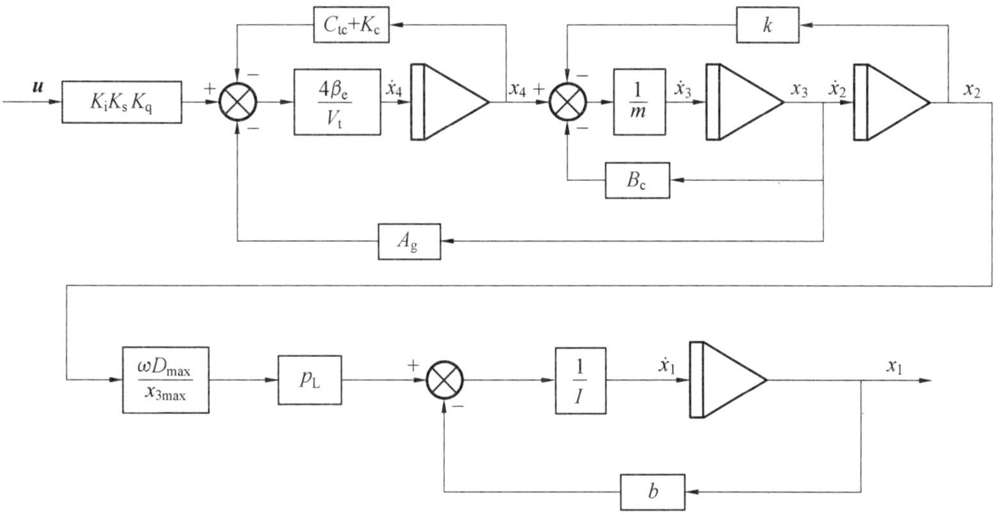

图 3.2　负载下降时的状态变量图

3.3　液压蓄能器储能型二次调节流量耦联静液传动系统的数学模型

本节对图 2.6 所示的液压蓄能器储能型二次调节流量耦联静液传动系统分别建立负载上冲程和负载下冲程工况的线性数学模型。

3.3.1　负载上冲程的数学模型

(1)液压泵/马达 1 排量方程。

液压泵/马达 1 排量方程为

$$D_1 = D_{1max}\frac{x_1}{x_{1max}} \tag{3.60}$$

式中　D_1——液压泵/马达 1 的实际控制排量,$m^3 \cdot rad^{-1}$;

D_{1max}——液压泵/马达 1 的最大公称排量,$m^3 \cdot rad^{-1}$;

x_1——液压泵/马达 1 变量液压缸的实际位移,m;

x_{1max}——液压泵/马达 1 变量液压缸的最大位移,m。

(2)液压泵/马达在泵工况时的输出流量方程。

液压泵/马达在泵工况时的输出流量方程为

$$q_1 = D_1 n_e - (C_{ip1} + C_{ep1}) p_1 \tag{3.61}$$

式中　q_1——液压泵/马达 1 在泵工况时的输出流量,$m^3 \cdot s^{-1}$;

n_e——电动机的转速,$rad \cdot s^{-1}$;

C_{ip1}——液压泵/马达 1 的内泄漏系数,$m^3 \cdot s^{-1} \cdot Pa^{-1}$;

C_{ep1}——液压泵/马达 1 的外泄漏系数,$m^3 \cdot s^{-1} \cdot Pa^{-1}$;

p_1——负载液压缸有杆腔的工作压力,Pa。

(3)负载液压缸的流量连续性方程。

负载液压缸的流量连续性方程

$$q_1=A_c v_p+\frac{V_0}{\beta_e}\frac{dp_1}{dt}+C_{tc}p_1 \tag{3.62}$$

式中 A_c——负载液压缸有杆腔的有效作用面积,m^2;

v_p——活塞杆的运动速度,$m\cdot s^{-1}$;

C_{tc}——负载液压缸的总泄漏系数,$m^3\cdot s^{-1}\cdot Pa^{-1}$,$C_{tc}=C_{ic}+C_{ec}$,$C_{ic}$为负载液压缸的内泄漏系数,$C_{ec}$为负载液压缸的外泄漏系数;

V_0——负载液压缸中位时有杆腔的容积,m^3。

由式(3.61)和式(3.62)得液压泵/马达和负载液压缸的流量连续性方程为

$$D_1n_e-(C_{ip1}+C_{ep1})p_1=A_c v_p+\frac{V_0}{\beta_e}\frac{dp_1}{dt}+C_{tc}p_1 \tag{3.63}$$

整理得

$$D_1n_e=A_c v_p+\frac{V_0}{\beta_e}\frac{dp_1}{dt}+C_{pc}p_1 \tag{3.64}$$

式中 C_{pc}——液压泵/马达的出油腔到液压缸的总泄漏系数,$m^3\cdot s^{-1}\cdot Pa^{-1}$,$C_{pc}=C_{ip1}+C_{ep1}+C_{tc}$。

对式(3.64)进行拉氏变换后得

$$\frac{V_0}{\beta_e}p_1s+C_{pc}p_1+A_c v_p=D_1n_e \tag{3.65}$$

(4)负载液压缸和负载的力平衡方程。

负载液压缸和负载的力平衡方程为

$$A_cp_1=m_1\frac{dv_p}{dt}+B_c v_p+m_1g+f \tag{3.66}$$

式中 m_1——负载、活塞杆和活塞组件的总质量,kg;

B_c——负载液压缸的黏性阻尼系数,$N\cdot m^{-1}\cdot s$;

f——负载液压缸活塞组件与缸筒、活塞杆与导向套及密封圈之间的摩擦力,N。

式(3.56)进行拉氏变换后得

$$m_1v_ps+B_cv_p+m_1g+f=A_cp_1 \tag{3.67}$$

(5)液压泵/马达3排量方程

液压泵/马达3排量方程为

$$D_2=x_2\frac{D_{2max}}{x_{2max}} \tag{3.68}$$

式中 D_2——液压泵/马达3的实际控制排量,$m^3\cdot rad^{-1}$;

D_{2max}——液压泵/马达3的最大公称排量,$m^3\cdot rad^{-1}$;

x_2——液压泵/马达 3 控制油缸的实际位移，m；

x_{2max}——液压泵/马达 3 控制油缸的最大位移，m。

(6)液压泵/马达 3 在马达工况时的流量连续性方程。

液压泵/马达 3 在马达工况时的流量连续性方程为

$$q_2 = D_2 n_e + C_{ta} p_2 + \frac{V_{ta}}{\beta_e} \frac{dp_2}{dt} \tag{3.69}$$

式中　q_2——液压泵/马达 3 在马达工况时的输入流量，$m^3 \cdot s^{-1}$；

C_{ta}——从液压泵/马达 3 到液压蓄能器油腔的总内泄漏系数，$m^3 \cdot s^{-1} \cdot Pa^{-1}$；

V_{ta}——从液压泵/马达 3 到液压蓄能器油腔的总容积，m^3。

式(3.59)进行拉氏变换后得

$$Q_2 = D_2 n_e + C_{ta} p_2 + \frac{V_{ta}}{\beta_e} p_2 s \tag{3.70}$$

(7)液压泵/马达 3 在马达工况时的输出扭矩。

液压泵/马达 3 在马达工况时的输出扭矩为

$$T_{ac} = \frac{p_2 q_2}{2\pi} \eta_2 \tag{3.71}$$

式中　T_{ac}——液压泵/马达 3 在马达工况时的输出扭矩，$N \cdot m$；

η_2——液压泵/马达 3 的总效率。

(8)液压泵/马达 1 在泵工况时的输入扭矩。

液压泵/马达 1 在泵工况时的输入扭矩为

$$T_{cp} = T_{ac} + T_m - T_f \tag{3.72}$$

负载上、下冲程中液压蓄能器的流量连续性方程和气体的连续性方程相同，不再重复叙述。

电液伺服阀在稳态工作点附近线性化后得到的流量方程为

$$q = K_q x_v - K_c p \tag{3.73}$$

式中　K_q——电液伺服阀流量增益，$m^3 \cdot s^{-1} \cdot V^{-1}$；

K_c——流量压力系数，$(m^3 \cdot s^{-1} \cdot Pa^{-1}$。

变量液压缸流量方程为

$$q = A_g \frac{dy}{dt} + C_{tc} p + \frac{V_t}{4\beta_e} \frac{dp_1}{dt} \tag{3.74}$$

令 $x_1 = v, x_2 = p_L, x_3 = y, x_4 = \dot{y}, x_5 = p$，联立式(3.11)和式(3.12)，得到负载上升时的系统线性化状态空间描述为

$$\begin{cases} \dot{\boldsymbol{x}} = f(\boldsymbol{x}) + \boldsymbol{g}(\boldsymbol{x})\boldsymbol{u} \\ \boldsymbol{y} = h(\boldsymbol{x}) \end{cases} \tag{3.75}$$

式中

$$f(x)=\begin{bmatrix}-\frac{B}{M+m_p}x_1+\frac{A}{M+m_p}x_2-\frac{M-m_p}{M+m_p}g\\ -\frac{\beta_e A}{V}x_1-\frac{\beta_e C_t}{V}x_2+\frac{\beta_e nD_{max}}{Vx_{3max}}x_3\\ x_4\\ -\frac{k}{m}x_3-\frac{B_c}{m}x_4+\frac{A_g}{m}x_5\\ -\frac{4\beta_e A_g}{V_t}x_4-\frac{4\beta_e(C_{tc}+K_c)}{V_t}x_5\end{bmatrix} \tag{3.76}$$

$$g(x)=\begin{bmatrix}0\\0\\0\\0\\K_iK_sK_q\end{bmatrix} \tag{3.77}$$

3.3.2 负载下冲程的数学模型

(1)液压缸的运动方程。

液压缸的运动方程为

$$m_1g=m_1\frac{\mathrm{d}y^2}{\mathrm{d}t}+B\frac{\mathrm{d}y}{\mathrm{d}t}+p_1A_c+f \tag{3.78}$$

(2)液压泵/马达1在马达工况时的流量连续性方程。

液压泵/马达1在马达工况时的流量连续性方程为

$$A_c\frac{\mathrm{d}y}{\mathrm{d}t}=D_1n_e+C_{pc}p_1+\frac{V_0}{\beta_e}\frac{\mathrm{d}p_1}{\mathrm{d}t} \tag{3.79}$$

(3)液压泵/马达1在马达工况时的输出力矩。

液压泵/马达1在马达工况时的输出力矩为

$$T'_{cp}=\frac{p_1q_1}{2\pi\eta_1} \tag{3.80}$$

式中 T'_{cp}——液压泵/马达1在马达工况时的输出力矩,N·m;

η_1——液压泵/马达1的总效率。

(4)液压泵/马达3在泵工况时的流量连续性方程。

液压泵/马达3在泵工况时的流量连续性方程为

$$D_2n_e=q_2+C_{ta}p_2+\frac{V_{ta}}{\beta_e}\frac{\mathrm{d}p_2}{\mathrm{d}t} \tag{3.81}$$

(5)液压蓄能器的力平衡方程。

液压蓄能器的力平衡方程为

$$(p_2-p_a)A_{ac}=m_{ac}\frac{\mathrm{d}\left(\frac{q_2}{A_{ac}}\right)}{\mathrm{d}t}+B\frac{q_2}{A_{ac}} \tag{3.82}$$

(6)液压泵/马达 3 在泵工况时的输入力矩。

液压泵/马达 3 在泵工况时的输入力矩为

$$T'_{ac}=T'_{cp}+T_m-T_f \tag{3.83}$$

式中　T_{ac}——液压泵/马达 3 在泵工况时的输入扭矩，N · m。

当负载液压缸下降时，令 $x_1=\omega$，$x_2=y$，$x_3=\dot{y}$，$x_4=p$，联立式(3.22)、(3.56)和式(3.57)，系统的状态空间描述为

$$\begin{cases}\dot{\boldsymbol{x}}=\boldsymbol{f}(\boldsymbol{x})+\boldsymbol{g}(\boldsymbol{x})\boldsymbol{u}\\ \boldsymbol{y}=\boldsymbol{h}(\boldsymbol{x})\end{cases} \tag{3.84}$$

式中

$$\boldsymbol{f}(\boldsymbol{x})=\begin{bmatrix}\dfrac{D_{max}}{Ix_{4max}}p_L x_2-\dfrac{B}{I}x_1-\dfrac{T}{I}\\ x_3\\ -\dfrac{k}{m}x_2-\dfrac{B_c}{m}x_3-\dfrac{A_g}{m}x_4\\ -\dfrac{4\beta_e A_g}{V_t}x_4-\dfrac{4\beta_e C_{tc}}{V_t}x_5\end{bmatrix} \tag{3.85}$$

$$\boldsymbol{g}(\boldsymbol{x})=\begin{bmatrix}0\\0\\0\\K_iK_sK_q\end{bmatrix} \tag{3.86}$$

$$\boldsymbol{h}(\boldsymbol{x})=\dot{x}_1 \tag{3.87}$$

3.4　电网回馈储能型二次调节流量耦联静液传动系统的数学模型

本节对图 2.8 所示的电网回馈储能型二次调节流量耦联静液传动系统分别建立负载上行和负载下行工况的线性数学模型。

3.4.1　负载上升时的数学模型

(1)液压缸的运动方程。

液压缸的运动方程为

$$p_2A_{mc}+m_{mc}g=(m_{mc}+m_p)\frac{dv_{mc}}{dt}+B_{mc}v_{mc}+m_pg+f \tag{3.88}$$

式中　m_{mc}——液压缸活塞杆的质量，kg；

v_{mc}——活塞杆的运动速度，m · s^{-1}；

p_2——液压缸有杆腔的压力，Pa；

A_{mc}——液压缸的有效作用面积，m^2；

f——摩擦力，N，可忽略不计。

(2)二次元件工作在液压泵工况的流量连续性方程。

二次元件工作在液压泵工况的流量连续性方程为

$$nD_2 = A_{mc}v_{mc} + C_{tc2}p_2 + \frac{V_{t2}}{4\beta_e}\frac{dp_2}{dt} \tag{3.91}$$

式中 D_2——二次元件 A4V40 的排量，$m^3 \cdot r^{-1}$；

n——电动机的转速，$rad \cdot min^{-1}$；

C_{tc2}——二次元件 A4V40 的出油腔到液压缸的泄漏系数，$m^3 \cdot s^{-1} \cdot Pa^{-1}$；

V_{t2}——二次元件 A4V40 的出油腔到液压缸油腔的总体积，m^3。

(3)数学模型的拉氏变换。

数学模型的拉氏变换为

$$V_{mc} = \frac{\frac{(m_{mc}-m_p)g-f}{m_{mc}+m_p}}{s+\frac{B_{mc}}{m_{mc}+m_p}} + \frac{\frac{A_{mc}}{m_{mc}+m_p}}{s+\frac{B_{mc}}{m_{mc}+m_p}}p_2 \tag{3.90}$$

$$p_2 = \frac{\frac{4\beta_e n}{V_{t2}}}{s+\frac{4\beta_e C_{tc2}}{V_{t2}}}D - \frac{\frac{4\beta_e A_{mc}}{V_{t2}}}{s+\frac{4\beta_e C_{tc2}}{V_{t2}}}V_{mc} \tag{3.91}$$

由式(3.1)、(3.8)、(3.9)、(3.16)、(3.88)~(3.91)可得系统开环方框图如图 3.3 所示。

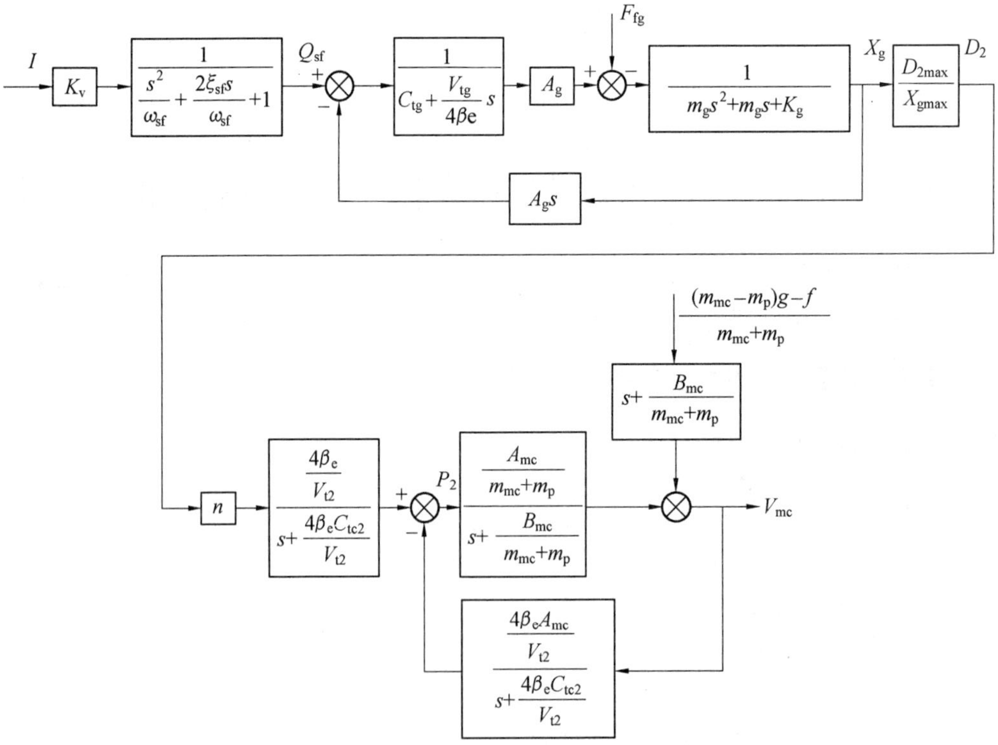

图 3.3 负载上行工况时系统开环方框图

由于电液伺服阀的固有频率较高(150 Hz),大大高于二次元件变量液压缸的固有频率,所以可以将电液伺服阀视为比例环节;由于变量液压缸的两腔容积和泄漏量都比较小,变量液压缸活塞质量很小,对中弹簧的弹簧刚度 k_g很大,故可将变量液压缸部分的传递函数简化为比例积分环节;二次元件变量活塞所受外力 F_{fg}是由高压柱塞作用于斜盘及连杆的惯性力矩共同产生的力,由于这几项产生的力都比较小,故可以忽略不计。经简化和合并处理,可得位置系统开环方框图如图 3.4 所示。

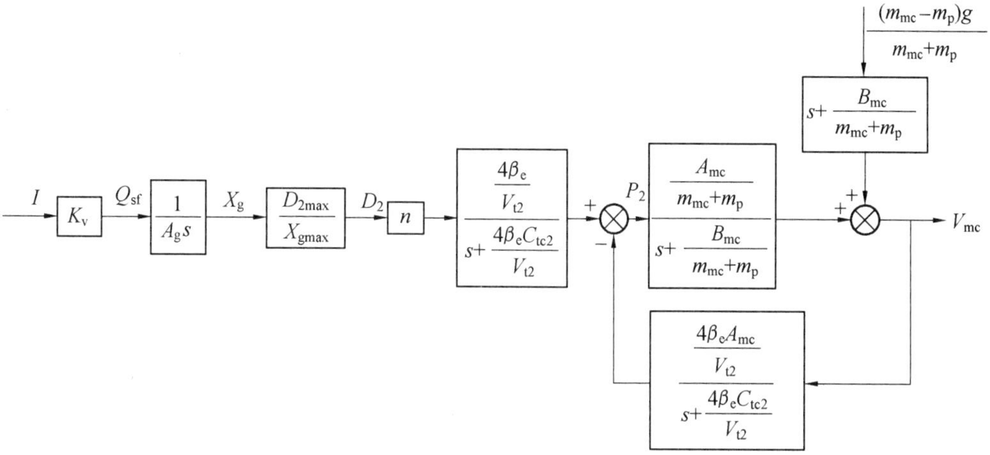

图 3.4　负载上行工况时系统简化开环方框图

3.4.2　负载下降时的数学模型

(1)液压缸的运动方程。

液压缸的运动方程为

$$m_p g=(m_{mc}+m_p)\frac{dv_{mc}}{dt}+B_{mc}v_{mc}+p_2A_{mc}+m_{mc}g+f \tag{3.92}$$

(2)二次元件的流量连续方程。

二次元件的流量连续方程为

$$A_{mc}v_{mc}=D_2n+C_{tc2}p_2+\frac{V_{t2}}{4\beta_e}\frac{dp_2}{dt} \tag{3.93}$$

(3)数学模型拉氏变换。

对式(3.92)及式(3.93)进行拉氏变换可得

$$V_{mc}=\frac{\frac{(m_p-m_{mc})g-f}{m_{mc}+m_p}}{s+\frac{B_{mc}}{m_{mc}+m_p}}+\frac{\frac{A_{mc}}{m_{mc}+m_p}}{s+\frac{B_{mc}}{m_{mc}+m_p}}p_2 \tag{3.94}$$

$$p_2=\frac{\frac{4\beta_e A_{mc}}{V_{t2}}}{s+\frac{4\beta_e C_{tc2}}{V_{t2}}}V_{mc}-\frac{\frac{4\beta_e n}{V_{t2}}}{s+\frac{4\beta_e C_{tc2}}{V_{t2}}}D_2 \tag{3.95}$$

经简化和合并处理,可得负载下行工况时系统开环方框图如图 3.5 所示。

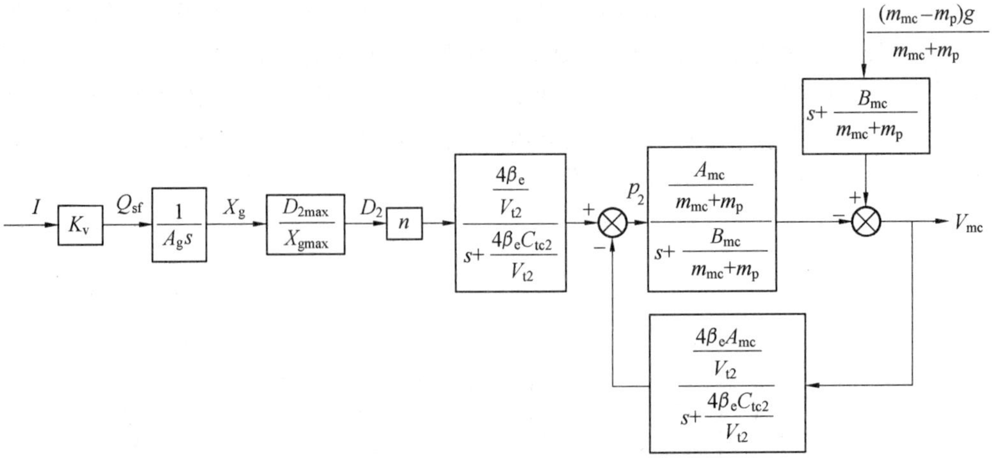

图 3.5　负载下行工况时系统简化环方框图

第4章　二次调节流量耦联静液传动系统的控制方法

4.1　数字 PID 控制

4.1.1　PID 控制的描述

目前在自动控制系统中，应用得最多的是 PID 控制。PID 控制即比例－积分－微分控制。比例控制的输出信号与误差信号成正比，比例因子越大，系统的快速性越好，但稳定性会变差；积分控制是对误差进行积分，只要有误差存在，控制器的输出就随着时间的增加而增大，只有当误差为零时，输出才达到稳定，因此增加积分环节可以消除静差；微分控制的作用是反对误差朝向任何一个方向的变化，误差变化得越快，它的作用就越强烈，而且与误差的大小无关，因而微分的作用是减少误差的变化率，这样有利于改善系统的稳定性。PID 控制的最大优点是不必研究被控对象的数学模型，它具有简单、易行等优点。但是参数不变的 PID 控制的缺点是鲁棒性差，它不适用于时变系统。如果 PID 控制器参数能自动地随着被控对象数学模型的改变，而始终保持良好的控制性能，这时它适用于时变系统，但这时它已不是常规的 PID 控制，而成为变参数 PID、变结构 PID、自适应 PID 或智能 PID 等。

在自动控制系统中，使用计算机来实现 PID 控制的称为数字 PID 控制，和模拟电路的 PID 控制相比，它省去了硬件电路，控制器参数改变灵活，在工程实践中越来越显示出它的优越性。

二次调节流量耦联静液传动系统是复杂的液压伺服系统，它除了存在系统模型非线性外，在工作过程中，系统的参数也会发生缓慢的变化，进而影响系统的性能；在工作过程中负载也经常发生变化。传统的 PID 控制器原理简单，使用方便，但在某一条件下达到稳定的系统可能在另一种工作条件下无法使用，因此在相当多的情况下，液压控制系统如果单纯依靠经典控制方法，将难以达到令人满意的结果。

近年来，作为智能控制的重要分支，智能 PID 控制被越来越多地引入到静液传动控制系统中。智能 PID 控制进一步发展了 PID 的模仿功能。在总结了前人的控制经验后，可建立起一套适合不同情况的控制规则，它也能对二次调节流量耦联静液传动系统进行有效控制。

4.1.2　PID 控制的实现

PID 控制是连续控制系统中应用最为广泛的一种控制方法，它的优点是不需要了解被控对象的精确数学模型而只需根据经验对控制器的参数进行调整，即可获得较为满意的结果。

PID 控制器可以采用模拟控制电路实现，也可以采用计算机来实现。当采用计算机来实现时，它被称为数字 PID。由于使用软件编程方法实现 PID 控制时，参数改变十分灵活，可以方便地进行各种修正和补偿，还可以避免因电子元器件参数的变化而引起的控制不准确，因此应用十分广泛。

PID 控制器的控制率为

$$u(t)=K_P\left[e(t)+\frac{1}{T_I}\int_0^t e(t)\mathrm{d}t+T_D\frac{\mathrm{d}e(t)}{\mathrm{d}t}\right]+u_0 \tag{4.1}$$

式中 $u(t)$—— 控制器的输出信号；

K_P—— 比例系数；

$e(t)$—— 控制器误差输入，它等于给定值与被测值之差；

T_I—— 积分时间常数；

T_D—— 微分时间常数；

u_0——$e(t)=0$ 时的控制量。

由于计算机控制系统是采样控制系统，只能根据采样时刻的偏差值来计算控制量，因此在计算机控制系统中，必须对式(4.1) 进行离散化处理，用数字形式的差分方程来代替系统的微分方程，此时，积分和微分可分别采用求和及其增量式表达，其计算式如下：

$$\int e(t)\mathrm{d}t=\sum_{j=0}^{k}e(j)\Delta t=T\sum_{j=0}^{k}e(j) \tag{4.2}$$

$$\frac{\mathrm{d}e(t)}{\mathrm{d}t}=\frac{e(k)-e(k-1)}{\Delta t}=\frac{e(k)-e(k-1)}{T} \tag{4.3}$$

式中 $\Delta t=T$ —— 采样周期，应使 T 足够小，保证系统有一定的精度；

k—— 采样序号，$k=1,2,3,\cdots$；

$e(k)$—— 第 k 采样时刻的偏差值；

$e(k-1)$—— 第 $k-1$ 次采样时刻的偏差值。

把式(4.2) 和式(4.3) 代入式(4.1) 得

$$u(k)=K_P\left\{e(k)+\frac{T}{T_I}\sum_{j=0}^{k}e(j)+\frac{T_D}{T}[e(k)-e(k-1)]\right\}+u_0 \tag{4.4}$$

式中 $u(k)$—— 第 k 次采样时刻控制器的输出。

由于式(4.4) 的输出与电液伺服阀阀芯位置相对应，因此，把它称为位置式的 PID 控制算法。这种算法是非递推方式，由式(4.4) 还可以看出，若直接对其进行计算，不仅烦琐，而且还要为保留 $e(j)$ 留出大量的计算机内存，因此可用递推原理将其进一步简化。将式(4.4) 中的 $k-1$ 次时刻的采样输出表示如下：

$$u(k-1)=K_P\left\{e(k-1)+\frac{T}{T_I}\sum_{j=0}^{k}e(j)+\frac{T_D}{T}[e(k-1)-e(k-2)]\right\}+u_0 \tag{4.5}$$

再将式(4.4)与式(4.5)相减可得

$$u(k)-u(k-1)=K_P[e(k)-e(k-1)]+K_Ie(k)+K_D[e(k)-2e(k-1)+e(k-2)] \tag{4.6}$$

式中　K_I——积分系数，$K_I = K_P \dfrac{T}{T_I}$；

K_D——微分系数，$K_D = K_P \dfrac{T_D}{T}$。

由式(4.6)可知，计算第 k 时刻的输出 $u(k)$ 时，只与 $u(k-1)$、$e(k)$、$e(k-1)$ 和 $e(k-2)$ 等少数几个数值有关，因此，采用式(4.6)会给计算带来极大方便。采用 $u(k)$ 的增量形式进行计算，其表达式为

$$\Delta u(k) = u(k) - u(k-1) = K_0 e(k) + K_1 e(k-1) + K_2 e(k-2) \tag{4.7}$$

式(4.7)中的 K_0、K_1、K_2 为系数，其中

$$K_0 = K_P + K_I + K_D$$

$$K_1 = -(K_P + 2K_D)$$

$$K_2 = K_D$$

则控制量的表达式为

$$u(k) = u(k-1) + \Delta u(k) \tag{4.8}$$

式(4.7)和式(4.8)组成了增量式 PID 控制算法。此算法中不做累加运算，计算误差对控制量影响小，具有节省内存和运算时间、计算机误动作影响较小等优点。

增量式控制算法和位置式控制算法并没有本质区别，只是在算法上做了改动，但却带来了很多优点。在实际工作中采用哪种算法，可根据具体情况而定。位置式控制算法，当次输出与前次的位置有关，不仅需要对 $e(k)$ 进行累加，而且计算机的故障可引起输出较大幅度的变化，对控制不利，而增量式控制算法截断误差大，有静态偏差，溢出的影响比较大，适用于执行机构带积分部件的对象，如步进电机，而位置控制算法适用于执行机构不带积分部件的对象，如电液伺服阀。

4.2　精确线性化控制

4.2.1　精确线性化控制概述

非线性是液压系统普遍存在且至今没有很好解决的难题。液压伺服系统的非线性主要由电液转换元件(伺服阀、比例阀和数字阀)的流量-压力非线性特性(称为本征非线性)和液压动力机构的滞环、死区及限幅等因素引起(通常称为本质非线性)。二次调节流量耦联静液传动系统是液压伺服系统的一个分支，同样存在上述非线性特性，是典型的仿射非线性系统。对于本质非线性采用描述函数法已能获得较好的效果，而对本征非线性目前还没有比较满意的统一处理方法。现有的主要处理方法是将描述系统特性的动态方程中的非线性项在工作点附近增量线性化(即取泰勒级数展开式的一次项)，忽略高阶无穷小项，从而把非线性系统近似转化为工作点附近的增量线性系统，再应用线性控制理论对系统进行综合分析，忽略系统的非线性特性。因此，此方法有局限性。

近三十年来，非线性控制理论有了突破性的进展，微分几何方法在非线性系统的控制理论中得到了广泛的应用，从而形成了控制理论中的一个崭新分支——精确线性化控制理论。该控制方法能通过状态反馈实现被控对象的大范围线性化，从而应用线性系统理

论对系统进行控制器设计。其在工程中也得到了越来越广泛的应用。KyuCheol Park 等将精确线性化方法应用到移动机器人的控制，解决了机器人稳定性问题。李运华等将精确线性化控制方法应用到电气液压复合调节容积式舵机当中，成功地解决了舵机控制系统的非线性问题。胡春华等利用精确线性化方法对纵列式无人直升机进行控制，达到稳定和能跟踪给定信号的目的。邓卫华等将精确线性化方法应用于电流连续性 Boost 变换器的控制，实现了系统的完全解耦，它与传统的利用泰勒展开进行局部线性化近似方法不同，在线性化过程中没有忽略掉任何高阶非线性项，所以更接近实际系统。本章主要应用精确线性化控制方法对飞轮储能型二次调节流量耦联静液传动系统设计控制器。

4.2.2 精确线性化控制理论

单输入单输出仿射非线性控制系统为

$$\begin{cases}\dot{\boldsymbol{x}}=\boldsymbol{f}(\boldsymbol{x})+\boldsymbol{g}(\boldsymbol{x})\boldsymbol{u}\\ y=\boldsymbol{h}(\boldsymbol{x})\end{cases} \tag{4.9}$$

式中 $\boldsymbol{x}$——$x\in\mathbf{R}^n$ 是状态变量；

$\boldsymbol{f}(\boldsymbol{x}),\boldsymbol{g}(\boldsymbol{x})$——$\mathbf{R}^n$ 上充分光滑的向量场；

$\boldsymbol{h}$——一充分光滑的非线性函数。

假定 $\boldsymbol{x}\in U$（U 是一个 $\mathbf{R}^n$ 的开子集），一般 U 都包含无控制作用时的平衡点 x_0，即包含 $f(x_0)=0$ 的点。

对于系统(4.9)，当 $x_0\in U$ 时，如果：

(1)输出函数 $h(\boldsymbol{x})$ 对向量场 $\boldsymbol{f}(\boldsymbol{x})$ 的 i 阶李导数对向量场 $\boldsymbol{g}(\boldsymbol{x})$ 的李导数在 $x=x_0$ 的领域内的值为零，即 $L_gL_f^ih(\boldsymbol{x})\equiv 0$；

(2)输出函数 $\boldsymbol{h}(\boldsymbol{x})$ 对向量场 $\boldsymbol{f}(\boldsymbol{x})$ 的 $\gamma-1$ 阶李导数（$i<\gamma-1$）对向量场 $\boldsymbol{g}(\boldsymbol{x})$ 的李导数在 $x=x_0$ 的领域内的值不为零，即 $L_gL_f^{\gamma-1}\boldsymbol{h}(\boldsymbol{x})\neq 0$。

则系统在 $x=x_0$ 的领域内的关系度为 γ。

假设系统在 x_0 的关系度为 γ，令

$$\begin{aligned}\boldsymbol{\phi}_1(\boldsymbol{x})&=\boldsymbol{h}(\boldsymbol{x})\\ \boldsymbol{\phi}_2(\boldsymbol{x})&=L_f\boldsymbol{h}(\boldsymbol{x})\\ &\vdots\\ \boldsymbol{\phi}_\gamma(\boldsymbol{x})&=L_f^{\gamma-1}\boldsymbol{h}(\boldsymbol{x})\end{aligned} \tag{4.10}$$

当 $\gamma=n$ 时，即系统的相对阶在某个点 $x=x_0$ 恰好等于状态空间的维数。在这种情况下，要求构造标准形的坐标变换恰好由下式给出

$$\boldsymbol{\phi}(\boldsymbol{x})=\begin{bmatrix}\phi_1(x)\\ \vdots\\ \phi_n(x)\end{bmatrix}=\begin{bmatrix}h(x)\\ \vdots\\ L_f^{n-1}h(x)\end{bmatrix} \tag{4.11}$$

即由函数 $\boldsymbol{h}(\boldsymbol{x})$ 和它沿 $\boldsymbol{f}(\boldsymbol{x})$ 的前 $n-1$ 个导数给出，不需要附加函数来完成这个坐标变换。用 $\boldsymbol{z}(t)$ 的一个函数来代替 $\boldsymbol{x}(t)$，即 $\boldsymbol{x}(t)=\boldsymbol{\phi}^{-1}(\boldsymbol{z}(t))$。然后，令

$$\begin{aligned}b(z)&=L_gL_f^{\gamma-1}\boldsymbol{h}(\boldsymbol{\phi}^{-1}(z))\\ a(z)&=L_f^{\gamma}\boldsymbol{h}(\boldsymbol{\phi}^{-1}(z))\end{aligned} \tag{4.12}$$

在新坐标系中：

$$z_i=\boldsymbol{\phi}_i(\boldsymbol{\phi}^{-1}(z))=L_{\mathrm{f}}^{i-1}\boldsymbol{h}(\boldsymbol{\varphi}^{-1}(z)) \tag{4.13}$$

系统状态空间描述为

$$\begin{cases}\dot{z}_1=z_2\\ \dot{z}_2=z_3\\ \quad\vdots\\ \dot{z}_{n-1}=z_\gamma\\ \dot{z}_n=b(z)+a(z)\boldsymbol{u}\end{cases} \tag{4.14}$$

系统输出与新状态变量的关系为

$$\boldsymbol{y}=z_1 \tag{4.15}$$

若 γ 严格小于 n，由伏柔贝尼斯(Frobenius)定理可知存在 $n-\gamma$ 个函数 $\phi_{\gamma+1}(x),\cdots,\varphi_n(x)$，使得映射

$$\boldsymbol{\phi}(\boldsymbol{x})=\begin{bmatrix}\phi_1(x)\\ \vdots\\ \phi_n(x)\end{bmatrix} \tag{4.16}$$

在 x_0 处有非奇异的雅可比矩阵，所以该雅可比矩阵可以作为在 x_0 一个邻域内的一个局部坐标变换。这些附加函数在 x_0 处的值可以任意选定，而且总可以选择 $\phi_{\gamma+1}(x),\cdots,\phi_n(x)$ 使得

$$\begin{cases}L_{\mathrm{g}}\phi_i(\boldsymbol{x})=0,\text{对所有 }\gamma+1\leqslant i\leqslant n\text{ 和在 }x_0\text{ 附近的所有 }x\\ q_i(z)=L_{\mathrm{f}}\boldsymbol{\phi}_i(\boldsymbol{\phi}^{-1}(z)),\text{对所有 }\gamma+1\leqslant i\leqslant n\end{cases}$$

在新的坐标系中，该系统的空间描述为

$$\begin{cases}\dot{z}_1=z_2\\ \dot{z}_2=z_3\\ \quad\vdots\\ \dot{z}_{\gamma-1}=z_\gamma\\ \dot{z}_\gamma=\boldsymbol{b}(z)+\boldsymbol{a}(z)\boldsymbol{u}\\ \dot{z}_{\gamma+1}=\boldsymbol{q}_{\gamma+1}(z)\\ \quad\vdots\\ \dot{z}_n=\boldsymbol{q}_n(z)\end{cases} \tag{4.17}$$

那么系统输出与新状态变量的关系为式(4.15)。该系统被分解为一个维数为 γ 的线性子系统(唯一反映输入输出行为的子系统)，以及 $n-\gamma$ 维的非线性子系统，但这个子系统并不影响系统输出(图4.1)。

考虑一个非线性系统，它在 x_0 的关系度为 γ，精确线性化控制规律为

$$\boldsymbol{u}=\frac{1}{L_{\mathrm{g}}L_{\mathrm{f}}^{\gamma-1}\boldsymbol{h}(\boldsymbol{x})}(-L_{\mathrm{f}}^{\gamma}\boldsymbol{h}(\boldsymbol{x})+\boldsymbol{v}) \tag{4.18}$$

得到输出 $\boldsymbol{y}$ 对新输入 $\boldsymbol{v}$ 的 γ 阶线性系统

$$\boldsymbol{y}^{(\gamma)}=\boldsymbol{v} \tag{4.19}$$

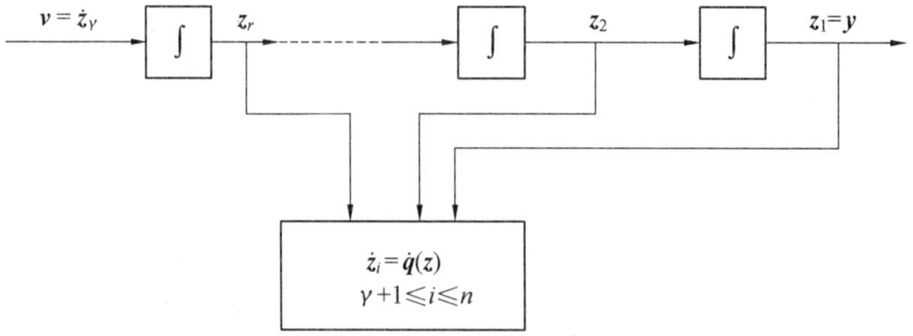

图 4.1 系统精确线性化后输入输出关系图

此时就可以利用线性控制理论对系统进行综合。

4.2.3 零动态分析

对于相对阶 γ 严格小于 n 的非线性系统，需要分析其零化输出问题，当存在约束 $\boldsymbol{y}(t)=\boldsymbol{0}$ 时，对所有 t 意味着

$$\dot{z}_1(t)=\dot{z}_2(t)=\cdots=\dot{z}_\gamma(t)=\boldsymbol{0} \tag{4.20}$$

当系统输出为零时，其状态被限制在使得 $z(t)$ 恒为零的区域上，输入 $\boldsymbol{u}(t)$ 必然是下面方程的唯一解

$$\boldsymbol{0}=\boldsymbol{b}(0,\xi)+\boldsymbol{a}(0,\xi)\boldsymbol{u}(t) \tag{4.21}$$

由于 $z(t)$ 恒为零，$\boldsymbol{\xi}(t)$ 的行为完全由下面微分方程支配：

$$\dot{\boldsymbol{\xi}}(t)=q(0,\boldsymbol{\xi}(t)) \tag{4.22}$$

则输入为

$$\boldsymbol{u}(t)=\frac{\boldsymbol{b}(0,\boldsymbol{\xi}(t))}{\boldsymbol{a}(0,\boldsymbol{\xi}(t))} \tag{4.23}$$

当输入和初始条件已经选择为约束输出恒为零时，式(4.22)的动特性是系统的“内部”行为的动态特性，称之为系统的零动态。如果零动态系统在平衡点是局部渐近稳定的，则非线性系统在平衡点是局部渐近稳定的。

4.2.4 LQR 最优控制器设计

根据线性二次型(LQR)最优控制原理，引入系统性能指标

$$\boldsymbol{J}=\frac{1}{2}\int_0^\infty(\boldsymbol{X}^{\mathrm{T}}\boldsymbol{Q}\boldsymbol{X}+\boldsymbol{v}^{\mathrm{T}}(t)\boldsymbol{R}\boldsymbol{v}]\mathrm{d}t \tag{4.24}$$

寻求最优控制 $\boldsymbol{v}(t)$，使式(4.24)达到极小值。其中 $\boldsymbol{Q}$ 和 $\boldsymbol{R}$ 称为加权矩阵，其在 $[0,\infty)$ 区间上分段连续，并且是有界对称的正定矩阵。根据线性调节器最优控制理论，使 $\boldsymbol{J}$ 达到极小值的 $\boldsymbol{v}^*$ 为

$$\boldsymbol{v}^*=-\boldsymbol{K}^*z \tag{4.25}$$

式中

$$\boldsymbol{K}^*=[K_1^*\quad K_2^*\quad K_3^*\quad K_4^*\quad K_5^*]=\boldsymbol{R}^{-1}\boldsymbol{B}^{\mathrm{T}}\boldsymbol{P}$$

$\boldsymbol{P}$ 为 Riccati 矩阵代数方程

$$\boldsymbol{PA}+\boldsymbol{A}^{\mathrm{T}}\boldsymbol{P}-\boldsymbol{PBR}^{-1}\boldsymbol{B}^{\mathrm{T}}\boldsymbol{P}+\boldsymbol{Q}=\boldsymbol{0}$$

的解。

将式(4.25)代入式(4.18)得到所求的状态非线性反馈控制规律为

$$\boldsymbol{u}=\frac{1}{L_{\mathrm{g}}L_{\mathrm{f}}^{\gamma-1}\boldsymbol{h}(\boldsymbol{x})}(-L_{\mathrm{f}}^{\gamma}\boldsymbol{h}(\boldsymbol{x})-\boldsymbol{K}^{*}\boldsymbol{z}) \tag{4.26}$$

由于全状态反馈不但要将输出量反馈回去,还要将所有状态变量反馈到输入端,而输入端的输入量只有一个,这么多状态变量都反馈回来,还要保证系统静态误差,所以导致输出发生变化,且随反馈矩阵 $\boldsymbol{K}^{*}$ 变化。改善这种状况的方法是将输入函数 $\boldsymbol{y}_r$ 乘以一个参考量 $\boldsymbol{N}$,得到系统参考输入,以此参考输入与反馈回来的值进行比较得到控制量,由于输入乘以参考量 $\boldsymbol{N}$,会导致 $\boldsymbol{u}$ 超出其幅值范围,所以系统加入限幅环节。此时,系统的闭环极点和主导极点不会发生变化,其动态性能不会改变,只是改变系统稳态输出。因此,得到系统控制结构框图如图 4.2 所示。

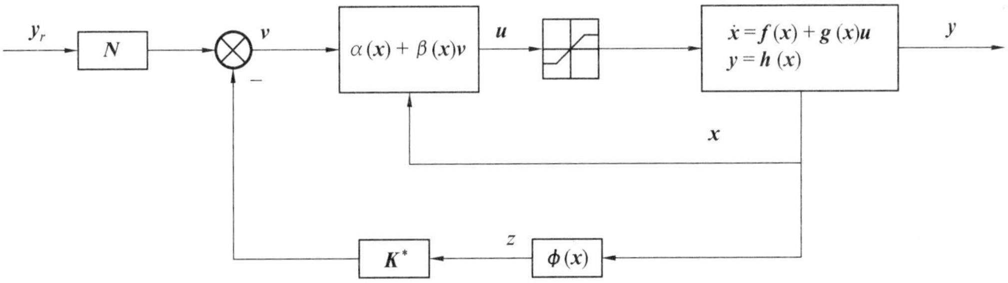

图 4.2　系统控制结构框图

4.2.5　基于主极点法的加权矩阵 Q 和 R 的确定

线性二次型控制器的性能,关键在于加权矩阵的选择,在一组 $\boldsymbol{Q}$ 与 $\boldsymbol{R}$ 矩阵下的最优解并不能保证其他 $\boldsymbol{Q}$ 与 $\boldsymbol{R}$ 矩阵下有较好的结果,一般要用试探法和经验法来选取加权矩阵 $\boldsymbol{Q}$ 和 $\boldsymbol{R}$。

因为并不是任何一个稳定的反馈增益 $\boldsymbol{K}$ 都可以构成最优闭环系统,同样,也可以说并不是任何一组稳定的闭环极点都能成为最优极点。当然,如果不要求最优性,可以求得一个线性反馈控制规律,使得所有的闭环极点具有希望的值。如果考虑最优性,极点必须满足一定的约束条件,所以不可能随意设计一组希望的极点为最优极点。本章使用的主极点法特征为只规定了工程上可以达到的希望的部分极点为主极点,而不是规定所有极点。从而保证得到的反馈增益 $\boldsymbol{K}$ 所对应的闭环极点为最优极点。因此,要保证系统最优性,只得放弃规定一些(事实上不重要的)极点。

对于系统

$$\dot{\boldsymbol{x}}=\boldsymbol{F}\boldsymbol{x}+\boldsymbol{G}\boldsymbol{u} \tag{4.27}$$

其中 $\boldsymbol{F}$ 是 $n\times n$ 矩阵,且$[\boldsymbol{F},\boldsymbol{G}]$是完全可控的,使

$$\boldsymbol{J}(\boldsymbol{u})=\frac{1}{2}\int_{t_0}^{\infty}(\boldsymbol{x}^{\mathrm{T}}\boldsymbol{Q}\boldsymbol{x}+\boldsymbol{u}^{\mathrm{T}}(t)\boldsymbol{R}\boldsymbol{u})\,\mathrm{d}t \tag{4.28}$$

性能指标可达到最小值。

其中

$$Q=DD^{\mathrm{T}} \tag{4.29}$$

对于 $\boldsymbol{D}$，$[\boldsymbol{F},\boldsymbol{D}]$ 是完全可观测的。

在上述的可控性和可观测性的条件下，存在着一个最优的闭环控制规律 $\boldsymbol{u}=\boldsymbol{K}\boldsymbol{x}$，使得闭环系统是渐近稳定的，并满足下面的关系式：

$$[\boldsymbol{I}-\boldsymbol{K}(-s\boldsymbol{I}-\boldsymbol{F})^{-1}\boldsymbol{G}][\boldsymbol{I}-\boldsymbol{K}(s\boldsymbol{I}-\boldsymbol{F})^{-1}\boldsymbol{G}]=\boldsymbol{I}+\boldsymbol{G}^{\mathrm{T}}(-s\boldsymbol{I}-\boldsymbol{F}^{\mathrm{T}})^{-1}\boldsymbol{Q}^{\mathrm{T}}(s\boldsymbol{I}-\boldsymbol{F})^{-1}\boldsymbol{G} \tag{4.30}$$

令 $\boldsymbol{\varphi}(s)$ 表示 $\boldsymbol{F}$ 的特征多项式，即 $\det(s\boldsymbol{I}-\boldsymbol{F})$，按

$$\boldsymbol{I}-\boldsymbol{K}^{\mathrm{T}}(s\boldsymbol{I}-\boldsymbol{F})^{-1}\boldsymbol{G}=\frac{\boldsymbol{p}(s)}{\boldsymbol{\varphi}(s)} \tag{4.31}$$

定义多项式 $\boldsymbol{p}(s)$。

按

$$\boldsymbol{D}^{\mathrm{T}}(s\boldsymbol{I}-\boldsymbol{F})^{-1}\boldsymbol{G}=\frac{\boldsymbol{m}(s)}{\boldsymbol{\varphi}(s)} \tag{4.32}$$

定义 $\boldsymbol{m}(s)$。

按

$$\boldsymbol{G}^{\mathrm{T}}(-s\boldsymbol{I}-\boldsymbol{F}^{\mathrm{T}})^{-1}\boldsymbol{Q}(s\boldsymbol{I}-\boldsymbol{F})^{-1}\boldsymbol{G}=\frac{\boldsymbol{q}(s)}{\boldsymbol{\varphi}(-s)\boldsymbol{\varphi}(s)} \tag{4.33}$$

定义多项式 $\boldsymbol{q}(s)$。

则

$$\frac{\boldsymbol{p}(-s)\boldsymbol{p}(s)}{\boldsymbol{\varphi}(-s)\boldsymbol{\varphi}(s)}=1+\frac{\boldsymbol{q}(s)}{\boldsymbol{\varphi}(-s)\boldsymbol{\varphi}(s)}$$

也可写成

$$\boldsymbol{p}(-s)\boldsymbol{p}(s)=\boldsymbol{\varphi}(-s)\boldsymbol{\varphi}(s)+\rho_1\boldsymbol{q}(s) \tag{4.34}$$

其中 ρ_1 是一个正常数。

即性能指标式(4.28)可写为

$$J(\boldsymbol{u})=\frac{1}{2}\int_{t_0}^{\infty}(\rho_1\boldsymbol{x}^{\mathrm{T}}\boldsymbol{Q}\boldsymbol{x}+\boldsymbol{u}^{\mathrm{T}}(t)\boldsymbol{u})\mathrm{d}t \tag{4.35}$$

闭环系统的极点，即为 $\boldsymbol{p}(s)$ 的零点，是由多项式 $\boldsymbol{\varphi}(-s)\boldsymbol{\varphi}(s)+\rho_1\boldsymbol{q}(s)$ 具有负实部的零点解出，即位于左半平面 $\mathrm{Re}[s]<0$ 的零点给出。显然 $\boldsymbol{q}(s)$ 的次数 $2n'$ 小于多项式 $\boldsymbol{\varphi}(-s)\boldsymbol{\varphi}(s)+\rho\boldsymbol{q}(s)$ 的次数 $2n$，另一方面，可看出 $\boldsymbol{p}(s)$ 具有与 $\boldsymbol{\varphi}(s)$ 相同的次数。此外，由 $\boldsymbol{\varphi}(s)$ 的首项系数为 1 的事实可知 $\boldsymbol{p}(s)$ 也是首一多项式，即它的最高次项是 s^n。当 ρ_1 趋于无穷大时，$\boldsymbol{\varphi}(-s)\boldsymbol{\varphi}(s)+\rho_1\boldsymbol{q}(s)$ 只有 $2n'$ 个零点将保持有限，而其余的 $2(n-n')$ 个零点必趋于无限。此时多项式 $\boldsymbol{\varphi}(-s)\boldsymbol{\varphi}(s)$ 可用其最高次项 $(-1)^n s^{2n}$ 来近似。同样多项式 $\rho_1\boldsymbol{q}(s)$ 也可用它的最高次项来近似，这一最高次项具有 $(-1)^{n'}\rho_1\alpha_1 s^{2n'}$ 的形式，α 是某一正常数，因此，对大的 ρ_1，多项式 $\boldsymbol{\varphi}(-s)\boldsymbol{\varphi}(s)+\rho_1\boldsymbol{q}(s)$ 中那些趋于无限值的零点必然近似满足方程

$$(-1)^n s^{2n}+(-1)^{n'}\rho_1\alpha s^{2n'}=0 \tag{4.36}$$

当 ρ_1 趋于无穷大时，有 n' 个闭环系统的极点趋于有负实部的 $\boldsymbol{q}(s)$ 的零点，其余 $(n-n')$ 个极点趋于方程 $(-1)^n s^{2n}+(-1)^{n'}\rho_1\alpha s^{2n'}=0$ 的有负实部的那些根。后一种零点是以一定的形式分布在半径为的 $(\rho_1\alpha)^{(n-n')/2}$ 一个圆周上，这在网络理论中被称为 Betterworth 构形。n'个零点为所希望的主极点 $z_1,z_2,\cdots,z_{n'}$，且 $n'<n$。最优闭环系统具有近似于这些规定极点的主极点。可以验证

$$\boldsymbol{q}(s)=\boldsymbol{m}(-s)\boldsymbol{m}(s) \tag{4.37}$$

如果取适当大的 ρ_1，最优闭环系统的 n'个极点由 $\boldsymbol{q}(s)$ 的负实部零点近似决定。从而得出对适当大的 ρ_1，最优闭环主极点近似为 $\boldsymbol{m}(s)$ 的零点，而 $\boldsymbol{m}(s)$ 的零点恰是希望的闭环主极点。ρ_1 值选取要保证 $\boldsymbol{m}(s)$ 的 n'个零点是闭环系统真正的主极点，即闭环系统的其余极点的模至少应为任一主极点模的 5 倍。非主极点的模近似为 $\rho_1^{(n-n')/2}$。因此

$$\rho_1^{(n-n')/2}\geqslant 5|z_i|,\ i=1,2,\cdots,n \tag{4.38}$$

选取适当的坐标系可将 $\boldsymbol{F}$ 和 $\boldsymbol{G}$ 变换为

$$\boldsymbol{F}=\begin{bmatrix} 0 & 1 & 0 & \cdots & 0 \\ 0 & 0 & 1 & \cdots & 0 \\ \vdots & \vdots & \vdots & & \vdots \\ 0 & 0 & 0 & \cdots & 1 \\ -a_1 & -a_2 & -a_3 & \cdots & -a_n \end{bmatrix},\quad \boldsymbol{G}=\begin{bmatrix} 0 \\ 0 \\ 0 \\ 0 \\ 1 \end{bmatrix}$$

设

$$\boldsymbol{D}^{\mathrm{T}}=[D_1 \quad D_2 \quad \cdots \quad D_n]$$

则

$$\boldsymbol{D}^{\mathrm{T}}(s\boldsymbol{I}-\boldsymbol{F})^{-1}\boldsymbol{G}=\frac{\boldsymbol{m}(s)}{\boldsymbol{\varphi}(s)}=\frac{\boldsymbol{D}^{\mathrm{T}}}{\boldsymbol{\varphi}(s)}\begin{bmatrix} 1 \\ s \\ s^2 \\ \vdots \\ s^{n-1} \end{bmatrix} \tag{4.39}$$

矩阵 $\boldsymbol{Q}$ 由式(4.29)定义，取矩阵 $\boldsymbol{R}$ 为单位阵。

4.3　模糊控制

4.3.1　模糊控制的描述

模糊控制是智能控制的一个重要分支。它就是把测量得到的过程输出的精确量转化为模糊量，经过人的模糊决策后，再将决策的模糊量转化为精确量去实现控制动作。其中除了对偏差进行判断外，同时还考虑到偏差的变化率。它的控制过程是把人的经验总结出若干条模糊规则，经过必要的数学处理，存放到计算机中，并仿照人脑的模糊推理过程来确定推理法则。计算机根据输入的模糊信息，按照控制规则和推理法则做出模糊决策，完成控制动作。模糊控制的参数主要是依靠经验获取的，人为的因素影响较大，因此，合理选用量化因子和比例因子可以采用较简单的方式提高控制系统的性能。它的主要研究目标不是控制对象，而是控制器本身。描述系统特性的不是数学模型而是简明扼要的语言模型。这样既充分发挥了人的智能作用，又使人处于完全主动的地位。

对于比较复杂的被控对象(过程),基于精确模型的传统控制系统设计理论(包括古典和现代控制理论)受到了挑战。在20世纪60年代发展起来的模糊数学和模糊控制理论为解决非线性、干扰、非对称增益特性、时滞、参数时变大、交叉耦合等问题提供了新途径,并在实际应用过程中收到了良好的效果。模糊控制是以模糊集合论、模糊语言变量、模糊逻辑推理为基础的一种计算机数字控制,从线性与非线性的角度来分类,它属于非线性控制;从控制器的智能性来看,它属于智能控制的范畴。模糊控制器一般由模糊控制规则和模糊逻辑推理两部分组成,其中模糊控制规则用来表达记忆专家的控制经验,而模糊逻辑推理则是用来推断决策,这种控制不需要建立被控对象的数学模型,只需有关该系统的经验知识,因而可以灵活地安排控制语句,充分地发挥计算机的优越性,满足不同的控制需求,同时,这种控制方法还具有较强的鲁棒性。模糊控制克服了经典控制只适用于线性定常系统和现代控制依赖于被控对象的精确数学模型的缺点和不足,可用于复杂的工业控制过程。然而,这种控制是一种非连续控制,如果对输入输出量的分级太少,各集合中元素将太少,则影响控制精度;如果分级太多,影响检索时间,则使控制系统的快速性受到限制。模糊控制器由模糊条件语句组成,用模糊集合来描述。模糊控制器结构简单,算法容易,对于不易获得算法模型的被控对象,可以获得较好的控制结果。

4.3.2　模糊控制的基本原理

在一些工业控制过程中,由于难以建立起系统精确数学模型,或者由于被控过程本身的时变性、非线性,使有的控制理论难以奏效。但是,一个操作人员凭借他多年的经验却能很好地进行控制,这时操作者的控制策略是用自然语言来描述的,传统的数学工具无法将这种经验转化为传递函数以便用于控制器的设计,而模糊数学就能达到这个目的。

总结人类的行为,其实正是遵循了反馈及反馈控制的思想。操作人员使用自然语言表达的控制策略,可以归纳为一系列条件语句,即控制规则。在描述这些控制规则的条件语句中所用的一些词,如“较大”“稍小”“偏高”“偏低”等都具有一定的模糊性。因此,用模糊集合来描述这些条件语句,便构成了模糊控制器。模糊控制的基本原理如图4.3所示,其中虚线框内的部分为模糊控制器。

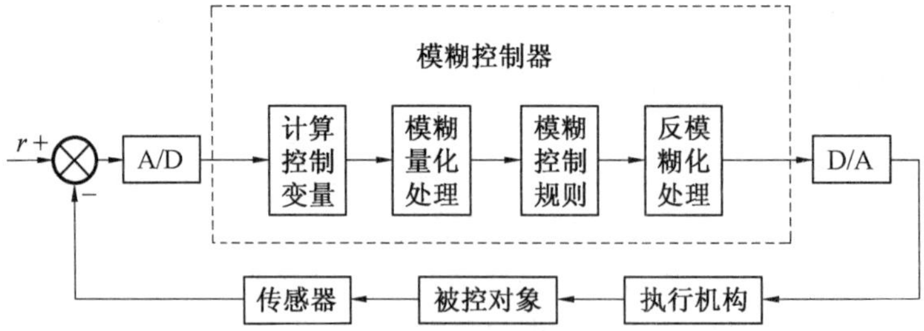

图4.3　模糊控制的基本原理

考虑一个镇定系统,设输入误差为E,误差变化率为EC,控制器输出量(控制量)为U,操作人员的控制策略可表示为如下一些语句:

如果输入误差为正大,且误差的变化率为正大,则控制量的变化为正大。

如果输入误差为负小,且误差的变化率为负中,则控制量的变化为负大。

设 X、Y、Z 分别表示误差、误差的变化率和控制量的变化范围，它们都是实数域的一个子集，那么就可以分别在 X、Y 和 Z 上定义一系列的模糊集，用它们来表示上述语句中的正大、正中之类的词汇，并且把输入误差、误差的变化率和控制量看作一种变量，这种变量以上述的模糊集作为自己的“值”，这时，代表操作者控制策略的语句就可以表示为下列模糊条件语句：

$$\text{if}\quad E=\text{PB}\quad \text{and}\quad EC=\text{PB}\quad \text{then}\quad U=\text{PB};$$

$$\text{if}\quad E=\text{NS}\quad \text{and}\quad EC=\text{PM}\quad \text{then}\quad U=\text{NB};$$

……

用 NB、NM、NS 分别表示负大、负中、负小，用 PB、PM、PS 分别表示正大、正中、正小，ZE 代表零。这些模糊条件语句就构成了模糊控制器的控制规则。一般地，一个模糊控制器的控制规则可写成下列形式：

$$\text{if}\quad E=A_i\quad \text{and}\quad EC=B_j\quad \text{then}\quad U=C_{ij}$$

式中　A_i、B_j、C_{ij}——定义在实数域 X、Y、Z 上的模糊集，$i=1,2,3,\cdots,m$，$j=1,2,3,\cdots,n$。

这些模糊条件语句可归纳为一个模糊关系 R，即

$$R=\bigcup_{i,j}A_i\times B_j\times C_{ij}\tag{4.40}$$

式中　“×”——取笛卡尔积。

其中 R 的隶属度函数为

$$\mu_R(x,y,z)=\bigvee_{i=1,j=1}^{i=m,j=n}\mu_{A_i}(x)\wedge\mu_{B_j}(y)\wedge\mu_{C_{ij}}(z),x\in X,y\in Y,z\in Z\tag{4.41}$$

式中　“∧”——取小运算。

当输入误差和误差的变化率分别取模糊集 A、B 时，输出控制量 U 就可根据模糊合成规则进行求解，即

$$U=(A\times B)\circ R\tag{4.42}$$

式中　“∘”—— 进行组合运算。

U 的隶属度函数为

$$\mu(z)=\bigvee_{x\in X,y\in Y}\mu_R(x,y,z)\wedge\mu_A(x)\wedge\mu_B(y)\tag{4.43}$$

式中　“∨”——取大运算。

由于系统的输入误差、误差的变化率和控制量都是确切的数值，而不是模糊量，为了能使用上述算法，必须把误差和误差变化率的精确量表示为模糊量，并把控制量的模糊量转化为精确量，前一步称为模糊化，后一步称为去模糊化。上述的这些过程均是由计算机来实现的，在得到了精确的控制量后，再经数模转换成为模拟量送给执行机构，用来对被控对象进行第一步控制，然后重复上述过程，进行第二步控制，……，如此循环下去，就实现了对被控对象的模糊控制。

综上所述，模糊控制是通过模糊控制算法实现的，它可概括为如下几个步骤：

(1)根据本次采样得到的系统的输出值，计算所选择系统的输入变量。

(2)将输入变量的精确值模糊量化。

(3)根据输入变量(模糊量)及模糊控制规则，按模糊合成规则计算控制量(模糊量)。

(4)将计算得到的控制量(模糊量)去模糊化变为精确量。

由如图4.1所示的模糊控制原理可知,模糊控制的核心部分是模糊控制器,其控制规律由计算机程序实现。模糊控制器的设计需要解决精确量的模糊化、模糊控制规则的构成和输出信息的模糊判决等问题。其中模糊控制规则是设计模糊控制器的关键,它包括三部分设计内容,即选择描述输入输出变量的词集、定义各模糊变量的模糊集及建立模糊控制器的控制规则。

一般模糊控制的控制规则表一旦形成存入内存后是不能改变的,但由于实际工作情况中存在变化,因此希望能调整控制规则。如,一种带修正因子的模糊控制,其模糊控制规则不是由控制规则表确定,而是由下面简单的公式确定:

$$U=-<\alpha E+(1-\alpha)EC>\alpha\in(0,1) \tag{4.44}$$

式中 < >——运算符,表示取一个与其内容同号而其绝对值是大于或等于其绝对值的最小整数;

α——加权因子,$0<\alpha<1$。

通过调整 α 值的大小,可以改变对输入误差和误差变化率的不同加权程度,即改变控制规则。当被控对象阶次较低时,应使对输入误差的加权值大于对误差变化率的加权值;相反,当被控对象阶次较高时,对误差变化率的加权值大于对输入误差的加权值。同时,以 α 作为加权因子不仅方便,而且还包含一定的物理意义,这是因为 α 值的大小,直接意味着对输入误差和误差变化率的加权程度,这正好反映了人进行控制活动时的思维特点。

4.3.3 模糊控制器的设计

模糊控制器的设计与经典控制器的设计不同,它不是建立在对系统进行数学分析的基础上,而是根据经验来确定它的各个参数及控制规则,然后再在实际系统中进行调整。因为模糊控制器的控制规则是基于模糊条件语句描述的语言控制规则,所以模糊控制器又称模糊语言控制器。

(1)结构设计。

设计模糊控制器首先应确定模糊控制器的结构,由于模糊控制器的控制规则是根据操作人员的控制经验提出的,而操作人员一般只能观察到被控对象输出量的变化及其变化率,因此在模糊控制器的设计中,总是选取误差(用 e、E 分别表示精确值和模糊值)及误差变化率(用 ec、EC 分别表示精确值和模糊值)作为输入量,而把被控对象的控制量(用 u、U 分别表示精确值和模糊值)作为它的输出量。通常用模糊控制器的输入变量的个数来定义其维数,一般的模糊控制器维数为二维。从理论上讲,模糊控制器的维数越多,控制就越精细,但是维数越多,模糊控制规则就越复杂,控制算法的实现就变得越困难,图4.4为典型的二维模糊控制器原理图。

(2)模糊控制规则设计。

模糊控制规则的设计是设计模糊控制器的关键,一般来说,模糊控制器的规则表现为一组模糊条件语句,在条件语句中描述输入输出状态的一些词(如“正大”“负小”等)的集合,称为这些变量的词集,一般选用大、中、小三个词汇来描述模糊控制器的输入输出量

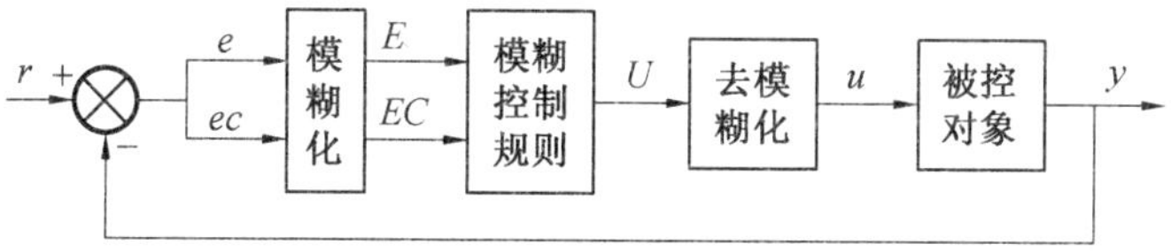

图4.4　典型的二维模糊控制器原理图

的状态，再加之正、负两个方向的判断，并考虑到变量的零状态就形成了模糊变量的词集，即

（负大、负中、负小、零、正小、正中、正大）

为了书写方便，一般用其英文词义的首字母来表述上述词集，即

（NB、NM、NS、O、PS、PM、PB）

若采用较多的词汇描述输入、输出变量，使制订控制规则方便，但是控制规则相应变得复杂；若选择词汇过少，将使得控制变量的描述变得粗糙，导致控制器的性能变坏，针对这一情况，一般的模糊控制器设计选用上面7个词汇。根据上述对模糊变量词集的定义，误差 E，误差变化率 EC 及控制量 U 的模糊集定义如下：

E=（NB、NM、NS、O、PS、PM、PB）

EC=（NB、NM、NS、O、PS、PM、PB）

U=（NB、NM、NS、O、PS、PM、PB）

把它们的论域分为13个等级，即

$$E=EC=U=(-6,-5,-4,-3,-2,-1,0,1,2,3,4,5,6)$$

适当地增加各模糊变量的模糊子集论域中元素的个数，对提高控制器的性能有利，如，一般论域中的元素个数均不低于13个，而模糊子集通常为7个。当论域中元素总数为模糊子集的几倍时，模糊子集对论域的覆盖程度较好。

另外，各模糊子集之间也有相互影响，如果设 α_1 和 α_2 分别为两个模糊子集 A 和 B 的交集的最大隶属度，设 $\alpha_1<\alpha_2$，则模糊子集 A 的控制灵敏度高，但鲁棒性差；模糊子集 B 的控制灵敏度差，但鲁棒性好，人们所希望的是控制器应具有较好地适应被控对象特性参数变化的能力。因而，α 值取得过大或过小都是不利的，一般取 $\alpha=0.4\sim0.8$。

在建立模糊规则时，应遵循下述原则：当误差大或较大时，选择的控制量应尽量以消除误差为主；而误差较小时，选择的控制变量要注意防止超调，以系统稳定性为主要出发点。

（3）输入变量的模糊化和控制变量的去模糊化。

对于模糊控制器来说系统的输入变量（如误差 e、误差变化 ec）和输出变量（控制变量 u）是具有精确值的变量，而模糊控制器作为一种语言控制器不能识别这些变量，必须对输入变量进行模糊化及对输出变量进行去模糊化。

①输入变量的模糊化。

为了进行模糊化处理，必须将输入变量从基本论域转换到相应的模糊集论域，这一过程是由输入变量乘以相应的量化因子来实现的。

对于转速误差 e 来说，设系统转速误差的基本论域为 $[-N_e, N_e]$，相应的电压信号变化范围为 $[-V_{\dot{\varphi}e}V_{\dot{\varphi}e}]$，若其对应的模糊子集论域为 $[-S_{\dot{\varphi}e},\cdots,S_{\dot{\varphi}e}]$，由此可以求得转速误差

的量化因子 $K_{\dot{\varphi}e}$，即

$$K_{\dot{\varphi}e}=\frac{S_{\dot{\varphi}e}}{V_{\dot{\varphi}e}} \tag{4.45}$$

对于转速误差变化率 ec 来说，设转速误差变化的基本论域为[$-N_{ec},N_{ec}$]，相应的电压信号变化范围为[$-V_{\dot{\varphi}ec}V_{\dot{\varphi}ec}$]，若其对应的模糊子集论域为-[$S_{\dot{\varphi}ec},\cdots,S_{\dot{\varphi}ec}$]，由此可以求得转速误差变化的量化因子 $K_{\dot{\varphi}ec}$，即

$$K_{\dot{\varphi}ec}=\frac{S_{\dot{\varphi}ec}}{V_{\dot{\varphi}ec}} \tag{4.46}$$

同样，按照式(4.45)和式(4.46)也可写出转角误差及转角误差变化率的量化因子 $K_{\varphi e}$和 $K_{\varphi ec}$。

②输出变量的去模糊化。

控制器每次采样经模糊控制算法处理后输出的控制变量为一模糊量，不能直接去控制电液伺服阀，必须将其转换为电液伺服阀所能接受的精确量，这一过程是由控制变量(模糊量)乘以一比例因子来实现的，即

$$u_{\varphi}=K_{\varphi u}\cdot U_{\varphi u} \tag{4.47}$$

$$u_{\dot{\varphi}}=K_{\dot{\varphi}u}\cdot U_{\dot{\varphi}u} \tag{4.48}$$

式中 $K_{\varphi u},K_{\dot{\varphi}u}$——转角及转速控制信号的比例因子；

$U_{\varphi u},U_{\dot{\varphi}e}$——模糊控制器的输出变量(模糊量)；

$u_{\varphi},u_{\dot{\varphi}}$——转角和转速控制系统中电液伺服阀接受的精确控制量。

设计一个模糊控制器除模糊控制规则外，合理地选择模糊控制器输入变量的量化因子及输出变量的比例因子也是很重要的，量化因子和比例因子及其不同量化因子之间的关系，对于模糊控制器的控制性能有很大的影响。为了进行模糊化处理，必须将输入变量从基本论域转换到相应的模糊集论域，这一过程是由输入变量乘以相应的量化因子来实现的。

对于转速误差 e 来说，设系统转速误差的基本论域为[$-N_e,N_e$]，相应的电压信号变化范围为[$-V_{\dot{\varphi}e},V_{\dot{\varphi}e}$]，若其对应的模糊子集论域为[$-S_{\dot{\varphi}e},\cdots,S_{\dot{\varphi}e}$]，由此可以求得转速误差的量化因子 $K_{\dot{\varphi}e}$，即

$$K_{\dot{\varphi}e}=\frac{S_{\dot{\varphi}e}}{V_{\dot{\varphi}e}} \tag{4.49}$$

对于转速误差变化率 ec 来说，设转速误差变化的基本论域为[$-N_{ec},N_{ec}$]，相应的电压信号变化范围为[$-V_{\dot{\varphi}ce},V_{\dot{\varphi}ec}$]，若其对应的模糊子集论域为[$-S_{\dot{\varphi}ec},\cdots,S_{\dot{\varphi}ec}$]，由此可以求得转速误差变化的量化因子 $K_{\dot{\varphi}ec}$，即

$$K_{\dot{\varphi}ec}=\frac{S_{\dot{\varphi}ec}}{V_{\dot{\varphi}ec}} \tag{4.50}$$

同样，按照式(4.49)和式(4.50)也可写出转角误差及转角误差变化率的量化因子 $K_{\varphi e}$和 $K_{\varphi ec}$。

③输出变量的去模糊化。

控制器每次采样经模糊控制算法处理后输出的控制量为一模糊量，不能直接去控制

电液伺服阀,必须将其转换为电液伺服阀所能接受的精确量,这一过程是由控制量(模糊量)乘以一比例因子来实现的,即

$$u_{\varphi}=K_{\varphi u}\cdot U_{\varphi u} \tag{4.51}$$

$$u_{\dot{\varphi}}=K_{\dot{\varphi} u}\cdot U_{\dot{\varphi} u} \tag{4.52}$$

式中　$K_{\varphi u}$,$K_{\dot{\varphi} u}$——转角及转速控制信号的比例因子;

$U_{\varphi u}$,$U_{\dot{\varphi} u}$——模糊控制器的输出变量(模糊量);

u_{φ},$u_{\dot{\varphi}}$——转角和转速控制系统中电液伺服阀接受的精确控制量。

设计一个模糊控制器除模糊控制规则外,合理地选择模糊控制器输入变量的量化因子及输出变量的比例因子也是很重要的,量化因子和比例因子及其不同量化因子之间的关系,对于模糊控制器的控制性能有很大的影响。

4.4　神经网络控制

神经网络控制(NN 控制)是从 20 世纪 80 年代兴起的一种控制理论。它是继模式识别、人工智能自学习控制和异步自学习控制之后的新一代控制方法。它是依据人们现有的对人脑思维过程研究和掌握的基础,采用物理可实现的装置来模拟人脑神经细胞的结构和功能的系统,它将许多处理单元有机地连接起来并行工作;它的处理单元十分简单,工作是"集体"进行的;它的信息传播、存储方式与人脑神经相似;它没有运算器、存储器、控制器这些现代计算机的基本单元,而是相同的简单处理器的组合;它的信息存储在处理单元之间的连接上。它是用数学方法对其进行简化、抽象和模拟来反映人脑的功能和基本特性的,神经网络是建立在大规模并行分布模拟处理基础上的,它反映了相对于现代计算机和传统的人工智能完全不同的计算机原理。它对知识的处理包括知识获取、知识存储和知识推理,神经网络的智能控制系统能达到以往传统的智能控制所不能或难以达到的控制性能指标。神经网络有着很大的发展前景,目前正在研究中。

当神经网络用于控制时一般有静态神经网络和动态神经网络两种形式,静态神经网络自适应控制是一种模式识别的过程,动态神经网络自适应控制是一种优化计算的过程。考虑到目前计算机的运算速度以及优化计算的收敛性等问题,将动态神经网络应用于快速系统的实时控制比较困难;所以可将静态神经网络控制策略用于二次调节静液传动系统。

此外,还可以进行组合控制研究,把几种控制方法根据需要综合在一起来达到所需要的控制目的。

第5章　二次调节流量耦联静液传动系统的仿真研究

5.1　飞轮储能型二次调节流量耦联静液传动系统的仿真研究

5.1.1　飞轮储能型二次调节流量耦联静液传动系统特性分析

(1)飞轮储能型二次调节流量耦联静液传动系统特性。

飞轮储能型二次调节流量耦联静液传动系统模拟试验台参数及相关系数见表5.1。

表5.1　二次调节流量耦联静液传动系统模拟试验台参数及相关系数

参数	单位	数值
伺服放大器输出电流(i)	A	$\pm 1\times10^{2}$
指令信号电压(u)	V	±10
放大器与线圈电路增益(K_i)	A·V	
伺服阀系数(w)	$m\cdot A^{-1}$	0.015
流量系数(C_d)		0.61
伺服阀阀芯面积梯度(w)	m	1.16×10^{-2}
油液密度(ρ)	$kg\cdot m^{-3}$	900
变量液压缸有效作用面积(A_g)	m^2	1.785×10^{-3}
弹性模量β_e	Pa	6.9×10^{8}
变量液压缸内部泄漏系数(C_{ic})	$m\cdot N\cdot s^{-1}$	7.3×10^{-13}
变量液压缸外部泄漏系数(C_{ec})	$m\cdot N\cdot s^{-1}$	2.4×10^{-11}
变量液压缸初始位置时两腔的容积(V_0)	m^3	5×10^{-5}
变量液压缸活塞和斜盘的等效质量(m)	kg	1
变量液压缸阻尼系数(B_c)	$N\cdot s\cdot m^{-1}$	500
负载弹簧刚度(K)	$N\cdot m^{-1}$	1.66×10^{5}
二次元件最大排量(D_{max})	$m^3\cdot rad^{-1}$	6.37×10^{-6}
变量液压缸最大位移量(y_{max})	m	0.015

续表 5.1

参数	单位	数值
二次元件和负载液压缸总的泄漏系数(C_t)	m · N · s^{-1}	3×10^{-11}
负载液压缸有效作用面积(V)	m^2	1×10^{-3}
二次元件高压腔、液压缸上腔和管路的总容积(V)	m^3	1×10^{-3}
负载液压缸活塞杆的质量(m_p)	kg	140
黏性阻尼系数(B)	N · s · m^{-1}	1 000
重力加速度(g)	m/s^2	9.8
二次元件和飞轮的总惯量(I)	kg · m^2	0.8
飞轮阻尼系数(b)	N · m · rad^{-1} · s	0.5×10^{-3}
伺服阀流量增益(K_q)	m^3 · s^{-1} · m^{-1}	5.56×10^{-3}
压力-流量系数(K_c)	m^5 · N^{-1} · s^{-1}	8×10^{-12}

飞轮储能型二次调节流量耦联静液传动系统的控制是通过调节二次元件排量实现的,而二次元件排量的控制实质是利用电液伺服阀对其变量液压缸位置进行伺服控制。因此变量液压缸和电液伺服阀组成的前置子系统特性对整个系统的控制是非常重要的。如果把电液伺服阀和二次元件看作一个子系统,则希望变量液压缸控制子系统具有一定的快速性和准确性。

图 5.1 ~5.3 是系统在输入不同幅值情况下的液压缸的速度、飞轮角速度、变量液压缸位移的响应曲线。

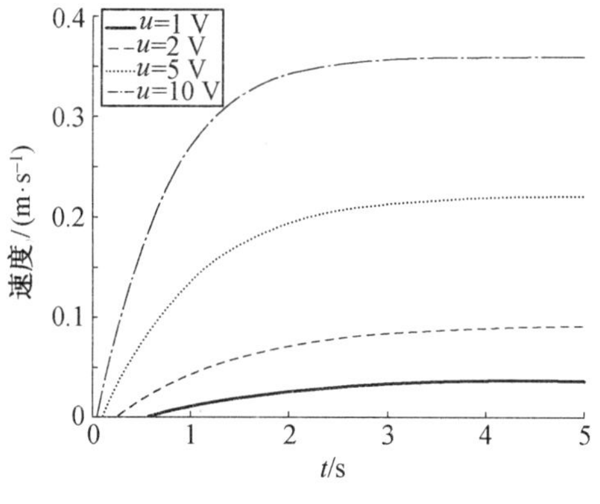

图 5.1　不同输入幅值下的液压缸速度响应曲线

从图中可以看出:①系统是开环稳定系统;②系统快速性不高,响应频率约为0.3 Hz,对于实际系统,其响应频率会更低,所以需要提高系统快速性以满足要求;③从图中明显可看出系统响应呈现非线性,为了达到精确控制变量液压缸位移和负载液压缸速度的目的,应当消除或减小非线性对系统的影响。

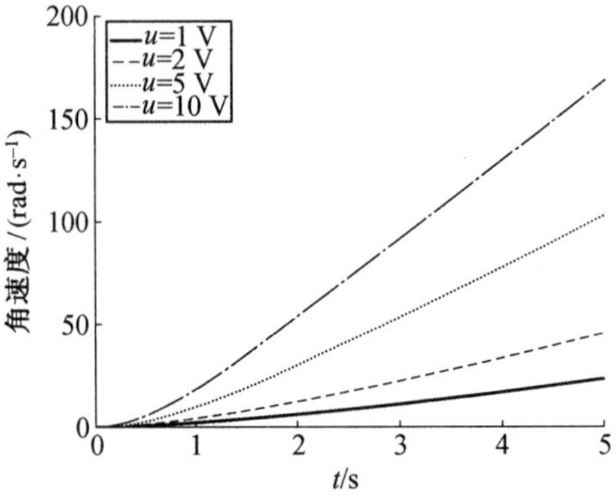

图 5.2　不同输入幅值下的飞轮角速度响应曲线

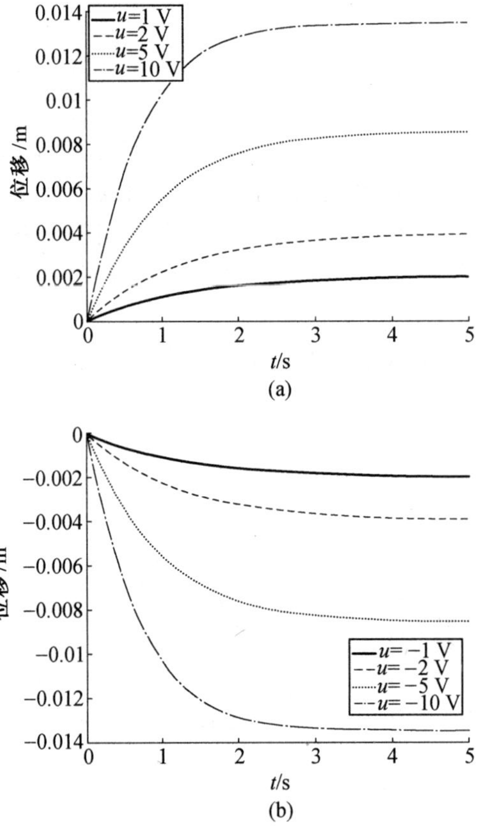

图 5.3　不同输入幅值下的变量液压缸位移响应曲线

(2)控制回路压力对二次调节流量耦联静液传动系统的影响。

图 5.4 和 5.5 是输入为 8 V，控制压力分别为 0.5 MPa、1 MPa、2 MPa 和 2.5 MPa 时的变量液压缸位移和液压缸速度响应曲线。

从图中可看出控制压力与变量液压缸的位移、液压缸的速度也呈非线性，这从其数学模型也可得出。控制压力值越大，变量液压缸位移和液压缸速度越大，并且变量液压缸速度随着控制压力的增大而增大。同时从图中可看出，改变控制压力，对系统速度的提升帮助

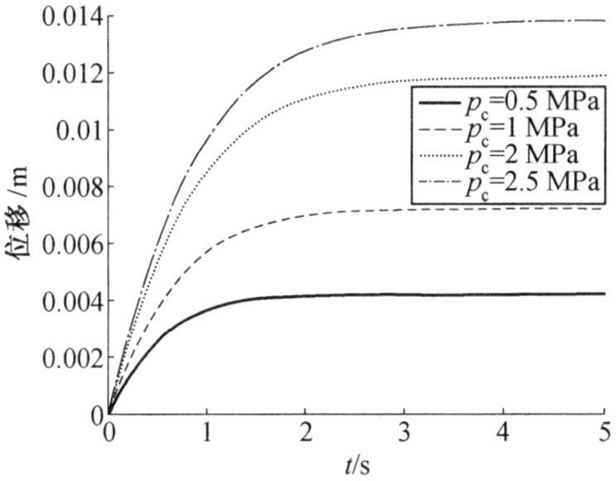

图 5.4　不同控制压力下的变量液压缸位移响应曲线

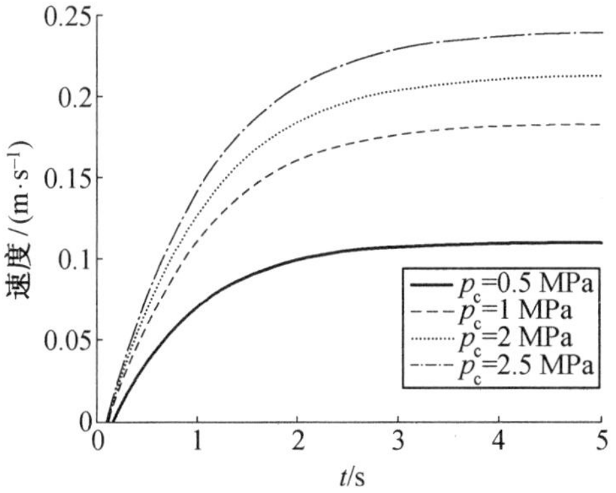

图 5.5　不同控制压力下的液压缸速度响应曲线

不大。

(3)弹簧刚度的大小对二次调节流量耦联静液传动系统的影响。

图 5.6 和 5.7 是电压为 5 V 输入条件下，变量液压缸弹簧刚度分别为 $k=1.66\times10^5$ N/m、$k=1.66\times10^4$ N/m 和 $k=1\times10^6$ N/m 时，变量液压缸的位移响应曲线和负载液压缸的速度响应曲线。

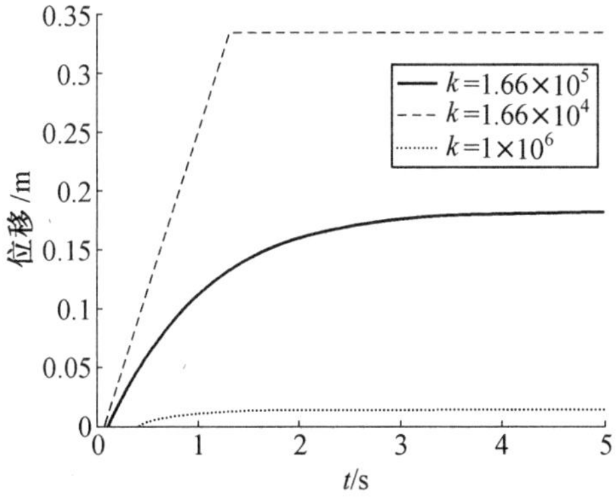

图 5.6　不同弹簧刚度的变量液压缸位移响应曲线

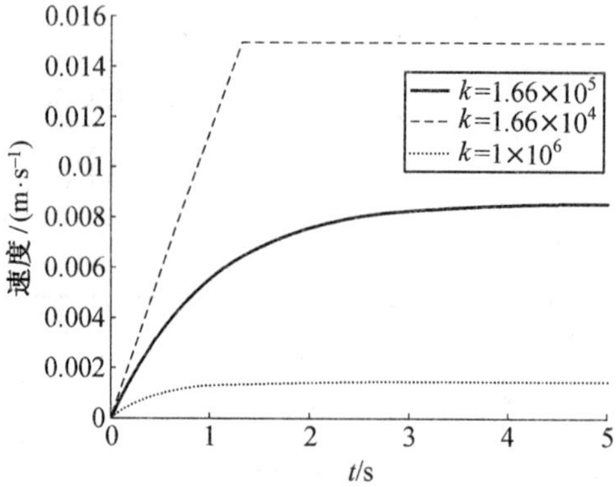

图 5.7 不同弹簧刚度的液压缸速度响应曲线

从图中可以看出 k 的变化影响系统的稳定性和快速性。当 k 增大时，稳定性变好，响应速度变慢。当 k 减小时，稳定性变坏，响应速度加快。所以可以采用减小 k 的方法提高控制子系统的快速性来满足对响应频率的要求。但如果 k 取值过小，则对系统稳定性影响很大。

（4）非线性模型和线性模型输出比较。

图 5.8 中，1 和 2 为 8 V 输入下的变量液压缸位移响应曲线，3 和 4 为 5 V 输入下的响应曲线，5 和 6 为 2 V 输入下的响应曲线。实线（1、3、5）为非线性模型的变量液压缸位移响应曲线，虚线（2、4、6）为线性模型的变量液压缸位移响应曲线。图 5.9 为线性与非线性模型下变量液压缸位移 1 与输入信号 2 的关系曲线。

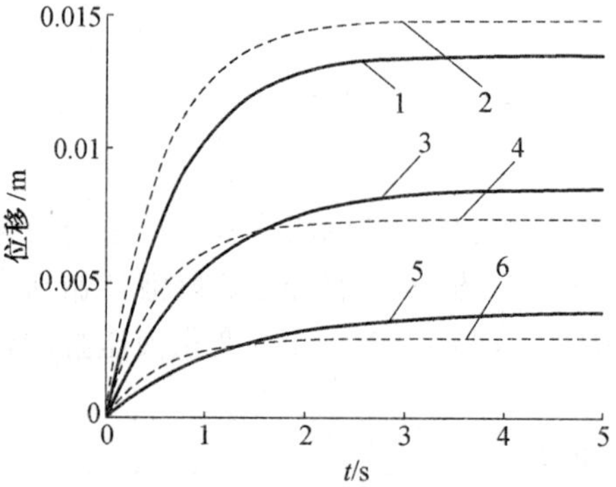

图 5.8 线性与非线性模型的变量液压缸位移响应曲线

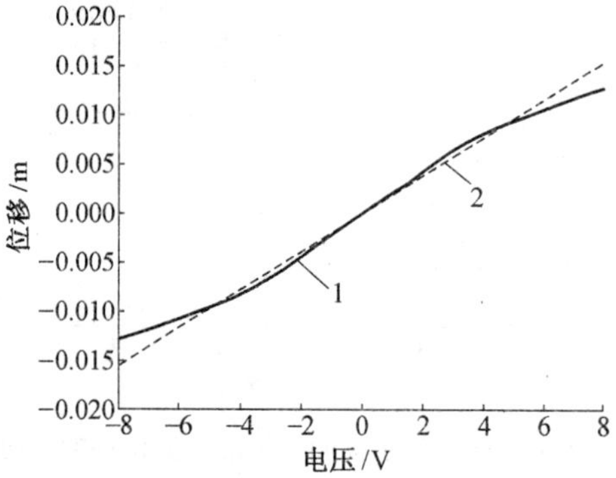

图 5.9 线性与非线性模型的变量液压缸位移与输入信号的关系曲线

图5.10和5.11分别为线性与非线性模型的液压缸速度和飞轮转矩与输入信号的关系曲线,其中曲线1为非线性模型的输出,曲线2为线性模型的输出。

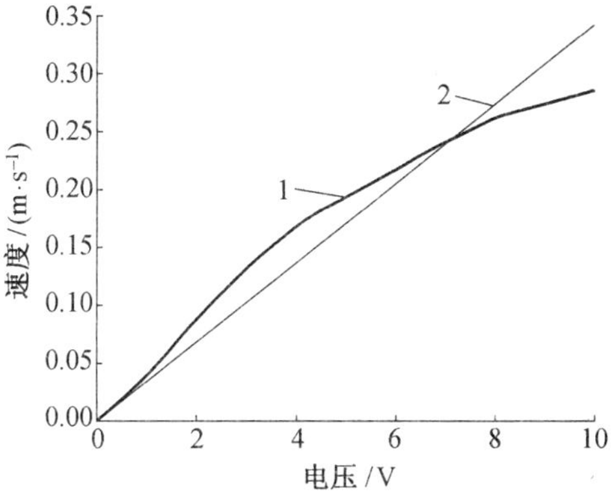

图5.10　不同输入下的线性与非线性模型的液压缸速度与输入信号的关系曲线

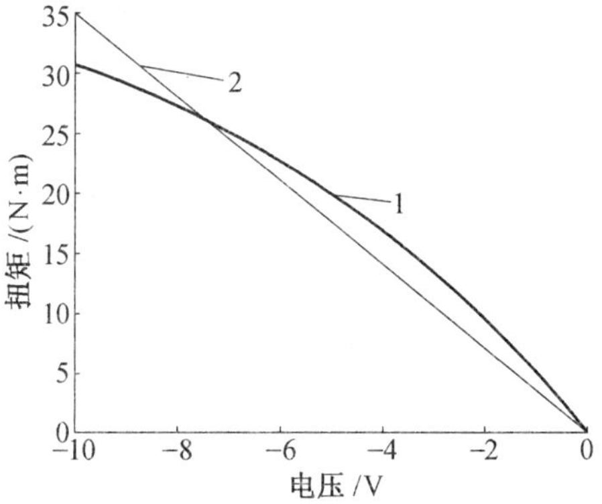

图5.11　不同输入下的线性与非线性模型的飞轮转矩与输入信号的关系曲线

从图中可知:

① 由于线性模型忽略了系统伺服阀的流量－压力本质非线性特性,所以输入和输出呈线性关系,实际非线性模型与输入是非线性的;

② 系统原点附近增益比非线性大,响应速度比非线性快。并且利用泰勒展开在工作点附近线性化得到的线性化模型,在系统原点附近工作时,系统误差较小,随着伺服阀阀芯位移偏离原点距离的增大,其误差呈增大趋势;

③ 当液压缸下降时,不仅有流量压力非线性,而且还有相乘非线性,因此飞轮扭矩的非线性特性比上升时液压缸速度的非线性更强。所以,如果想精确控制变量液压缸位移,依靠传统线性化方法无法满足要求,而对非线性的处理,随着计算机运算速度的提高,非线性控制理论的日渐完善,可以完全根据系统的特性建立正确的非线性模型且可以比较接近地反映真实系统的特性。

5.1.2　飞轮储能型二次调节流量耦联静液传动系统精确线性化控制

(1)精确线性化控制。

据式(3.32),负载上升时系统输出 $y=x_1$,通过输出 $h(x)$ 的李导数求其相对阶 γ。

令 $a_{11}=-\frac{B}{M+m_{\mathrm{p}}}$，$a_{12}=\frac{A}{M+m_{\mathrm{p}}}$，$a_{21}=-\frac{4\beta_{\mathrm{e}}A}{V}$，$a_{22}=\frac{4\beta_{\mathrm{e}}C_{\mathrm{t}}}{V}$，$a_{23}=\frac{4\beta_{\mathrm{e}}nD_{\max}}{Vx_{3\max}}$，$a_{43}=-\frac{K}{m}$，$a_{44}=-\frac{B_{\mathrm{c}}}{m}$，$a_{45}=a_{46}=\frac{A_g}{m}$，则

$$L_{\mathrm{f}}h(x)=a_{11}x_1+a_{12}x_2$$

$$L_{\mathrm{f}}^2h(x)=(a_{11}^2+a_{12}a_{21})x_1+(a_{11}a_{12}+a_{12}a_{22})x_2+a_{12}a_{23}x_3$$

$$\begin{aligned}L_{\mathrm{f}}^3h(x)=&(a_{11}^3+2a_{11}a_{12}a_{21}+a_{12}a_{21}a_{22})x_1+(a_{11}^2a_{12}+a_{12}^2a_{21}+a_{11}a_{12}a_{22}+a_{12}a_{22}^2)x_2+\\&(a_{11}a_{12}a_{23}+a_{12}a_{22}a_{33})x_3+a_{12}a_{23}x_4\end{aligned}$$

$$\begin{aligned}L_{\mathrm{f}}^4h(x)=&[a_{11}(a_{11}^3+2a_{11}a_{12}a_{21}+a_{12}a_{21}a_{22})+a_{21}(a_{11}^2a_{12}+a_{12}^2a_{21}+a_{11}a_{12}a_{22}+a_{12}a_{22}^2)]x_1+\\&[a_{12}(a_{11}^3+2a_{11}a_{12}a_{21}+a_{12}a_{21}a_{22})+a_{22}(a_{11}^2a_{12}+a_{12}^2a_{21}+a_{11}a_{12}a_{22}+a_{12}a_{22}^2)]x_2+\\&[a_{23}(a_{11}^2a_{12}+a_{12}^2a_{21}+a_{11}a_{12}a_{22}+a_{12}a_{22}^2)+a_{12}a_{23}a_{43}]x_3+\\&(a_{11}a_{12}a_{23}+a_{12}a_{22}a_{23}+a_{12}a_{23}a_{44})x_4+a_{12}a_{23}a_{45}(x_5-x_6)\end{aligned}$$

$$\begin{aligned}L_{\mathrm{f}}^5h(x)=&\{a_{11}[a_{11}(a_{11}^3+2a_{11}a_{12}a_{21}+a_{12}a_{21}a_{22})+a_{21}(a_{11}^2a_{12}+a_{12}^2a_{21}+a_{11}a_{12}a_{22}+a_{12}a_{22}{}^2)]+\\&a_{21}[a_{12}(a_{11}^3+2a_{11}a_{12}a_{21}+a_{12}a_{21}a_{22})+a_{22}(a_{11}^2a_{12}+a_{12}^2a_{21}+a_{11}a_{12}a_{22}+a_{12}a_{22}^2)]\}x_1+\\&\{a_{12}[a_{11}(a_{11}^3+2a_{11}a_{12}a_{21}+a_{12}a_{21}a_{22})+a_{21}(a_{11}^2a_{12}+a_{12}^2a_{21}+a_{11}a_{12}a_{22}+a_{12}a_{22}^2)]+\\&a_{22}[a_{12}(a_{11}^3+2a_{11}a_{12}a_{21}+a_{12}a_{21}a_{22})+a_{22}(a_{11}^2a_{12}+a_{12}^2a_{21}+a_{11}a_{12}a_{22}+a_{12}a_{22}^2)]\}x_2+\\&\{a_{23}[a_{12}(a_{11}^3+2a_{11}a_{12}a_{21}+a_{12}a_{21}a_{22})+a_{22}(a_{11}^2a_{12}+a_{12}^2a_{21}+a_{11}a_{12}a_{22}+a_{12}a_{22}^2)]+\\&a_{43}(a_{11}a_{12}a_{23}+a_{12}a_{22}a_{23}+a_{12}a_{23}a_{44})\}x_3+\\&\{[a_{23}(a_{11}^2a_{12}+a_{12}^2a_{21}+a_{11}a_{12}a_{22}+a_{12}a_{22}^2)+a_{12}a_{23}a_{43}]+\\&a_{44}(a_{11}a_{12}a_{23}+a_{12}a_{22}a_{23}+a_{12}a_{23}a_{44})\}x_4+[a_{45}(a_{11}a_{12}a_{23}+a_{12}a_{22}a_{23}+a_{12}a_{23}a_{44})](x_5-x_6)+\\&a_{12}a_{23}a_{45}\left[-\frac{\beta_{\mathrm{e}}A_{\mathrm{g}}}{V_0+A_{\mathrm{g}}x_3}x_4-\frac{\beta_{\mathrm{e}}(C_{\mathrm{ic}}+C_{\mathrm{ec}})}{V_0+A_{\mathrm{g}}x_3}x_5+\frac{\beta_{\mathrm{e}}C_{\mathrm{ic}}}{V_0+A_{\mathrm{g}}x_3}x_6-\frac{\beta_{\mathrm{e}}A_{\mathrm{g}}}{V_0-A_{\mathrm{g}}x_3}x_4-\right.\\&\left.\frac{\beta_{\mathrm{e}}C_{\mathrm{ic}}}{V_0-A_{\mathrm{g}}x_3}x_5+\frac{\beta_{\mathrm{e}}(C_{\mathrm{ic}}+C_{\mathrm{ec}})}{V_0-A_{\mathrm{g}}x_3}x_6\right]\end{aligned}$$

$$\left.\begin{aligned}&L_{\mathrm{g}}\boldsymbol{h}(x)=0\\&L_{\mathrm{g}}L_{\mathrm{f}}\boldsymbol{h}(x)=0\\&L_{\mathrm{g}}L_{\mathrm{f}}^2\boldsymbol{h}(x)=0\\&L_{\mathrm{g}}L_{\mathrm{f}}^3\boldsymbol{h}(x)=0\\&L_{\mathrm{g}}L_{\mathrm{f}}^4\boldsymbol{h}(x)=a_{12}a_{23}a_{45}\left(\frac{\beta_{\mathrm{e}}C_{\mathrm{d}}\omega K_{\mathrm{i}}K_{\mathrm{s}}}{V_0+A_{\mathrm{g}}x_3}\sqrt{\frac{2}{\rho}(p_{\mathrm{c}}-x_5)}+\frac{\beta_{\mathrm{e}}C_{\mathrm{d}}\omega K_iK_{\mathrm{s}}}{V_0-A_{\mathrm{g}}x_3}\sqrt{\frac{2}{\rho}x_6}\right)\end{aligned}\right.\qquad(5.1)$$

根据相对阶定义，可以得到 $\gamma=5$，即系统相对阶小于系统维数 $n=6$。

选择 $\boldsymbol{\xi}(x)$ 使其满足 $L_{\mathrm{g}}\boldsymbol{\xi}(x)=\langle \mathrm{d}\boldsymbol{\xi}(x),\boldsymbol{g}\rangle=0$，且满足秩条件

$$\operatorname{rank}\begin{pmatrix}h(x)\\L_{\mathrm{f}}\boldsymbol{h}(x)\\L_{\mathrm{f}}^2\boldsymbol{h}(x)\\L_{\mathrm{f}}^3\boldsymbol{h}(x)\\L_{\mathrm{f}}^4\boldsymbol{h}(x)\\\boldsymbol{\xi}(x)\end{pmatrix}=6$$

一个解为

$$\xi_1(x)=(V_0-A_g x_3)\sqrt{x_6}-(V_0+A_g x_3)\sqrt{(p_c-x_5)} \tag{5.2}$$

得到如下非线性坐标变换：

$$\phi:x\rightarrow\begin{pmatrix} \boldsymbol{h}(x) \\ L_f\boldsymbol{h}(x) \\ L_f^2\boldsymbol{h}(x) \\ L_f^3\boldsymbol{h}(x) \\ L_f^4\boldsymbol{h}(x) \\ \boldsymbol{\xi}(x) \end{pmatrix}$$

由于 $\phi(\boldsymbol{x})$ 的雅可比矩阵是非奇异阵，因此该变换是一个局部微分同胚，令

$$\boldsymbol{z}=\begin{pmatrix} \boldsymbol{h}(x) \\ L_f\boldsymbol{h}(x) \\ L_f^2\boldsymbol{h}(x) \\ L_f^3\boldsymbol{h}(x) \\ L_f^4\boldsymbol{h}(x) \end{pmatrix} \tag{5.3}$$

$$\boldsymbol{\xi}=z_{\gamma+1} \tag{5.4}$$

系统在新坐标系下可表示为

$$\left.\begin{aligned} \dot{z}_1&=z_1 \\ \dot{z}_2&=z_3 \\ \dot{z}_3&=z_4 \\ \dot{z}_4&=z_5 \\ \dot{z}_5&=\boldsymbol{b}(z,\boldsymbol{\xi})+\boldsymbol{a}(z,\boldsymbol{\xi})\boldsymbol{u} \\ \dot{\boldsymbol{\xi}}&=\boldsymbol{q}(z,\boldsymbol{\xi}) \\ \boldsymbol{y}&=z_1 \end{aligned}\right\} \tag{5.5}$$

其中

$$\boldsymbol{b}(z,\boldsymbol{\xi})=L_f^5\boldsymbol{h}(\boldsymbol{x}),\quad \boldsymbol{a}(z,\boldsymbol{\xi})=L_g L_f^4\boldsymbol{h}(\boldsymbol{x})$$

所以存在精确线性化控制规律

$$\boldsymbol{u}=\frac{1}{L_g L_f^4\boldsymbol{h}(\boldsymbol{x})}(-L_f^5\boldsymbol{h}(\boldsymbol{x})+\boldsymbol{v})=\boldsymbol{\alpha}(\boldsymbol{x})+\boldsymbol{\beta}(\boldsymbol{x})\boldsymbol{v} \tag{5.6}$$

将表 5.1 中的系统参数代入，得到系统精确线性化控制规律为

$$\boldsymbol{u}=\frac{6.63\times10^9 x_1-1.35\times10^2 x_2-2.28\times10^{13} x_3-2.45\times10^{10} x_4-0.826(x_5-x_6)}{-4.63\times10^2\left(\dfrac{3.45\sqrt{2\times10^6-x_5}}{5\times10^{-5}+1.785\times10^{-3}x_3}+\dfrac{3.45\sqrt{x_6}}{5\times10^{-5}-1.785\times10^{-3}x_3}\right)}-$$

$$\frac{4.63\times10^{2}\left[\frac{1.23\times10^{6}x_4+1.66\times10^{-2}(x_5-x_6)}{5\times10^{-5}+1.785\times10^{-3}x_3}+\frac{1.23\times10^{6}x_4+1.66\times10^{-2}(x_5-x_6)}{5\times10^{-5}-1.785\times10^{-3}x_3}\right]+v}{-4.63\times10^{2}\left(\frac{3.45\sqrt{2\times10^{6}-x_5}}{5\times10^{-5}+1.785\times10^{-3}x_3}+\frac{3.45\sqrt{x_6}}{5\times10^{-5}-1.785\times10^{-3}x_3}\right)} \tag{5.7}$$

得到输出 $\boldsymbol{y}$ 对新输入 $\boldsymbol{v}$ 的 5 阶线性系统

$$\boldsymbol{y}^{(5)}=\boldsymbol{v} \tag{5.8}$$

同理，当负载下降系统输出 $\boldsymbol{y}=\dot{\boldsymbol{x}}_1$ 时，系统相对阶为 3，系统精确线性化控制规律为

$$\boldsymbol{u}=\frac{1}{L_{g}L_{f}^{2}\boldsymbol{h}(\boldsymbol{x})}(-L_{f}^{3}\boldsymbol{h}(\boldsymbol{x})+\boldsymbol{v}) \tag{5.9}$$

将表 5.1 中的系统参数代入，得到系统精确线性化控制规律为

$$\boldsymbol{u}=\frac{2.04\times10^{12}x_3x_4+5\times10^{4}x_2x_4-1.25\times10^{12}x_1x_4^2+82.3x_2x_5+1.52\times10^{-9}x_1+6.59\times10^{9}x_3x_5-4.08\times10^{9}x_1x_4x_5}{-9.7\times10^{-7}\left(\frac{-3.45\sqrt{x_6}}{5\times10^{-5}-1.785\times10^{-3}x_4}-\frac{3.45\sqrt{2\times10^{6}-x_7}}{5\times10^{-5}+1.785\times10^{-3}x_4}\right)}+$$

$$\frac{-1.61\times10^{13}x_3x_4^3-5.71\times10^{4}x_2x_4^3+1.52\times10^{13}x_1x_4^4+6.21\times10^{3}x_2x_4^2+6.21\times10^{3}x_2x_4x_5-1.29\times10^{12}x_1x_4+3.9\times10^{6}x_1x_5^2}{-9.7\times10^{-7}\left(\frac{-3.45\sqrt{x_6}}{5\times10^{-5}-1.785\times10^{-3}x_4}-\frac{3.45\sqrt{2\times10^{6}-x_7}}{5\times10^{-5}+1.785\times10^{-3}x_4}\right)}-$$

$$\frac{-596(x_6-x_7)-9.7\times10^{-7}\left[\frac{1.23\times10^{6}x_5+1.66\times10^{-2}(x_6-x_7)}{5\times10^{-5}-1.785\times10^{-3}x_4}+\frac{1.23\times10^{6}x_5+1.66\times10^{-2}(x_6-x_7)}{5\times10^{-5}+1.785\times10^{-3}x_3}\right]+v}{-9.7\times10^{-7}\left(\frac{-3.45\sqrt{x_6}}{5\times10^{-5}-1.785\times10^{-3}x_4}-\frac{3.45\sqrt{2\times10^{6}-x_7}}{5\times10^{-5}+1.785\times10^{-3}x_4}\right)} \tag{5.10}$$

得到输出 $\boldsymbol{y}$ 对新输入 $\boldsymbol{v}$ 的 3 阶线性系统

$$\boldsymbol{y}^{(3)}=\boldsymbol{v} \tag{5.11}$$

（2）零动态分析。

状态方程（5.8）和（5.11）表示的是系统的外部动态，内部动态 $\boldsymbol{\xi}$ 由于状态反馈而变得不可观，对于状态反馈线性化系统，不但要使外部状态稳定且具有良好动态品质，而且要使内部状态也趋于稳定，也就是使系统的零动态方程 $\dot{\boldsymbol{\xi}}=L_{f}\boldsymbol{\xi}(\boldsymbol{x})$ 稳定。可以按常规的方法来判断零动态系统的稳定性，如式（4.22）的近似线性化系统的特征值位于左半复平面，则它是指数最小的相位系统，也即当线性近似矩阵

$$\frac{\partial\boldsymbol{q}}{\partial\boldsymbol{\xi}}(0,0) \tag{5.12}$$

的特征值位于 C_{-}^{0} 时，系统是局部稳定的。

负载上升时，由式（5.2）得到其零动态方程为

$$\boldsymbol{q}=\dot{\boldsymbol{\xi}}_1=-A_{g}(\sqrt{p_{c}-x_5}+\sqrt{x_6})x_4+\frac{-\beta_{e}A_{g}x_4-\beta_{e}(c_{ic}+c_{ec})x_5+\beta_{e}C_{ic}x_6}{2\sqrt{p_{c}-x_5}}+$$

$$\frac{\beta_{e}A_{g}x_4+\beta_{e}C_{ic}x_5-\beta_{e}(C_{ic}+C_{ec})x_6}{2\sqrt{x_6}} \tag{5.13}$$

将表 5.1 中的系统参数代入式（5.13）得

$$\frac{\partial \boldsymbol{q}}{\partial \boldsymbol{\xi}}(0,0) = -0.1$$

所以系统零动态是渐进稳定的。

同理，当负载下降时，选择 $\boldsymbol{\xi}(\boldsymbol{x})$ 使其满足 $L_g\boldsymbol{\xi}(\boldsymbol{x}) = \langle \mathrm{d}\boldsymbol{\xi}(\boldsymbol{x}), \boldsymbol{g}\rangle = 0$，且满足秩条件

$$\mathrm{rank}\begin{pmatrix} \boldsymbol{h}(\boldsymbol{x}) \\ L_f\boldsymbol{h}(\boldsymbol{x}) \\ L_f^2\boldsymbol{h}(\boldsymbol{x}) \\ \boldsymbol{\xi}(\boldsymbol{x}) \end{pmatrix} = 7$$

一组解为

$$\xi(\boldsymbol{x}) = \begin{pmatrix} \xi_1 \\ \xi_2 \\ \xi_3 \\ \xi_4 \end{pmatrix} = \begin{pmatrix} x_2 \\ x_3 \\ x_4 \\ (V_0 - A_g x_4)\sqrt{x_6} - (V_0 + A_g x_4)\sqrt{(p_c - x_7)} \end{pmatrix} \tag{5.14}$$

其零动态方程为

$$q = \begin{cases} \dfrac{4\beta_e A}{V}\xi_2 - \dfrac{4\beta_e C_t}{V}\xi_1 - \dfrac{4\beta_e D_{\max}^2}{bVx_{4\max}^2}\xi_1\xi_3^2 \\ -\dfrac{B}{M+m_p}\xi_2 - \dfrac{A}{M+m_p}\xi_1 \\ x_5 \\ A_g(\sqrt{p_c - x_7} + \sqrt{x_6})x_5 - \dfrac{\beta_e A_g x_5 - \beta_e(C_{ic} + C_{ec})x_6 + \beta_e C_{ic} x_7}{2\sqrt{x_6}} \\ \dfrac{-\beta_e A_g x_5 + \beta_e C_{ic} x_6 - \beta_e(C_{ic} + C_{ec})x_7}{2\sqrt{p_c - x_7}} \end{cases} \tag{5.15}$$

将表(5.1)中的系统参数代入，系统零动态线性近似矩阵为

$$\frac{\partial \boldsymbol{q}}{\partial \boldsymbol{\xi}}(0,0) = \begin{bmatrix} -27.6 & 7.8\times10^9 & 0 & 0 \\ -1.41\times10^{-6} & -0.5 & 0 & 0 \\ 0 & 0 & -27.6 & 0 \\ 0 & 0 & -216.389 & -0.1 \end{bmatrix}$$

其特征值都为负值，所以系统零动态也是渐进稳定的。

(3) LQR 最优控制器设计。

工程上通常要求系统既具有较高的响应速度，又需具有一定的阻尼程度，所以将系统设计成具有衰减振荡的动态特性，因此闭环主导极点以共轭复极点的形式出现。非主导极点的影响表现为使系统峰值时间加长，系统阻尼特性增强，降低系统的响应速度。

①系统上升时的控制器设计。

根据要求系统上升时间为 1.6 s，选择主极点为 $s_{1,2} = -3\pm1.8\mathrm{j}$，则

$$Q=\begin{bmatrix} 81 & 43.2 & 9 & 0 & 0 \\ 43.2 & 23.04 & 4.8 & 0 & 0 \\ 90 & 4.8 & 1 & 0 & 0 \\ 0 & 0 & 0 & 0 & 0 \\ 0 & 0 & 0 & 0 & 0 \end{bmatrix}$$

$$\rho_1=100$$

$$K^{*\mathrm{T}}=[90.000\,0 \quad 124.359\,0 \quad 83.117\,6 \quad 33.278\,7 \quad 8.158\,3]$$

$$N=3.15$$

②系统下降时的控制器设计。

设系统下降时飞轮恒转矩加速,同样选择主极点为 $s_{1,2}=-3\pm1.8\mathrm{j}$,则

$$Q=\begin{bmatrix} 81 & 43.2 & 9 \\ 43.2 & 23.04 & 4.8 \\ 90 & 4.8 & 1 \end{bmatrix}$$

$$\rho_1=300$$

$$K^{*\mathrm{T}}=[155.884\,6 \quad 91.450\,1 \quad 21.975\,0]$$

$$N=540$$

(4)精确线性化模型仿真分析。

将表 5.1 中各参数代入系统模型,并利用上面设计的控制器进行仿真。

图 5.12 为加入 LQR 控制器后不同输入幅值下的变量液压缸的位移响应曲线。图 5.13为加入 LQR 控制器后不同输入幅值下的液压缸速度响应曲线。

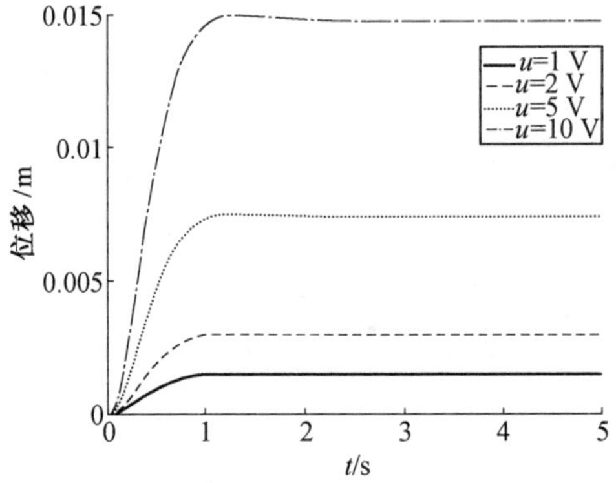

图 5.12 不同输入幅值下的变量液压缸位移响应曲线

图 5.14 为利用上面设计进行基于精确线性化的 LQR 控制器和利用线性化模型设计的 PID 控制器($K_P=10,K_I=0.1$)的液压缸速度和变量液压缸位移的比较。曲线 1 采用基于精确线性化的 LQR 控制器,曲线 2 采用 PID 控制器。

图 5.15 和 5.16 分别为液压缸下降时,飞轮恒扭矩加速时,加入上面设计的控制器后不同输入幅值下的转矩曲线和飞轮角速度曲线。

图 5.17 为不同输入时对应的变量液压缸位移、液压缸速度和飞轮转矩的大小。

通过仿真曲线可知:

① 基于精确线性化的 LQR 控制器可使二次调节流量耦联静液传动系统输入输出线

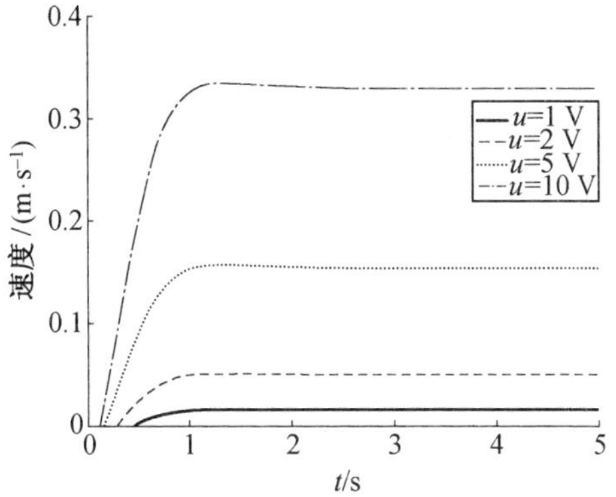

图 5.13　不同输入幅值下的液压缸速度响应曲线

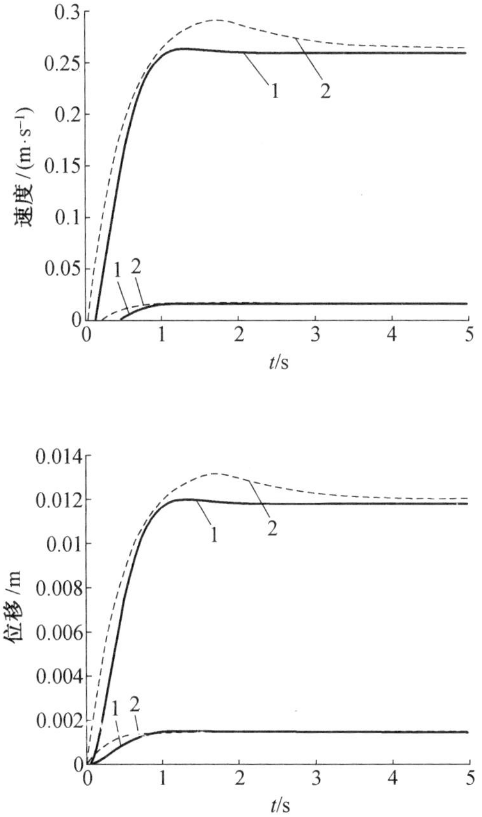

图 5.14　PID 控制与精确线性化控制比较

性化，达到系统大范围线性化目的，能够实现系统精确控制；

② 基于精确线性化的 LQR 控制器加快系统响应速度，调整时间 $t_s \leqslant 2$ s；

③ 系统输出基本无超调，无稳态误差；

④ 与根据线性化模型设计的 PID 控制器做了比较，在稳态工作原点附近，PID 控制器效果很好，并且比基于精确线性化的 LQR 控制器响应更快，但脱离原点较远工作时，PID 控制器有了明显的超调量，虽然峰值时间区别不大，但调整时间明显加长。说明系统

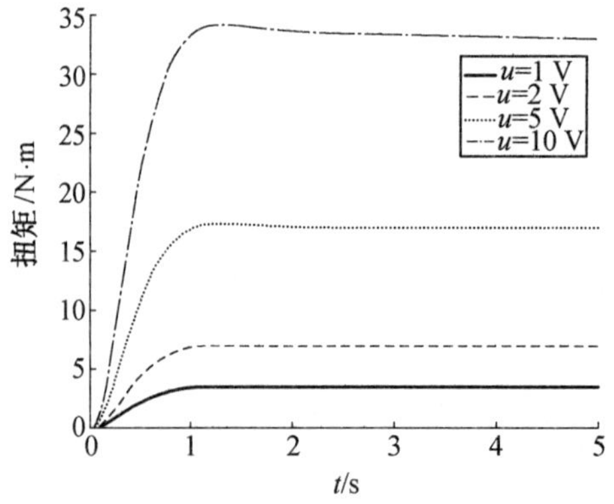

图 5.15 不同输入幅值下的飞轮扭矩响应曲线

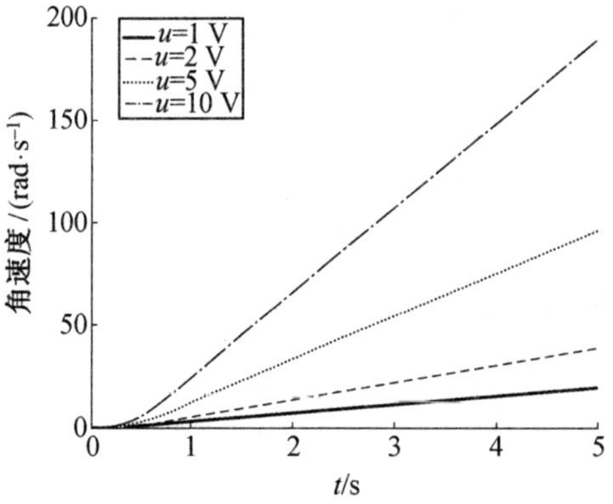

图 5.16 不同输入幅值下的飞轮角速度响应曲线

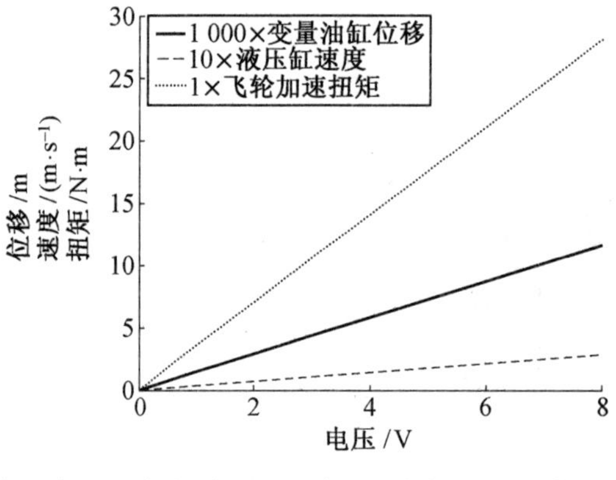

图 5.17 变量液压缸位移、液压缸速度和飞轮扭矩对于输入的关系曲线

在工作原点时,线性化模型能很好地描述系统,系统模型可以利用线性化模型代替,但如果系统远离原点工作时,继续使用线性化模型来为系统综合的话,会产生较大误差。

5.1.3 飞轮储能型二次调节流量耦联静液传动系统能量回收研究

(1)影响飞轮储能型二次调节流量耦联静液传动系统能量回收效率的因素。

① 二次元件的效率。

能量回收过程是负载下降将重物势能转化为飞轮动能储存于飞轮中，此过程二次元件工作在液压马达状态（图2.11的第Ⅱ和第Ⅳ象限）。二次元件的工作效率不是恒定值，它随着排量、压力、转速等的变化而变化。下面将对二次元件工作在液压马达状态时的效率进行研究。产生二次元件功率损失的主要原因有以下两方面：

a. 由于压力油液泄漏而产生的功率损失；

b. 由于油液黏性摩擦产生的摩擦功率损失。

二次元件作为液压马达工作时的容积效率公式为

$$\eta_{mv}=\frac{D_m\omega}{q} \tag{5.16}$$

由于

$$q=q_m+\sum q_1 \tag{5.17}$$

所以

$$\eta_{mv}=\frac{D_m\omega}{Q_m+\sum Q_1}=\frac{1}{1+\dfrac{Cp_L}{D\omega}} \tag{5.18}$$

式中　η_{mv}——二次元件作为液压马达工作时的容积效率；

q——输入流量，m^3/s；

D_m——二次元件作为液压马达工作时的实际排量，$m^3\cdot rad^{-1}$；

q_m——二次元件作为液压马达工作时的输出流量，$m^3\cdot s^{-1}$；

C——二次元件作为液压马达工作时的总泄漏系数，$m^3\cdot Pa^{-1}\cdot s^{-1}$；

$\sum q_1$—— 二次元件的总泄漏损失，m^3/s，其值为

$$\sum Q_1=Q_{11}+Q_{12}+Q_{13}=(C_{11}+C_{12}+C_{13})p_L \tag{5.19}$$

式中　q_{11}——斜盘与滑靴之间的泄漏损失，$m^3\cdot s$；

C_{11}——斜盘与滑靴之间的泄漏系数，$m^3\cdot Pa\cdot s^{-1}$；

q_{12}——柱塞和缸体之间的泄漏损失，$m^3\cdot s^{-1}$；

C_{12}——柱塞和缸体之间的泄漏系数，$m^3\cdot Pa^{-1}\cdot s^{-1}$；

q_{13}——配流盘和缸体之间的泄漏损失，$m^3\cdot s^{-1}$；

C_{13}——配流盘和缸体之间的泄漏系数，$m^3\cdot Pa^{-1}\cdot s^{-1}$。

二次元件作为液压马达工作时的机械效率公式为

$$\eta_{mm}=\frac{T_m}{D_mp_L} \tag{5.20}$$

由于

$$T_m=T-\sum T_v \tag{5.21}$$

所以

$$\eta_{mm}=\frac{p_LD_m-\sum T_v}{D_mp_L}=1-\frac{\mu\omega}{p_LD_m} \tag{5.22}$$

式中 η_{mm}—— 二次元件作为液压马达工作时的机械效率；

T_m—— 二次元件作为液压马达工作时的输出转矩，N·m；

T—— 二次元件作为液压马达工作时的输入转矩，N·m；

$\sum T_v$—— 二次元件作为液压马达工作时的总摩擦力矩，其值为

$$\sum T_v = T_{v1} + T_{v2} + T_{v3} + T_{v4} = (\mu_{v1} + \mu_{v2} + \mu_{v3} + \mu_{v4})\omega \tag{5.23}$$

式中 μ_{v1}——斜盘与滑靴之间的摩擦系数，N·m·rad^{-1}；

T_{v1}——斜盘与滑靴之间的摩擦力矩，N·m；

μ_{v2}——柱塞和缸体之间的摩擦系数，N·m·rad^{-1}；

T_{v2}——柱塞和缸体之间的摩擦力矩，N·m；

μ_{v3}——配流盘和缸体之间的黏性摩擦系数，N·m·rad^{-1}；

T_{v3}——配流盘和缸体之间的黏性摩擦力矩，N·m；

μ_{v4}——缸体和壳体之间的黏性摩擦系数，N·m·rad^{-1}；

T_{v4}——缸体和壳体之间的黏性摩擦力矩，N·m。

因此，得到二次元件工作在马达工况时的总效率为

$$\eta_m = \frac{T_m\omega}{Q_m P_L} = \eta_{mv} \times \eta_{mm} = \frac{1}{1+\dfrac{Cp_L}{D\omega}} \times \left(1 - \frac{\mu\omega}{p_L D_m}\right) \tag{5.24}$$

二次元件工作为液压马达时的容积效率、机械效率和总效率如图 5.18～5.20 所示。曲线 1 为实际排量等于最大排量时的效率曲线，曲线 2 为实际排量等于 1/2 最大排量时的效率曲线，曲线 3 为实际排量等于 1/4 最大排量时的效率曲线。

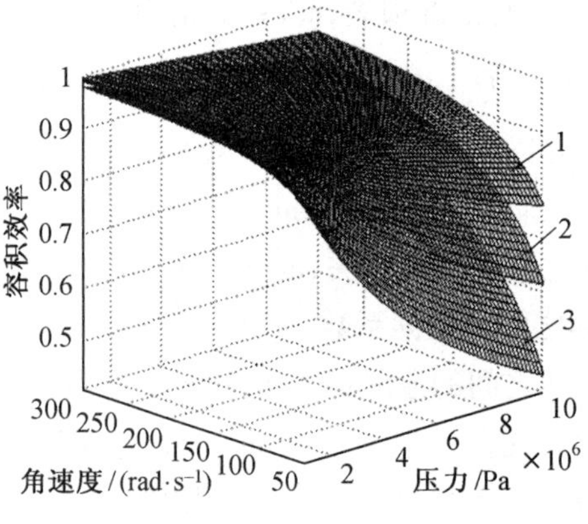

图 5.18 二次元件工作为液压马达时的容积效率

从图中可看出，二次元件作为液压马达工作时的容积效率、机械效率和总效率与二次元件的工作转速、排量和工作压力不是呈简单的线性关系，而是呈复杂的非线性关系，其任何一个参数的改变都会造成效率的变化。从图中可得到，随着排量的增大，二次元件容积效率、机械效率和总效率都增大，当排量为 1/4 最大排量时，容积效率和总效率下降很大；随着转速的增大，容积效率增大，机械效率减小，总效率先增大后减小；随着系统工作压力的增大，容积效率减小，机械效率增大，总效率有先减小后增大的趋势。所以二次元

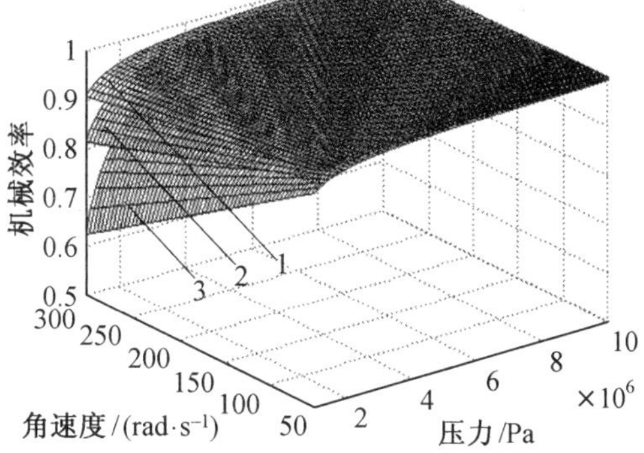

图 5.19　二次元件工作为液压马达时的机械效率

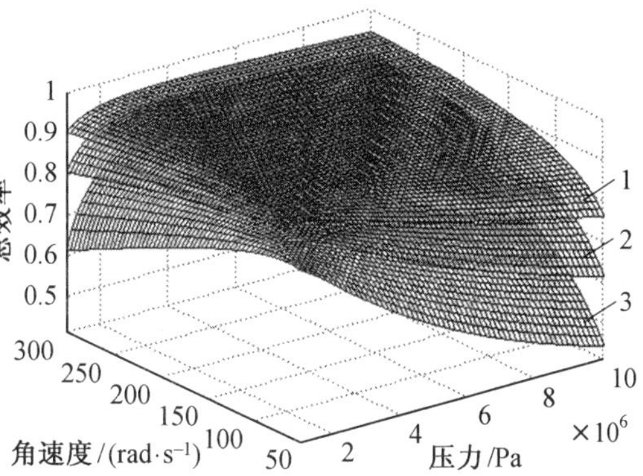

图 5.20　二次元件工作为液压马达时的总效率

件的效率不是常数，是时变的，其大小对系统能量回收效率的影响最大。所以，使二次元件工作在高效区域将是提高系统能量回收效率的重要保证。

② 飞轮储能部分的能量损失。

飞轮在升速和降速过程中的能量损耗主要为轴承处的摩擦损失和空气阻力损失，其自由旋转运动方程为

$$T_{\mathrm{f}}=T_{\mathrm{ax}}+T_{\mathrm{wind}}=b_1\omega+b_2\omega=b\omega=I\frac{\mathrm{d}\omega}{\mathrm{d}t} \tag{5.25}$$

则其功率损耗为

$$P_{\mathrm{f}}=T_{\mathrm{f}}\omega=b\omega^2 \tag{5.26}$$

由

$$\frac{\mathrm{d}E}{\mathrm{d}t}=I\omega\frac{\mathrm{d}\omega}{\mathrm{d}t} \tag{5.27}$$

得损耗的动能为

$$E_{\mathrm{f}}=\int_0^{t_{\mathrm{f}}}P_{\mathrm{f}}\mathrm{d}t=\int_0^{t_{\mathrm{f}}}b\omega^2\mathrm{d}t \tag{5.28}$$

图 5.21 和 5.22 分别为 $b=5\times10^{-3}$，角速度利用 5 s、8 s 和 10 s 时间从 0 加速到 250 rad/s时功率损失和能量损失随时间变化曲线。

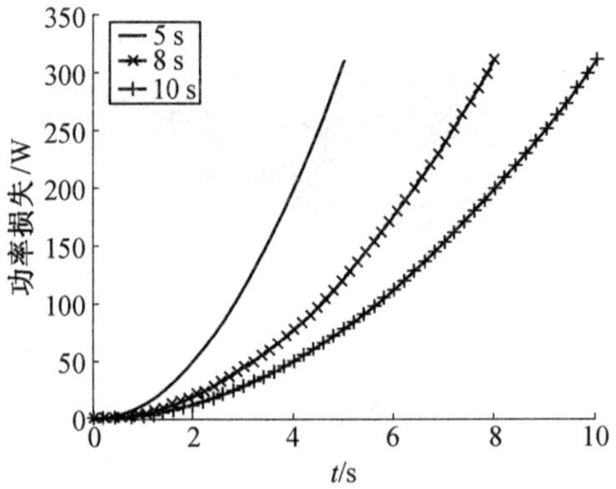

图 5.21　飞轮加速时的功率损失

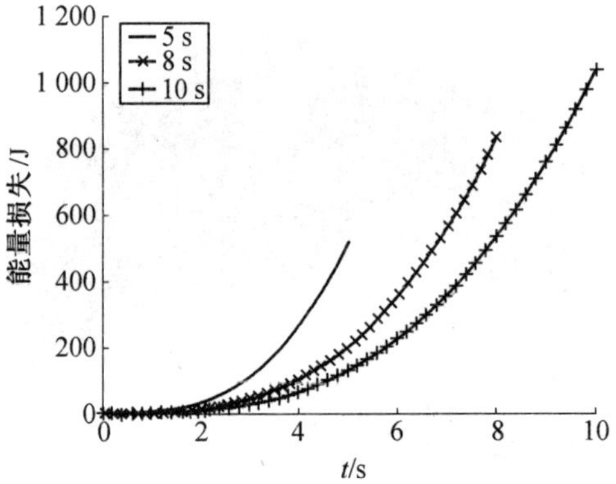

图 5.22　飞轮加速时的能量损失

从图中可知,功率损失与时间无关,只是由于时间的增长,其加速度将减小,所以从 0 加速到同样终点速度时,功率损失相等,而与时间无关。而随着时间的增长,系统能量损失将增加。

③ 液压缸下降速度。

忽略油液的可压缩性和液压缸的泄漏,液压缸在升降过程中的能量损耗为摩擦损耗,其摩擦力大小与液压缸速度成正比,即

$$F_f = Bv \tag{5.29}$$

其功率损耗和能量损耗分别为

$$P_c = T_c\omega = b\omega^2 \tag{5.30}$$

$$E_c = \int_0^{t_f} P_c \, dt = \int_0^{t_f} Bv^2 \, dt \tag{5.31}$$

当系统在能量回收过程中,液压缸下降到终点位置时,假设其速度为 v_{t_f},则其动能为

$$\frac{1}{2}(M+m_p)v_{t_f}^2 \tag{5.32}$$

此时,系统将会发指令使二次元件工作为液压泵状态,从而使液压缸上行,此动能不仅不能回收,还需要系统提供能量来消耗掉此动能,所以液压缸还有一个制动的过程来消耗掉此部分动能,设系统制动效率为$\frac{1}{K_v}$,因此可以得到由于液压缸动能而消耗的能量损耗

为

$$\frac{1}{2}(1+K_{\mathrm{v}})(M+m_{\mathrm{p}})v^2 \tag{5.33}$$

所以液压缸下降过程中能量总损失为

$$E_{\mathrm{ct}}=\frac{1}{2}(1+K_{\mathrm{v}})(M+m_{\mathrm{p}})v_{t_{\mathrm{f}}}^2+\int_0^{t_{\mathrm{f}}}Bv^2\mathrm{d}t \tag{5.34}$$

图 5.23 为终点速度固定为 0.6 m/s，经历时间分别为 5 s、8 s 和 10 s 时的能量损失。图 5.24 为下降时间固定为 8 s，终点速度分别为 0.4 m/s、0.5 m/s 和 0.6 m/s 时的能量损失。

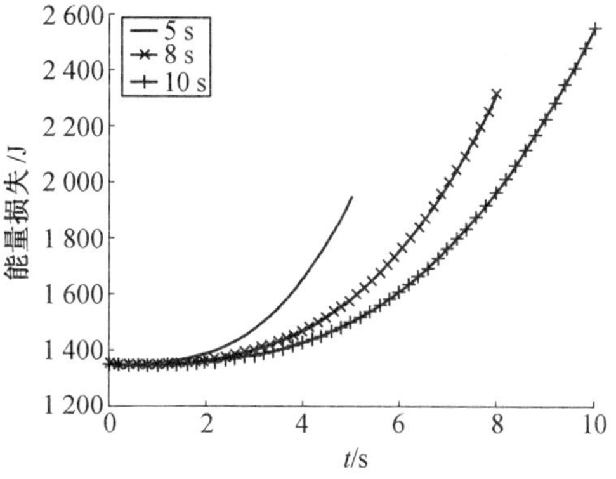

图 5.23　不同液压缸下降时间的能量损失

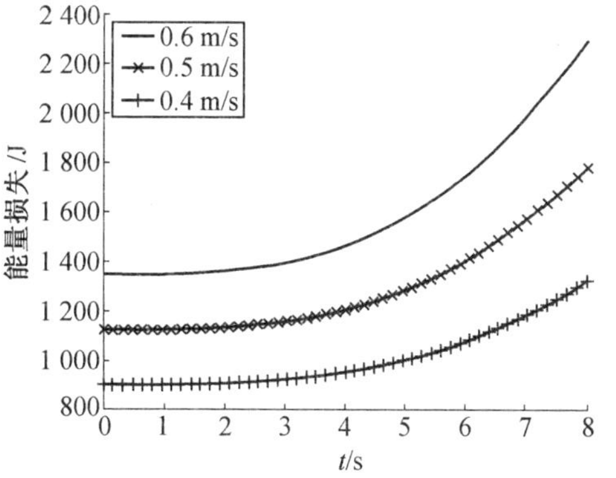

图 5.24　不同液压缸下降终点速度的能量损失

从图中可看出，系统能量损失与液压缸终点速度和下降时间密切相关，时间越长，能量损失越大，终点速度越大，能量损失越大。

(2)基于能量损失最小的参数优化。

从式(5.26)可以看出飞轮储能部分能量损失与飞轮角速度 ω 的平方成正比，与时间 t 成正比。如果希望能量损失最小，那么加速度 ω 最大，所以减小飞轮储能部分能量损失需要减小液压缸下降时间。由于总冲程是固定的，如果减小下降时间，则液压缸的终点速度将增大。由式(5.34)和图 5.24 可知，液压缸部分的能量损失随着终点速度的增大而增大。因此二者产生矛盾，下面将以能量损失最小为指标，进行参数之间的优化和研究。

根据以上分析，系统能量回收时的能量损失为

$$J=\frac{1+K_{\mathrm{v}}}{2}(M+m_{\mathrm{p}})v_{t_{\mathrm{f}}}^{2}+\int_{0}^{t_{\mathrm{f}}}Bv^{2}\mathrm{d}t+\int_{0}^{t_{\mathrm{f}}}b\omega^{2}\mathrm{d}t \tag{5.35}$$

其约束条件为

$$\int_{0}^{t_{\mathrm{f}}}v\mathrm{d}t-h=0 \tag{5.36}$$

对于求解等式约束的最优化问题，通过引入拉格朗日乘子，将有约束的最优化问题转化为(无)约束的最优化问题，从而按无约束的多变量函数的最优化方法对目标函数求极小值点。

根据拉格朗日法的原理，目标函数为 $J=f'(x)$，当无约束条件时，极值存在的必要条件为

$$\frac{\partial f'}{\partial x_i}=0 \tag{5.37}$$

即

$$\mathrm{d}f=\sum_{i=1}^{n}\frac{\partial f'}{\partial x_i}\mathrm{d}x_i=0 \tag{5.38}$$

当有等式约束条件时，设等式约束条件为 $g'(x)=0$，极值存在的必要条件除了上面的关系式成立外，还必须满足

$$\mathrm{d}g'=\sum_{i=1}^{n}\frac{\partial g'}{\partial x_i}\mathrm{d}x_i=0 \tag{5.39}$$

引入一可正可负的常数 —— 拉格朗日乘子 κ，则构成拉格朗日函数

$$H(x)=f'(x)+\kappa g'(x) \tag{5.40}$$

该函数存在极值的条件为

$$\frac{\partial H}{\partial x_i}=0,\quad \frac{\partial H}{\partial \kappa}=0 \tag{5.41}$$

对于本系统，构造的拉格朗日函数为

$$H=\frac{1+K_{\mathrm{v}}}{2}(M+m_{\mathrm{p}})v_{t_{\mathrm{f}}}^{2}+\int_{0}^{t_{\mathrm{f}}}Bv^{2}\mathrm{d}t+\int_{0}^{t_{\mathrm{f}}}b\omega^{2}\mathrm{d}t+\kappa\left(\int_{0}^{t_{\mathrm{f}}}v\mathrm{d}t-L\right) \tag{5.42}$$

其极值存在条件为

$$\left.\begin{aligned}\frac{\partial H}{\partial D}=0\\ \frac{\partial H}{\partial t_{\mathrm{f}}}=0\\ \frac{\partial H}{\partial \kappa}=0\end{aligned}\right\} \tag{5.43}$$

另，将二次元件效率考虑在内，则式(5.28)和(5.29)可写为

$$P_{\mathrm{L}}D\eta_{\mathrm{mm}}=I\frac{\mathrm{d}\omega}{\mathrm{d}t}+b\omega \tag{5.44}$$

$$\frac{\mathrm{d}v}{\mathrm{d}t}=-\frac{B}{M+m_{\mathrm{p}}}v-\frac{P_{\mathrm{L}}A}{M+m_{\mathrm{p}}}+\frac{(M-m_{\mathrm{p}})g}{M+m_{\mathrm{p}}} \tag{5.45}$$

式中

$$\omega=\frac{Av\eta_{\mathrm{mv}}}{D} \tag{5.46}$$

由此得

$$p_{\mathrm{L}}=\frac{I\frac{\mathrm{d}\omega}{\mathrm{d}t}+(\mu+b)\omega}{D} \tag{5.47}$$

$$v=\frac{CI}{AD}\frac{\mathrm{d}\omega}{\mathrm{d}t}+\left[\frac{D}{A}+\frac{C(\mu+b)}{AD}\right]\omega \tag{5.48}$$

代入式(5.43),得

$$\frac{(M+m_{\mathrm{p}})}{AD}\frac{CI\mathrm{d}^2\omega}{\mathrm{d}t^2}+\left\{(M+m_{\mathrm{p}})\left[\frac{D}{A}+\frac{C(\mu+b)}{AD}\right]+\frac{CIB}{AD}+\frac{IA}{D}\right\}\frac{\mathrm{d}\omega}{\mathrm{d}t}+$$

$$\left\{B\left[\frac{D}{A}+\frac{C(\mu+b)}{AD}\right]+\frac{A(\mu+b)}{D}\right\}\omega-(M-m_{\mathrm{p}})g=0 \tag{5.48}$$

其解为

$$\omega=c_1\mathrm{e}^{r_1t}+c_2\mathrm{e}^{r_2t}+c_0 \tag{5.49}$$

式中

$$r_1=\frac{-\left\{(M+m_{\mathrm{p}})\left[\frac{D}{A}+\frac{C(\mu+b)}{AD}\right]+\frac{CIB}{AD}+\frac{IA}{D}\right\}+\sqrt{\left\{(M+m_{\mathrm{p}})\left[\frac{D}{A}+\frac{C(\mu+b)}{AD}\right]+\frac{CIB}{AD}+\frac{IA}{D}\right\}^2-4\frac{(M+m_{\mathrm{p}})CI}{AD}\left\{B\left[\frac{D}{A}+\frac{C(\mu+b)}{AD}\right]+\frac{A(\mu+b)}{D}\right\}}}{\frac{2(M+m_{\mathrm{p}})CI}{AD}}$$

$$r_2=\frac{-\left\{(M+m_{\mathrm{p}})\left[\frac{D}{A}+\frac{C(\mu+b)}{AD}\right]+\frac{CIB}{AD}+\frac{IA}{D}\right\}-\sqrt{\left\{(M+m_{\mathrm{p}})\left[\frac{D}{A}+\frac{C(\mu+b)}{AD}\right]+\frac{CIB}{AD}+\frac{IA}{D}\right\}^2-4\frac{(M+m_{\mathrm{p}})CI}{AD}\left\{B\left[\frac{D}{A}+\frac{C(\mu+b)}{AD}\right]+\frac{A(\mu+b)}{D}\right\}}}{\frac{2(M+m_{\mathrm{p}})CI}{AD}}$$

$$c_0=\frac{(M-m_{\mathrm{p}})g}{B\left[\frac{D}{A}+\frac{C(\mu+b)}{AD}\right]+\frac{A(\mu+b)}{D}}$$

$$c_1=\frac{-c_0}{1-\frac{r_1}{r_2}}=\frac{-r_2c_0}{r_2-r_1}$$

$$c_2=\frac{-c_0}{1-\frac{r_2}{r_1}}=\frac{-r_1c_0}{r_1-r_2}$$

得到

$$v=v_1\mathrm{e}^{r_1t}+v_2\mathrm{e}^{r_2t}+v_0 \tag{5.50}$$

式中

$$v_0=c_0\left[\frac{D}{A}+\frac{C(\mu+b)}{AD}\right]$$

$$v_1=\frac{CIc_1r_1}{AD}+c_1\left[\frac{D}{A}+\frac{C(\mu+b)}{AD}\right]$$

$$v_2=\frac{CIc_2r_2}{AD}+c_2\left[\frac{D}{A}+\frac{C(\mu+b)}{AD}\right]$$

将式(5.49)和(5.50)代入式(5.42)得到

$$\left.\begin{aligned}t_f&=F_1(M,m_p,I,A,C,b,\mu,L)\\D&=F_2(M,m_p,I,A,C,b,\mu,L)\\v_{t_f}&=F_3(M,m_p,I,A,C,b,\mu,L)\\\omega_{t_f}&=F_4(M,m_p,I,A,C,b,\mu,L)\\\lambda&=F_3(M,m_p,I,A,C,b,\mu,L)\end{aligned}\right\}\tag{5.51}$$

(3)仿真分析。

将表5.1中的参数及 $C=2.4\times10^{-11}\ \mathrm{m^3\cdot Pa^{-1}}$，$b=5\times10^{-3}\ \mathrm{N\cdot m\cdot rad^{-1}}$，$\mu=1.5\times10^{-2}\ \mathrm{N\cdot m\cdot rad^{-1}}$ 代入，以飞轮恒扭矩加速情况求得在不同质量重物下降和不同高度下降的最优参数见表5.2和5.3。

表5.2为冲程为2 m不同质量重物下降时的最优值，表5.3为下降重物质量为1 800 kg时下降不同冲程时的最优值。图5.25为冲程为2 m重物质量为1 800 kg工况下，二次元件排量不同时，液压缸下降将重物重力势能存储到飞轮时的能量损失曲线。图5.26为冲程为1 m，重物质量为1 800 kg工况下，二次元件排量不同时，液压缸下降将重物重力势能存储到飞轮时的能量损失曲线。

表5.2 冲程相同下降重物质量不同时的最优值

质量(M)/kg	二次元件排量(D)/($\mathrm{m^3\cdot rad^{-1}}$)	下降时间(t_f)/s	终点速度(v_{t_f})/($\mathrm{m\cdot s^{-1}}$)
500	5.122	21.05	0.182
1 300	4.587	14.10	0.284
1 800	3.818	11.11	0.356

表5.3 下降重物质量相同冲程不同的最优值

冲程(L)/m	二次元件排量(D)/($\mathrm{m^3\cdot rad^{-1}}$)	下降时间(t_f)/s	终点速度(v_{t_f})/($\mathrm{m\cdot s^{-1}}$)
1	3.393	8.015	0.247
1.5	3.694	9.675	0.320
2	3.818	11.11	0.356

从表5.2和5.3，图5.25和5.26可看出重物在优化的参数下，能量损失将会降低，并且最优值的大小总体分布在 $\frac{1}{2}D_{\max}\sim D_{\max}$ 之间。并且从表5.2和5.3得到：随着下降重物

质量的增大,二次元件排量的最优值减小,下降时间的最优值减小,而终点速度的最优值增大。随着下降冲程的增大,二次元件排量的最优值增大,下降时间的最优值增大,而终点速度的最优值增大。

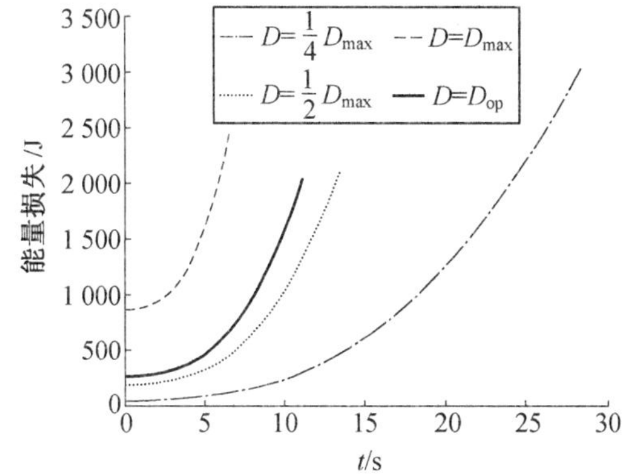

图 5.25　二次元件排量不同时的能量损失曲线($L=2$ m)

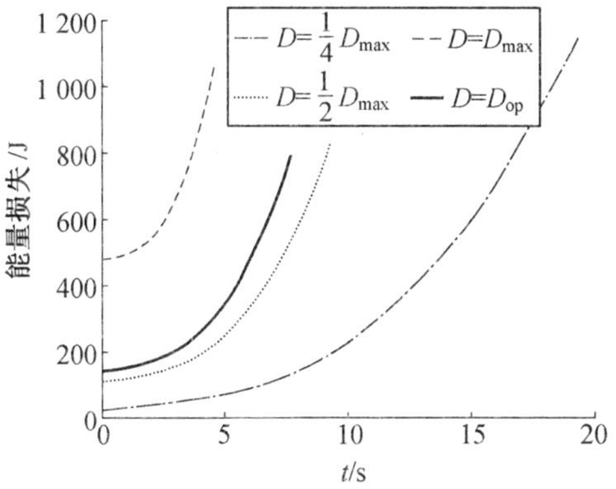

图 5.26　二次元件排量不同时的能量损失曲线($L=1$ m)

5.2　液压蓄能器储能型二次调节流量耦联静液传动系统仿真研究

5.2.1　液压蓄能器储能型二次调节流量耦联静液传动系统的仿真框图

液压缸回路和蓄能器回路在负载上升时的 Simulink 框图如图 5.27 和 5.28 所示。

液压缸回路和蓄能器回路在负载下降时的 Simulink 框图如图 5.29 和 5.30 所示。

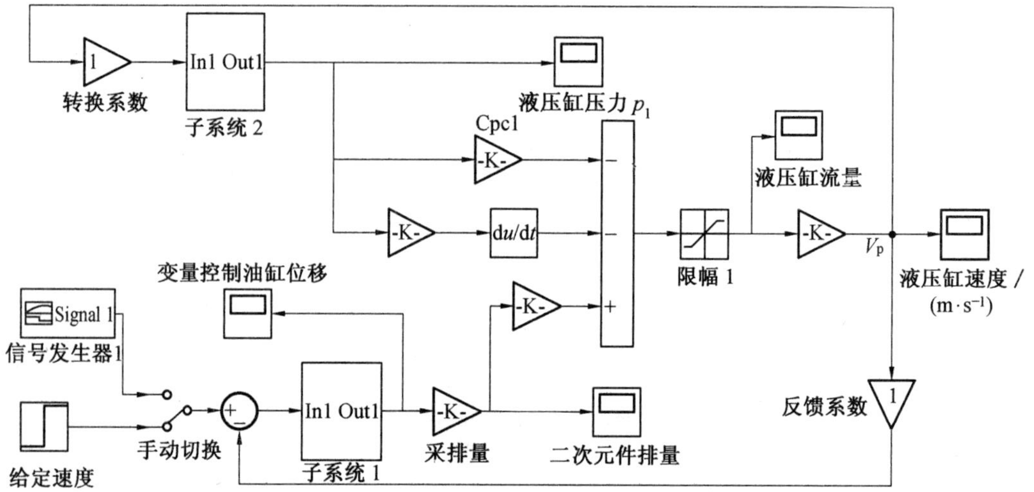

图 5.27 上升时液压缸回路 Simulink 框图

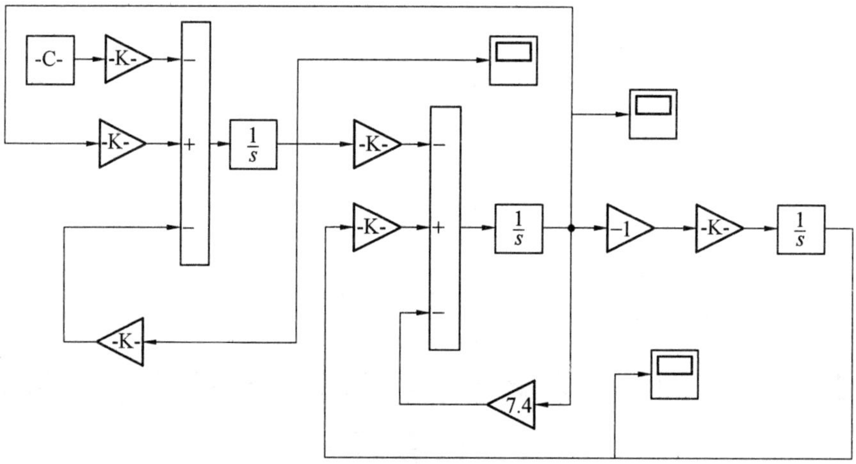

图 5.28 上升时蓄能器回路 Simulink 框图

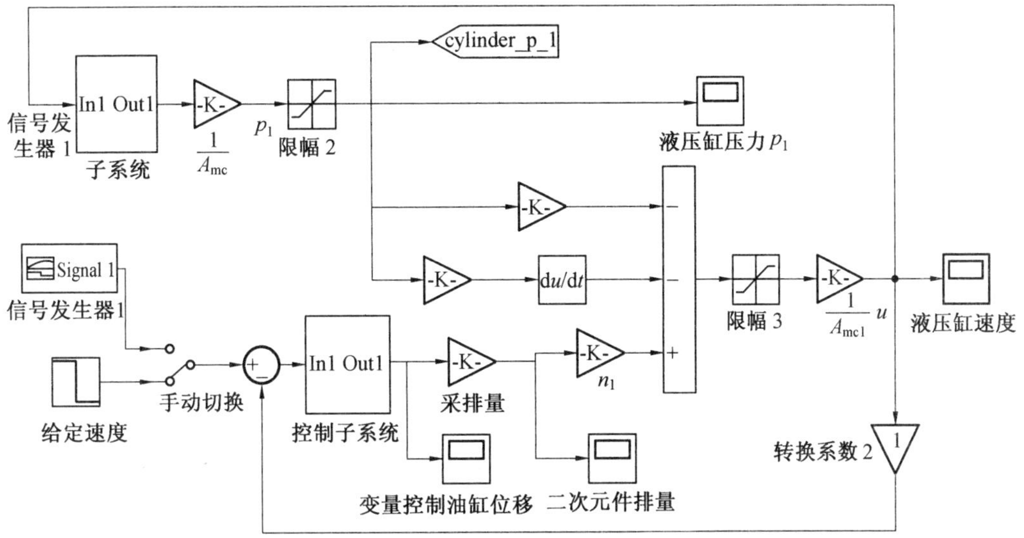

图 5.29　下降时液压缸回路 Simulink 框图

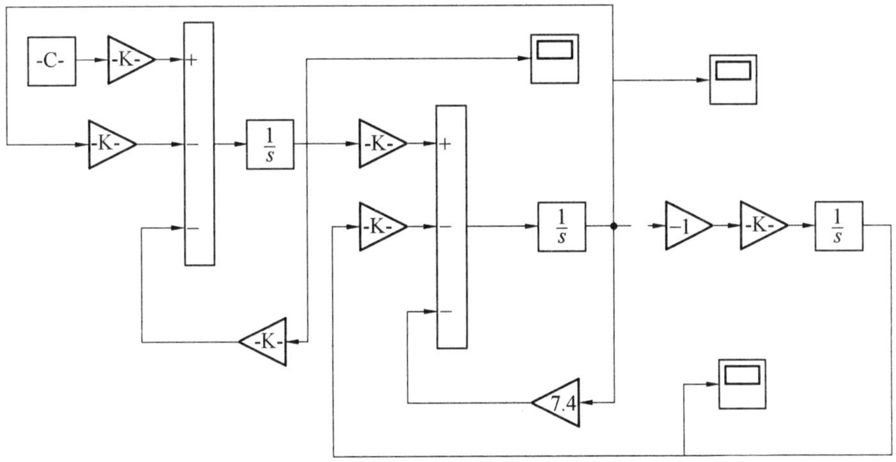

图 5.30　下降时蓄能器回路 Simulink 框图

5.2.2　液压蓄能器储能型二次调节流量耦联静液传动系统的仿真分析

(1)系统的输出特性分析。

液压蓄能器储能型二次调节流量耦联静液传动系统(图 2.6)的输出量是液压缸的速度和压力。输出控制是通过调节液压泵/马达 1 的排量来实现的。液压泵/马达排量的调节是通过电液伺服阀对其变量控制液压缸的位置进行伺服控制来实现的。表 5.4 列出了系统仿真时需要的相关参数。

表 5.4　系统仿真相关参数

参数	单位	数值
伺服放大器输出电流(i)	A	$\pm1\times10^{-2}$
指令信号电压(u)	V	±10
变量控制液压缸有效作用面积(C_{ic})	m^2	5.75×10^{-4}
变量控制液压缸内部泄漏系数(C_{ic})	$m\cdot N\cdot s^{-1}$	2.4×10^{-11}
变量控制液压缸外部泄漏系数(C_{ec})	$m\cdot N\cdot s^{-1}$	7.3×10^{-13}
变量控制液压缸初始位置时两腔的容积(V_{cc})	m^3	5×10^{-5}
变量控制液压缸活塞和斜盘的等效质量(m)	kg	1
变量控制液压缸阻尼系数(B_c)	$N\cdot s\cdot m^{-1}$	500
负载弹簧刚度(k)	$N\cdot m$	1.66×10^5
二次元件最大排量(D_{max})	$m^3\cdot rad^{-1}$	6.37×10^{-6}
变量控制液压缸最大位移量(y_{max})	m	0.015
二次元件和负载液压缸总的泄漏系数(C_t)	$m\cdot N\cdot s^{-1}$	3×10^{-11}
负载液压缸有效作用面积(A_c)	m^2	2.82×10^{-3}
负载液压缸活塞杆的质量(m_p)	kg	140
黏性阻尼系数(B_{ac})	$N\cdot s\cdot m$	1 000
重力加速度(g)	m/s^2	9.8
伺服阀流量增益(K_q)	$m^3\cdot s^{-1}\cdot m^{-1}$	5.56×10^{-3}
压力-流量系数(K_c)	$m^5\cdot N^{-1}\cdot s^{-1}$	8×10^{-12}
变量控制液压缸活塞位移(x_c)	m	8×10^{-3}
油液的体积弹性模量(β_e)	MPa	700
变量控制液压缸活塞部分运动部件总质量(m_{cc})	kg	2.776
变量控制液压缸黏性阻尼系数(B_{cc})	$N\cdot m^{-1}\cdot s$	0.002
变量控制液压缸对中弹簧的弹簧刚度(k)	$N\cdot m^{-1}$	1.66×10^5

图 5.31 和图 5.32 分别是液压缸上升、下降过程中,不同的阶跃输入时系统的液压缸速度和液压泵/马达变量控制液压缸位移的响应曲线。

(2)调节液压泵/马达 3 对液压蓄能器中压力的影响。

图 5.33 为液压泵/马达 3 的排量对液压蓄能器中压力的影响曲线,曲线 1 是 $D_1=30$ mL/r时液压蓄能器中的压力,液压蓄能器中的最高压力是 $p_{ac}=14.5$ MPa。曲线 2 是 $D_1=20$ mL/r 时液压蓄能器中的压力,液压蓄能器中的最高压力是 $p_{ac}=13$ MPa。曲线 3 是 $D_1=10$ mL/r 时液压蓄能器中的压力,液压蓄能器中的最高压力是 $p_{ac}=11$ MPa。

从仿真曲线可以看出:液压蓄能器的最高工作压力随着液压泵/马达 3 排量的增大而升高。

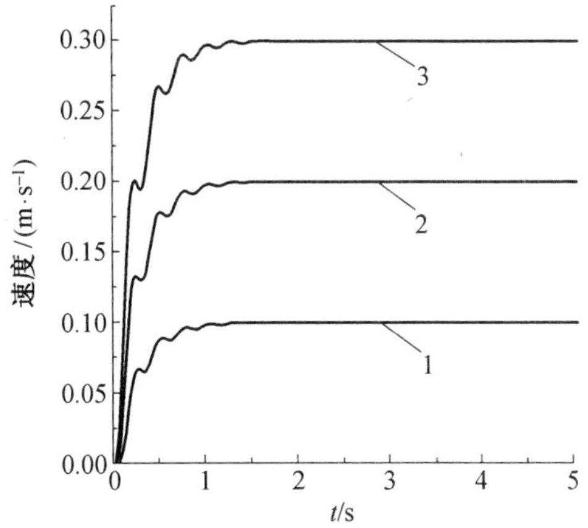

(a) 液压缸速度变化曲线

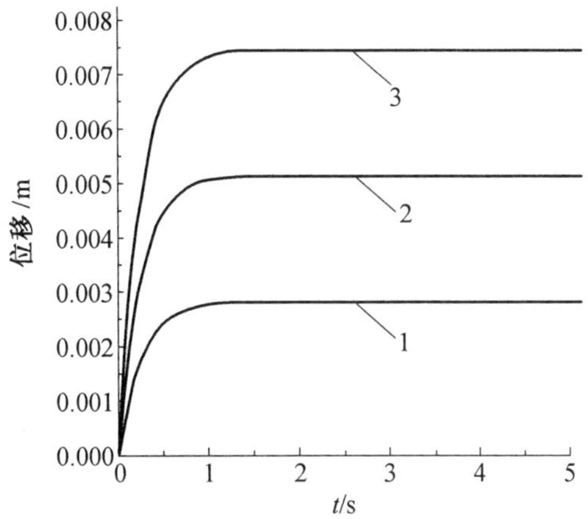

(b) 变量控制液压缸位移变化曲线

图 5.31　上升时不同阶跃输入下液压缸速度和液压泵/马达变量控制液压缸位移的响应曲线

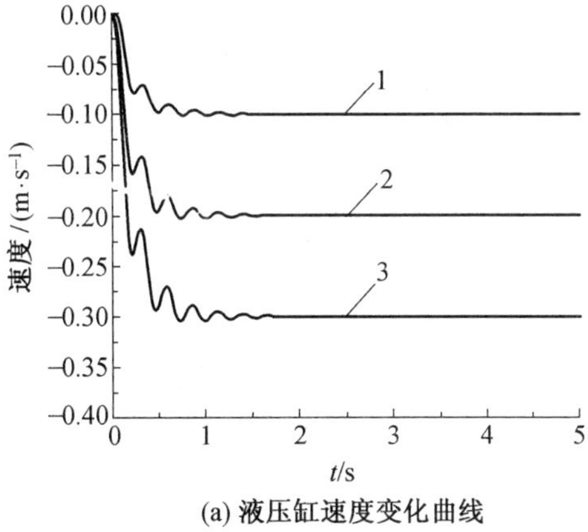

(a) 液压缸速度变化曲线

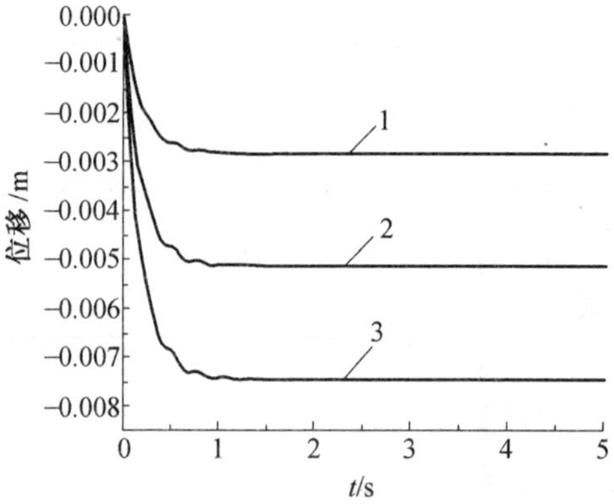

(b) 变量控制液压缸位移变化曲线

图 5.32　下降时不同阶跃输入下液压缸速度和液压泵/马达变量控制液压缸位移的响应曲线

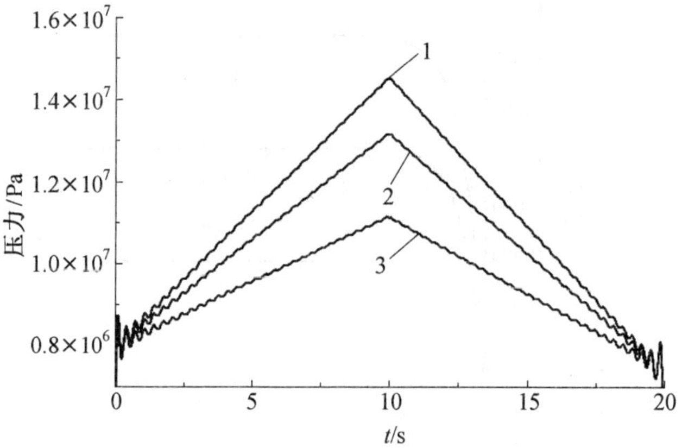

图 5.33　调节排量对液压蓄能器压力的影响

5.3　电网回馈储能型二次调节流量耦联静液传动系统仿真研究

5.3.1　模型验证

由于在二次调节静液传动系统中，二次元件的阻尼比小，系统易产生振荡，引入二次元件斜盘的位移信号构成斜盘位置的小闭环，可以显著地提高闭环系统的阻尼比，消除振荡，提高控制系统的控制性能。通过引入二次元件斜盘的位移信号构成斜盘位置小闭环时的系统闭环方块图如图 5.34 所示。

在 Matlab/Simulink 环境下，对图 5.34 的模型进行仿真，结果如图 5.35 所示。从图中可以看到，负载在上冲程时，计算机给系统一个定值的输入信号，负载是能够按照预定速度轨迹匀速运行的。

同样的，对负载下冲程的方框图 5.36 进行了仿真，结果如图 5.37 所示。从图中可以看到，负载的速度大小和上冲程时相等，方向与其相反，满足工作要求。

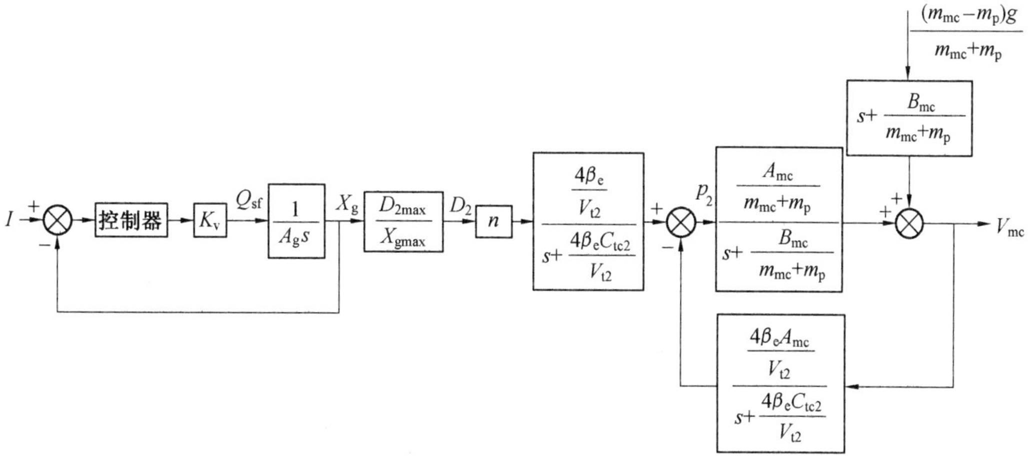

图 5.34　负载上冲程状态时系统简化闭环方框图

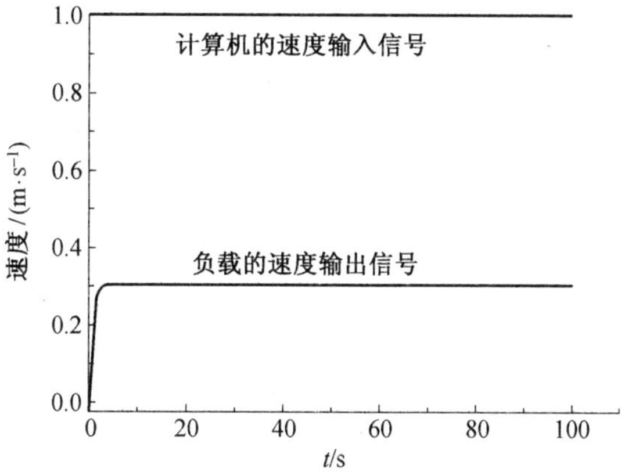

图 5.35　负载上冲程状态时系统给定输入和输出的关系

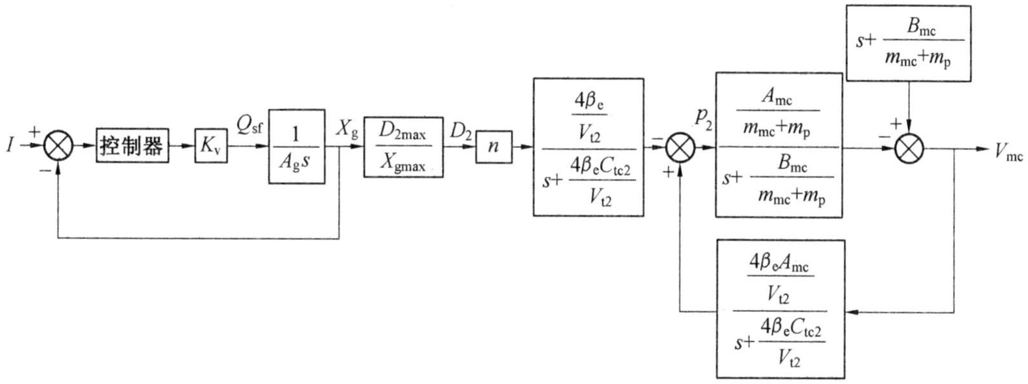

图 5.36　负载下冲程状态时系统简化闭环方框图

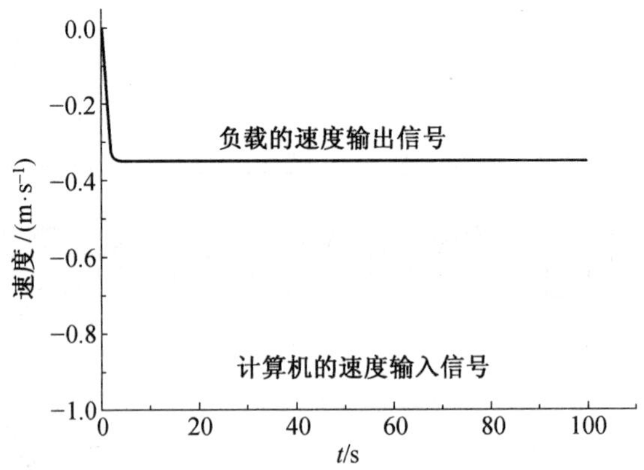

图 5.37 负载下冲程状态时系统给定输入和输出的关系

5.3.2 系统仿真

图 5.38 和 5.39 为对电动机动力传输接收部分分别在负载上冲程和下冲程状态时建立了 Simulink 仿真模型,仿真模型作为电动机转矩的参量输入,结合 Simulink 下的电力系统模型库(Power System Blockset)中的相应模块,对整个系统进行仿真建模。

图 5.40 是系统在单周期内的电磁转矩仿真图。

从图中可以看到:当电动机处于电动状态时,是电磁转矩拖动电动机运转,所以电磁转矩方向与电动机旋转方向及负载转矩方向相同。当电动机处于发电状态时,负载产生的转矩拖动电动机运转,产生的电磁转矩和电动机旋转方向及负载转矩方向相反。

图 5.41 是电动机速度仿真图,如图所示,系统在整个运行工程中,电动机的转速是基本不变的。也就是说电动机在第Ⅱ象限的速度和在第Ⅰ象限的速度基本相等,可以稳定工作在发电工况。

图 5.42 是单周期内电动机有功功率 - 无功功率仿真图。由图可知:负载在上升的时候,有功功率 $P>0$,无功功率 $Q>0$;当负载下降时有功功率 $P<0$,无功功率 $Q>0$。

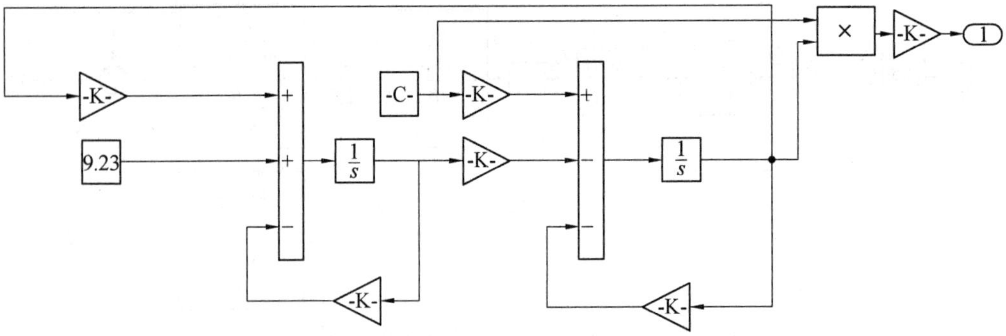

图 5.38 负载上冲程状态时液压部分的 Simulink 仿真模型

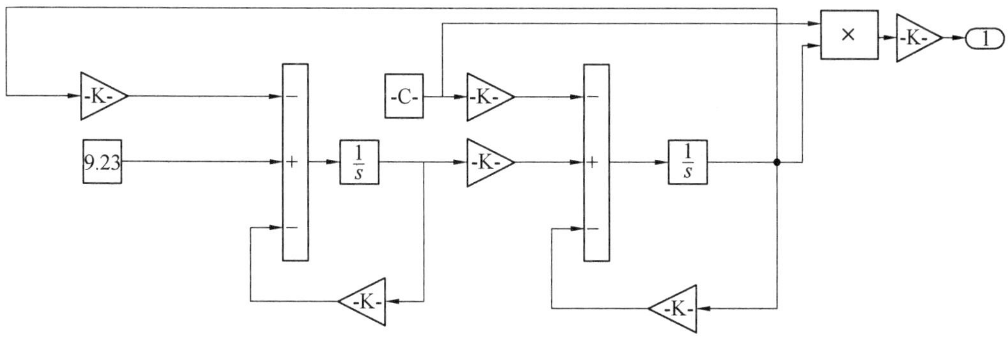

图 5.39　负载下冲程状态时液压部分的 Simulink 仿真模型

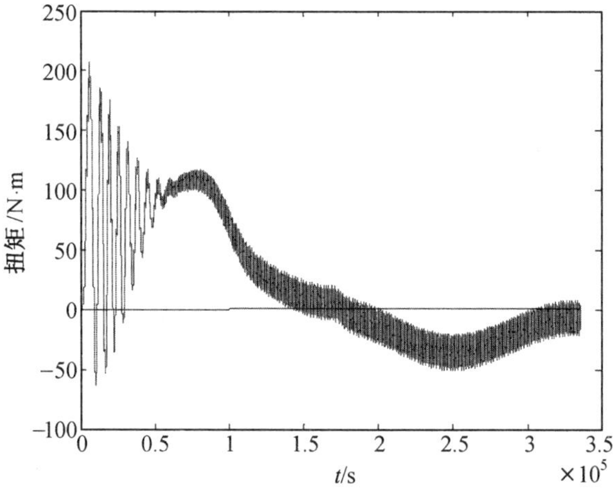

图 5.40　电动机在单周期内的电磁转矩仿真图

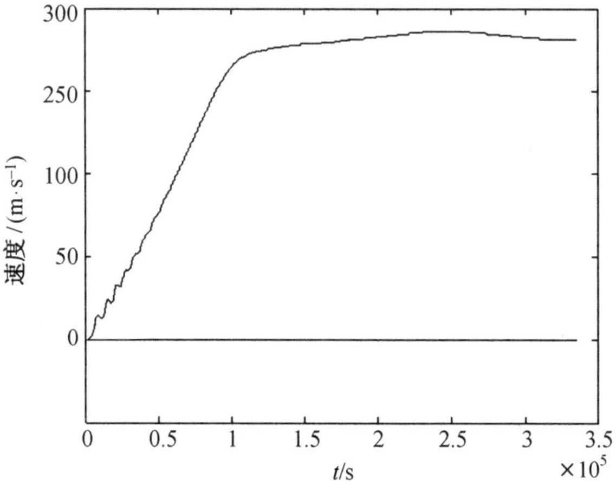

图 5.41　电动机速度仿真图

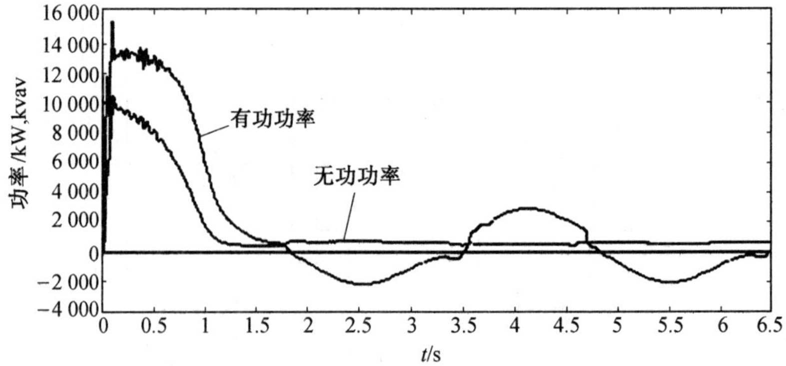

图 5.42 单周期内电动机有功功率-无功功率仿真图

第 6 章　二次调节流量耦联静液传动系统的试验研究

6.1　飞轮储能型二次调节流量耦联静液传动系统的试验研究

6.1.1　飞轮储能型二次调节流量耦联静液传动试验系统的组成与设计

(1)飞轮储能型二次调节流量耦联静液传动试验系统的组成。

飞轮储能型二次调节流量耦联静液传动试验模拟试验台系统主要由飞轮、转矩转速传感器、电磁离合器、交流接触器、主电动机、压力传感器、压力表、截止阀、液压泵/马达、变量液压缸、电液伺服阀、位移传感器、流量传感器、溢流阀、控制液压泵、控制电动机、安全阀、单向阀、速度传感器、冲程开关、液压缸、滑轮、负载、油箱、工控机等组成。

系统结构如图 6.1 所示,实物图如图 6.2 和 6.3 所示。

其主要功能可分为以下几部分:控制电动机、控制液压泵、变量液压缸和电液伺服阀,并由它们构成系统控制回路,控制回路的作用如下:

① 控制二次元件的排量大小以达到控制负载液压缸的速度的目的;

② 控制二次元件斜盘摆角过零点,从而改变二次元件液压泵/马达工况的转换。

主电动机、液压泵/马达、液压缸和负载构成系统主回路;飞轮、电磁离合器、交流接触器和主电动机为飞轮储能子系统;各传感器和工控机组成计算机控制系统。

(2)飞轮的分析与设计。

① 飞轮储能基本参数及定义。

物体运动状态能够保持不变是物体本身具有维持其原来运动状态的特性,即物体具有惯性。衡量物体水平运动惯性大小的量是物体的质量,而衡量物体转动惯性大小的量则是物体的转动惯量。转动惯量的大小取决于物体的质量相对于给定转轴的分布情况,其计算公式为

$$I = \int r^2 \mathrm{d}m \tag{6.1}$$

式中　$\mathrm{d}m$——质量微元,kg;

r——$\mathrm{d}m$ 加到轴线的距离,m。

对于环形飞轮,其转动惯量 I 为

$$I = \int r^2 \mathrm{d}m = \frac{1}{2}\pi\rho_{\mathrm{f}}h(r_{\mathrm{o}}^2 - r_{\mathrm{i}}^4) \tag{6.2}$$

式中　ρ_{f}——飞轮的密度,kg · m^{-3};

h_{f}——飞轮的厚度,m;

r_o——飞轮外半径,m;

r_i——飞轮内半径,m。

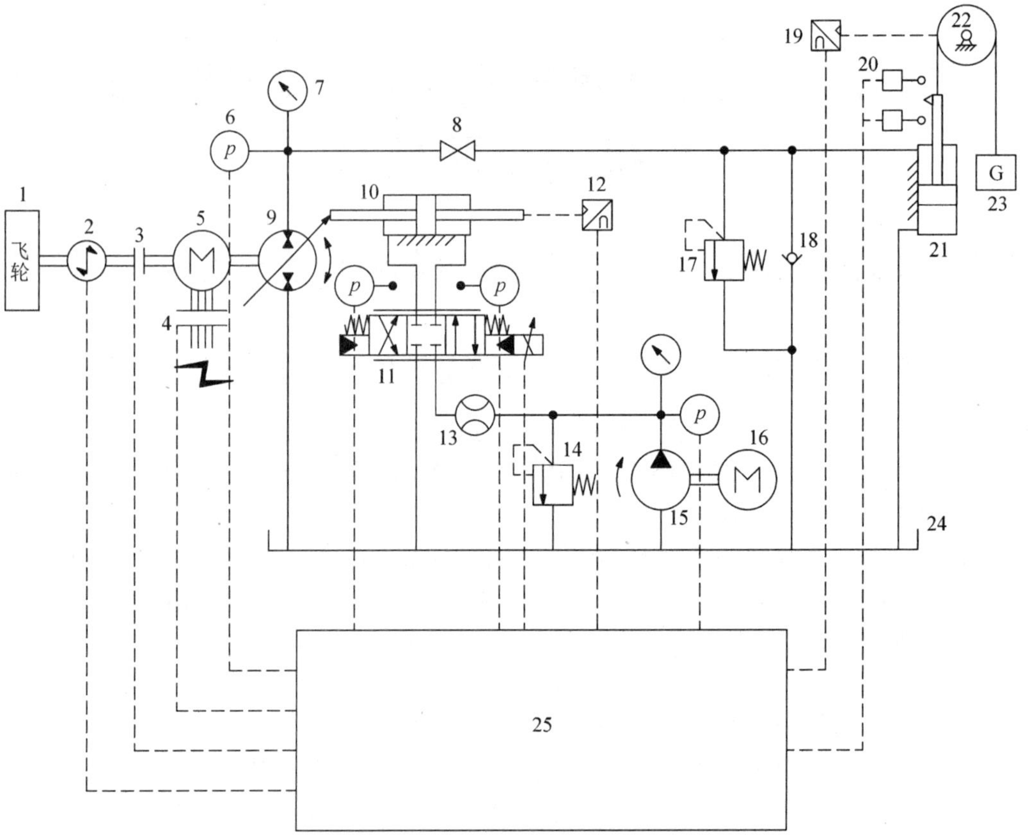

图 6.1 飞轮储能型二次调节流量耦联静液传动试验系统结构图

1—飞轮;2—转矩转速传感器;3—电磁离合器;4—交流接触器;5—主电动机;6—压力传感器;7—压力表;8—截止阀;9—液压泵/马达;10—变量液压缸;11—电液伺服阀;12—位移传感器;13—流量传感器;14—溢流阀;15—控制液压泵;16—控制电动机;17—安全阀;18—单向阀;19—速度传感器;20—冲程开关;21—液压缸;22—滑轮;23—负载;24—油箱;25—工控机

图 6.2 飞轮储能系统图

图 6.3　飞轮储能型二次调节流量耦联静液传动试验系统原理样机

不平衡转动力矩 T 的作用是飞轮转速改变的根本原因,这一关系可表述为

$$T=I\frac{\mathrm{d}\omega}{\mathrm{d}t} \tag{6.3}$$

当转矩 T 的方向与飞轮转动方向一致时,飞轮受到正向不平衡转矩的作用而加速,将能量转化为飞轮的动能储存起来。当转矩 T 的方向与飞轮转动方向相反时,飞轮受到反向不平衡转矩的作用而减速,将动能转化为其他形式的能量。飞轮在给定的最高旋转角速度 ω_{max} 与最低旋转角速度 ω_{min} 之间循环运转时,可以吸收和释放的能量 E 的大小为

$$E=\frac{1}{2}I(\omega_{max}^2-\omega_{min}^2) \tag{6.4}$$

在不考虑损耗的情况下,飞轮轴功率 P 为

$$P=\frac{\mathrm{d}E}{\mathrm{d}t}=I\omega\frac{\mathrm{d}\omega}{\mathrm{d}t}=T\omega \tag{6.5}$$

质量能量密度为

$$e_m=\frac{E}{m_f}=K_S\frac{[\sigma]}{\rho_f} \tag{6.6}$$

体积能量密度为

$$e_V=\frac{E}{V_f}=K_S[\sigma] \tag{6.7}$$

价格能量密度为

$$e_c=\frac{E}{c}=K_S\frac{[\sigma]}{c\rho_f} \tag{6.8}$$

式中　m_f——飞轮质量,kg;

V_f——飞轮体积，m^3；

K_S——飞轮形状系数；

$[\sigma]$——飞轮许用应力，MPa；

c——价格系数。

②飞轮应力分析。

若不计温度对弹性模量的影响，E 取常数，对于等厚度圆环飞轮，厚度 h_f 为常数，则可得到以径向位移 y_r 为变量表示的圆环飞轮平衡方程为

$$\frac{d^2 y_r}{dr^2}+\frac{1}{r}\frac{dy_r}{dr}-\frac{y_r}{r^2}=-\frac{1-v^2}{E}\rho_f\omega^2 r \tag{6.9}$$

式(6.9)的通解为

$$y_r=\frac{1-\nu^2}{E}\left(C_1 r+C_2\frac{1}{r}-\frac{1}{8}\rho_f\omega^2 r^3\right)$$

得到径向应力和环向应力分布表达式为

$$\begin{cases}\sigma_r=(1+\nu)C_1-(1-\nu)C_2\dfrac{1}{r^2}-\dfrac{3+\nu}{8}\rho_f\omega^2 r^2\\ \sigma_\theta=(1+\nu)C_1-(1-\nu)C_2\dfrac{1}{r^2}-\dfrac{1+3\nu}{8}\rho_f\omega^2 r^2\end{cases} \tag{6.10}$$

式中的积分常数 C_1、C_2 由边界条件确定。

对于内、外半径分别为 r_i、r_o，角速度为 ω 的等厚度圆环飞轮，在无约束边界条件下，圆环飞轮上某点 $\chi=r/r_o$ 处的应力分布表达式为

$$\begin{cases}\sigma_r=\dfrac{3+\nu}{8}\rho_f\omega^2 r_o^2\left(1+\lambda^2-\dfrac{\lambda^2}{\chi^2}-\chi^2\right)\\ \sigma_\theta=\dfrac{3+\nu}{8}\rho_f\omega^2 r_o^2\left(1+\lambda^2+\dfrac{\lambda^2}{\chi^2}-\dfrac{1+3\nu}{3+\nu}\chi^2\right)\end{cases} \tag{6.11}$$

式中 σ_r——径向应力，MPa；

σ_θ——环向应力，MPa；

ν——泊松系数；

λ——飞轮内外半径之比，$\lambda=r_i/r_o$。

其应力分布如图 6.4 所示。

若圆环飞轮的内半径处径向应力为一常数值，即在内半径处 $\sigma_r=\sigma_{ri}$，在外半径处 $\sigma_r=0$，且 $\omega=0$ 时，其应力为

$$\begin{cases}\sigma_r=\sigma_{ri}\dfrac{\lambda^2}{1-\lambda^2}\left(\dfrac{1}{\chi^2}-1\right)\\ \sigma_\theta=-\sigma_{ri}\dfrac{\lambda^2}{1-\lambda^2}\left(\dfrac{1}{\chi^2}+1\right)\end{cases} \tag{6.12}$$

由式(6.12)即可求出圆环与转轴之间干涉配合(过盈配合)引起的应力分布。其应力分布图如图 6.5 所示(图中材料的泊松系数 $\nu=0.3$)。

由图可知，整个飞轮内的径向应力均为压应力，而环向应力均为拉应力。

若圆环飞轮的外半径处径向应力为一常数值，即在外半径处 $\sigma_r=\sigma_{ro}$，在内半径处

$\sigma_r=0$，且 $\omega=0$ 时，其应力为

$$\begin{cases}\sigma_r=\sigma_{ro}\dfrac{1}{1-\lambda^2}\left(1-\dfrac{\lambda^2}{\chi^2}\right)\\[2ex]\sigma_\theta=\sigma_{ro}\dfrac{1}{1-\lambda^2}\left(1+\dfrac{\lambda^2}{\chi^2}\right)\end{cases}\tag{6.13}$$

其应力分布如图 6.6 所示，图中材料的泊松系数 $\nu=0.3$。

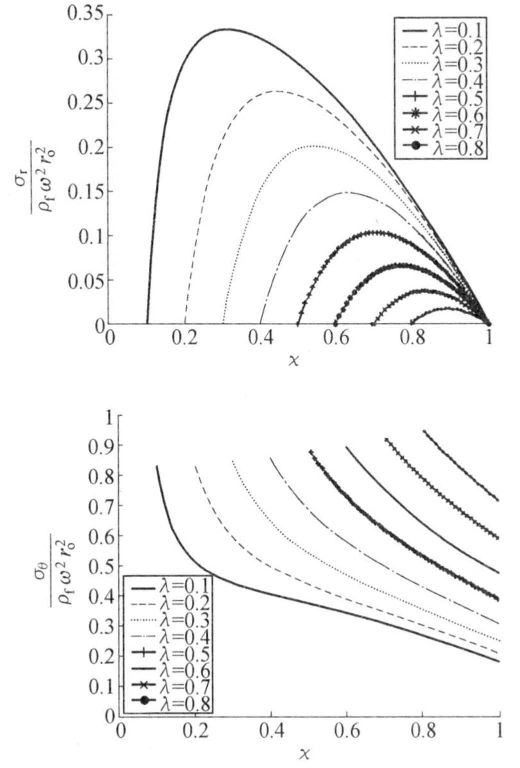

图 6.4　等厚度圆环飞轮离心力作用力下的应力分布图

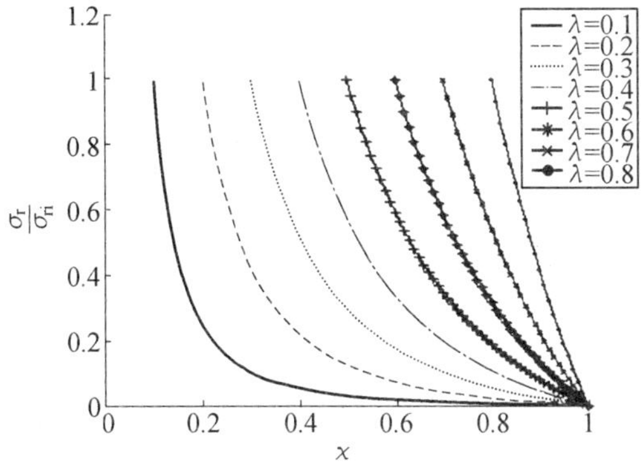

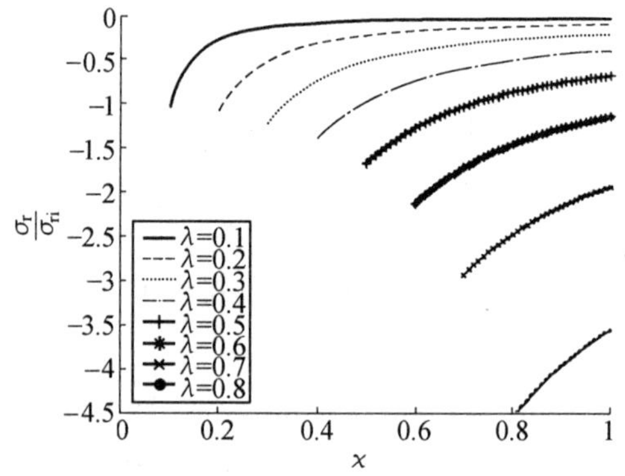

图 6.5　等厚度圆环飞轮在内半径处存在径向应力时的应力分布图

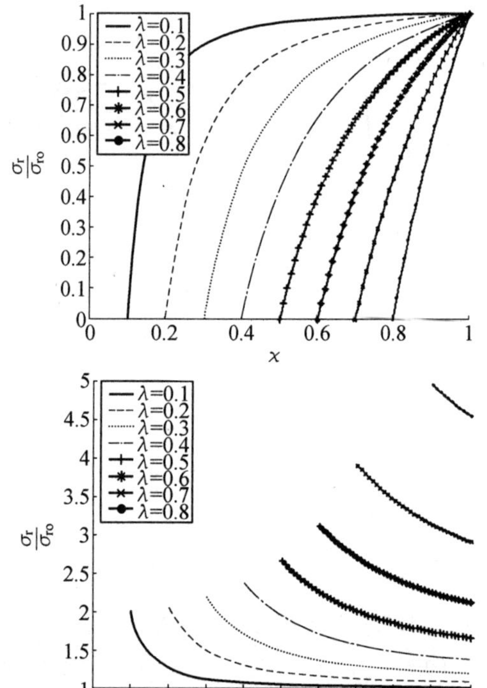

图 6.6　等厚度圆环飞轮在外半径处存在径向应力时的应力分布图

由上述应力分布图可看到，圆环飞轮内部的主要应力为环向应力，在离心力的情况下，最大环向应力发生在内半径处，最小环向应力发生在外半径处，有

$$\begin{cases}(\sigma_\theta)_{\max}=\dfrac{\rho_f\omega^2 r_o^2}{4}[3+\nu+\lambda^2(1-\nu)] \quad (r=r_i)\\ (\sigma_\theta)_{\min}=\dfrac{\rho_f\omega^2 r_o^2}{4}[1-\nu+\lambda^2(3+\nu)] \quad (r=r_o)\end{cases} \tag{6.14}$$

当 $\lambda\to 0$ 时，最大环向应力为

$$\sigma_{\theta\max}=\rho_f\omega^2 r_o^2\frac{3+\nu}{4} \tag{6.15}$$

选择最大应力破坏准则，由强度条件 $\sigma_{\theta\max}\leqslant[\sigma]$ 以及储能密度与形状系数的定义，得到等厚度圆环的储能密度与形状系数的表达式分别为

质量能量密度

$$e_m=\frac{1+\lambda^2}{3+\nu+\lambda^2(1-\nu)}\cdot\frac{[\sigma]}{\rho_f} \tag{6.16}$$

体积能量密度

$$e_V=\frac{[\sigma](1-\lambda^4)}{3+\nu+\lambda^2(1-\nu)} \tag{6.17}$$

形状系数

$$K_S=\frac{1+\lambda^2}{3+\nu+\lambda^2(1-\nu)} \tag{6.18}$$

由 e_m、e_V 单调性分析可知，e_m 随 λ 单调递增，e_V 随 λ 单调递减，等厚度圆环飞轮的形状系数 K_S 是 λ 的函数，其关系如图6.7所示。

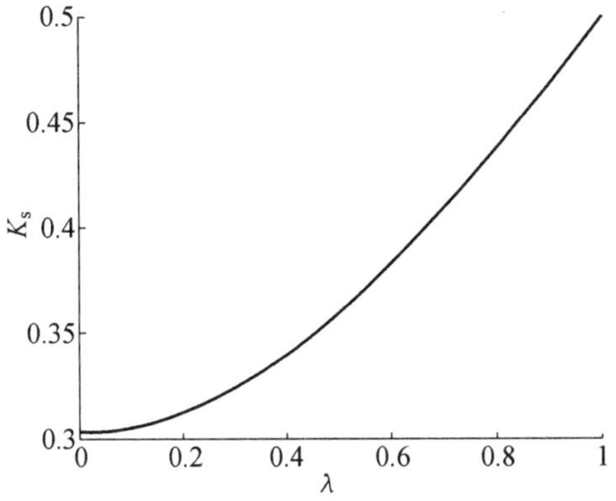

图6.7 等厚度圆环飞轮的 K_S 与 λ 的关系

以优质碳素钢($\nu=0.3$，$\rho_f=7\ 800\ \mathrm{kg/m^2}$，$\sigma_b=600$ MPa，$[\sigma]=355$ MPa)飞轮为例，由式(6.16)和(6.17)得飞轮储能密度曲线如图6.8所示。

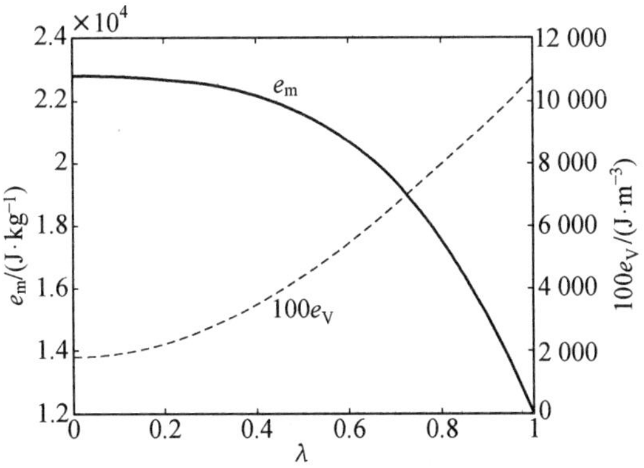

图6.8 金属飞轮储能密度

由图 6.8 可见，如果对飞轮质量有严格要求，则应以 e_m 为指标选择较大的 λ，如果对外廓体积有严格要求，则应以 e_V 指标选择 λ。

由式(6.14)得飞轮角速度限制为

$$\omega'_{max}=\frac{2}{r_o}\sqrt{\frac{[\sigma]}{\rho_f[3+\nu+\lambda^2(1-\nu)]}} \tag{6.19}$$

则得到飞轮的储能量为

$$E_{max}=\frac{(1-\lambda^4)V_f[\sigma]}{3+\nu+\lambda^2(1-\nu)} \tag{6.20}$$

式中 $V_f=\frac{1}{2}\pi h_f r_o^4(1-\lambda^4)$。

由式(6.20)可知，飞轮的最大储能量与它的外廓体积、内外半径比及材料的强度极限、泊松比有关，而与材料的密度无关。因此，提高飞轮的储能量 E，须增加飞轮的外廓体积、选择强度极限高的材料。

③ 飞轮转子的临界转速。

转子系统的临界转速是指转子系统在自身的不平衡激振力作用下产生共振时的转速，临界转速特性是转子系统的固有特性。飞轮的运动微分方程为

$$\begin{cases} m_f\ddot{x}_x+k_{11}x_x+k_{14}\theta_y=0 \\ m_f\ddot{y}+k_{22}y_y-k_{23}\theta_x=0 \\ I_d\ddot{\theta}_x+H\dot{\theta}_y-k_{32}y_y+k_{33}\theta_x=0 \\ I_d\ddot{\theta}_y-H\dot{\theta}_x+k_{41}y_y+k_{44}\theta_y=0 \end{cases} \tag{6.21}$$

式中 I_d——直径转动惯量，$kg \cdot m^2$；

x_x——沿 x 方向的位移，m；

y_y——沿 y 方向的位移，m；

θ_x——绕 x 轴的转角；

θ_y——绕 y 轴的转角；

H——动量矩，$H=I_p\omega$；

I_p——飞轮极转动惯量，$kg \cdot m^2$；

k_{11}——飞轮中心在 O' 方向有单位位移时所需加于 O' 点而沿 x 方向的力，N；

k_{22}——O' 点在 y 方向有单位位移时所需加于 O' 点而沿 y 方向的力，N；

k_{33}——飞轮绕 $O'x$ 轴有单位转角时所需加的对 $O'x$ 轴的力矩，N · m；

k_{44}——飞轮绕 $O'y$ 轴有单位转角时所需加的对 $O'y$ 轴的力矩，N · m；

k_{14}——飞轮绕 $O'y$ 轴有单位转角时所需加于 O' 点而沿 x 方向的力，N；

k_{23}——飞轮绕 $O'x$ 轴有单位转角时所需加于 O' 点而沿 y 方向的力，N；

k_{32}——O' 点在 y 方向有单位位移时所需加的对 $O'x$ 轴的力矩，N · m；

k_{41}——O' 点在 x 方向有单位位移时所需加的对 $O'y$ 轴的力矩，N · m。

以上单位位移和单位转角都是以其他方向的位移或转角被限制为零作为条件的。其中：$k_{11}=k_{22}=k_{rr}$；$k_{33}=k_{44}=k_{\varphi\varphi}$；$k_{14}=k_{41}=k_{23}=k_{32}=k_{r\varphi}=k_{\varphi r}$。

令 $z=x+iy$；$\varphi=\theta_y-i\theta_x$，有

$$\begin{cases} m_f\ddot{z}+k_{rr}z+k_{r\varphi}\varphi=0 \\ I_d\ddot{\varphi}-Hi\dot{\varphi}+k_{r\varphi}+k_{r\varphi}z+k_{rr}\varphi=0 \end{cases} \tag{6.22}$$

令

$$\left.\begin{aligned} \omega_{rr}^2&=k_{rr}/m_f \\ \omega_{r\varphi}^2&=k_{r\varphi}/m_f \\ \omega_{\varphi\varphi}^2&=k_{\varphi\varphi}/I_d \\ \omega_{\varphi r}^2&=k_{\varphi r}/I_d \end{aligned}\right\} \tag{6.23}$$

则式(6.22)的特征方程即频率方程为

$$\omega_n^2-\frac{I_p\omega}{I_d}\omega_n^3-(\omega_{rr}^2+\omega_{\varphi\varphi}^2)\omega_n^2+\frac{I_p\omega\omega_{rr}^2}{I_d}\omega_n+\omega_{rr}^2\omega_{\varphi\varphi}^2-\omega_{r\varphi}^2\omega_{\varphi r}^2=0 \tag{6.24}$$

④ 飞轮启动时间。

通常系统刚开始工作时，电动机带着飞轮启动。启动时间的长短取决于飞轮转动惯量的大小。启动时间应该限制在一定范围内。启动时间过长，电动机电流就会过大，易引起烧毁电动机或跳闸事故。现将启动时间核算如下。

由动力学原理可知：

$$I\frac{d\omega}{dt}=T_{st}-T_f \tag{6.25}$$

式中　T_{st}——电动机启动转矩，N·m；

T_f——摩擦转矩，N·m。

对式(6.25)两边积分得

$$\int_0^{\omega_t} I d\omega=\int_0^t (T_{st}-T_f)dt \tag{6.26}$$

$$t=\frac{I\omega_{max}}{T_{st}-T_f} \tag{6.27}$$

T_f 值相对较小，所以启动时间可以表示为

$$t=\frac{I\omega_{max}}{T_{st}} \tag{6.28}$$

对于异步电动机，启动时间最好 $t<20$ s，即

$$t=\frac{I\omega_{max}}{T_{st}} \tag{6.29}$$

电动机输出转矩与转差率公式为

$$\frac{T_e}{T_{max}}=\frac{2(1+s_m)}{\frac{s}{s_m}+\frac{s_m}{s}+2s_m} \tag{6.30}$$

式中　T_e——电动机输出转矩，N·m；

T_{max}——电动机最大输出转矩，N·m，$T_{max}=k_T T_N$；

T_N——电动机额定输出转矩，N·m；

k_T——电动机过载能力，即最大转矩与额定转矩之比，$K_T=\frac{T_{max}}{T_N}=2.2$；

s_m——电动机临界转差率。

启动转矩为

$$T_{st}=T_{max}\frac{2(1+s_m)}{\frac{1}{s_m}+\frac{s_m}{1}+2s_m} \tag{6.31}$$

⑤ 飞轮转子设计。

高强度钢或铝合金制造的金属飞轮,由于价格低廉及最大转速较低带来的技术方面的优越性,所以有很大的应用空间。

a. 飞轮转子实际最大转速。

飞轮转速范围是飞轮储能装置设计的重要设计参数之一。由式(6.4)知,飞轮可存储和释放的能量表示为

$$E=\frac{1}{2}I(\omega_{max}^2-\omega_{min}^2)=\frac{1}{2}Ia\omega_{max}^2=\frac{1}{4}\pi h\rho r_o^4(1-\lambda^4)a\omega_{max}^2 \tag{6.32}$$

式中 a——放能度,$a=1-\frac{\omega_{min}^2}{\omega_{max}^2}$。

在飞轮储能型二次调节流量耦联静液传动系统中,飞轮的储能量主要由负载大小及液压缸行程决定,根据试验台设计要求,液压缸最大行程为 2 m,最大负载为 1 500 kg,则飞轮最大储能量为 30 000 J,飞轮转子实际最大转速由式(6.32)决定。

b. 金属飞轮结构。

金属飞轮较多地采用平面等厚度的圆环飞轮转子结构,结构简图如图 6.9 所示。

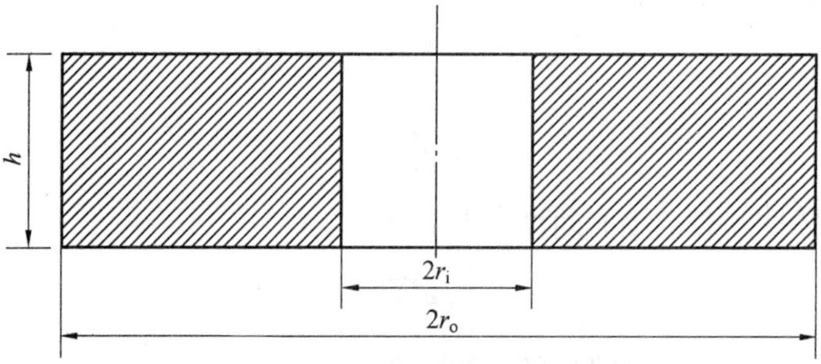

图 6.9 飞轮结构图

根据安装空间选取飞轮外径为 200 mm,飞轮材料选用优质碳素钢,其性能参数为:$\nu=0.3$,$\rho_f=7\ 800\ kg/m^3$,$\sigma_b=600$ MPa,$[\sigma]=355$ MPa。综合以上分析,得到飞轮的相关数据见表 6.1。

表 6.1 飞轮参数

外半径	内半径	厚度	体积	质量	转动惯量	最大角速度	质量能量密度	体积能量密度
r_o	r_i	h_f	V_f	m_f	I	ω_{max}	e_m	e_V
mm	mm	mm	m^3	kg	$kg \cdot m^2$	$rad \cdot s^{-1}$	$J \cdot kg^{-1}$	$J \cdot m^{-3}$
200	25	40	0.005	40	0.8	314	1.4×10^4	1.1×10^8

c. 飞轮最大储能量、最大角速度和最大应力。

根据表 6.1 中参数设计的飞轮,其最大储能量、最大角速度和最大应力分别为

$$E=\frac{1}{2}I\alpha\omega_{\max}^{2}=\frac{1}{2}\times 0.8\ \mathrm{kg}\cdot\mathrm{m}^{2}\times\frac{8}{9}\times(314\ \mathrm{rad}\cdot\mathrm{s}^{-1})^{2}=35\ 056\ \mathrm{J}$$

$$\omega'_{\max}=\frac{2}{r_{o}}\sqrt{\frac{[\sigma]}{\rho_{f}[3+\nu+\lambda^{2}(1-\nu)]}}=1\ 174\ \mathrm{rad/s}$$

$$(\sigma_{\theta})_{\max}=\frac{\rho_{f}\omega^{2}r_{o}^{2}}{4}[3+\nu+\lambda^{2}(1-\nu)]=25.46\ \mathrm{MPa}$$

d. 飞轮临界转速。

飞轮转轴的跨度为 $l=0.4$ m,直径为 0.05 m,飞轮装在两支撑点的中点。则此转轴在 O' 点处受单位力或单位力矩作用时所产生的挠度或转角即柔度系数为

$$k_{rr}=-\frac{48E_{a}I_{a}}{l^{3}},\quad k_{\varphi\varphi}=-\frac{12E_{a}I_{a}}{l},\quad a_{r\varphi}=a_{\varphi r}=0$$

式中　E_a——转轴弹性模量,$E_a=200$ GPa;

I_a——转轴界面惯性矩,$I_a=1.23\times10^{-4}\ \mathrm{m}^2$。

其临界转速随 ω 变化关系见表 6.2。

表 6.2　临界转速随 ω 变化关系表

飞轮速度/($\mathrm{rad}\cdot\mathrm{s}^{-1}$)		0	100	200	300	500
临界转速/($\mathrm{rad}\cdot\mathrm{s}^{-1}$)	ω_{n1}	805	910	1 026	1 152	1 420
	ω_{n2}	1 691	1 620	1 622	1 625	1 645
	ω_{n3}	-8.5	-712	-631	-561	-450
	ω_{n4}	-1 691	-1 618	-1 617	-1 617	-1 616

从表 6.2 中可看出,该飞轮转子的最低临界转速要远远高于飞轮实际最大转速,不会产生共振现象。

e. 电动机启动时间。

电动机额定功率为 11 kW,额定转速为 2 930 r/min,同步转速为 3 000 r/min。则其额定转矩、最大转矩、额定转差率和最大转矩分别为

$$T_{N}=\frac{9\ 554P_{N}}{\omega}=\frac{9\ 554\times 11\ \mathrm{kW}}{2\ 930\ \mathrm{r/min}}=35.87\ \mathrm{N}\cdot\mathrm{m}$$

$$T_{\max}=k_{T}T_{N}=2.2\times 35.87\ \mathrm{N}\cdot\mathrm{m}=78.9\ \mathrm{N}\cdot\mathrm{m}$$

$$s_{N}=\frac{\omega_{0}-\omega}{\omega_{0}}=\frac{3\ 000\ \mathrm{r/min}-2\ 930\ \mathrm{r/min}}{3\ 000\ \mathrm{r/min}}=0.023$$

所以得到

$$s_{m}=0.19$$

$$T_{st}=T_{\max}\frac{2(1+s_{m})}{\frac{1}{s_{m}}+\frac{s_{m}}{1}+2s_{m}}=78.9\ \mathrm{N}\cdot\mathrm{m}\times\frac{2(1+0.19)}{\frac{1}{0.19}+\frac{0.19}{1}+2\times 0.19}=32.2\ \mathrm{N}\cdot\mathrm{m}$$

$$t=\frac{I\omega_{max}}{T_{st}}=\frac{0.8\ kg\cdot m^2\times 314\ rad\cdot s^{-1}}{32.2\ N\cdot m}=7.8\ s$$

(3)试验台硬件设计。

二次元件采用贵州力源液压股份有限公司生产的 GY-A4V40 变量液压泵/马达。其最大排量为 40 mL/r,额定压力为 31.5 MPa,最高转速为 3 800 r/min,变量液压缸行程为±15 mm。

电液伺服阀采用北京中国运载火箭技术研究院第十八研究所生产的型号为 SFL-205 的电液伺服阀,其额定流量为 5 L/min,额定压力为 21 MPa,额定输入电流范围为±10 mA。

液压缸参数:活塞杆直径为 80 mm,液压缸内径为 100 mm,额定压力为 20 MPa,最大行程为 2.5 m。

压力传感器采用 MCY-B 型电阻应变式压力传感器,其量程为 20 MPa,增益为 2 MPa/V。

流量传感器采用 LWGY 型涡轮流量传感器,其量程为 10 $L\cdot min^{-1}$,增益为 0.5 $L\cdot min^{-1}\cdot mA^{-1}$。

转速转矩传感器采用 ZJ1000 型相位差转矩转速传感器,其转矩量程为 1 000 N·m,转矩增益为 2 00 $N\cdot m\cdot V^{-1}$,转速量程为 5 000 $r\cdot min^{-1}$,转速增益为 1 000 $r\cdot min^{-1}\cdot V^{-1}$。

位移传感器采用 FXg-BA71 差动变压器式位移传感器,其量程为±15 mm,增益为 0.75 $mm\cdot mA^{-1}$。

行程开关采用 TL-18N10 型光电式接近开关。

电磁离合器采用 DLD5 型电磁离合器,其输入电压为 24 V DC,输入功率为 60 W。

交流接触器采用 LC1 型交流接触器,控制电压为 440 V 交流电。

速度传感器采用 HB966NB 速度传感器,其增益为 0.05 $m\cdot s^{-1}\cdot mA^{-1}$。

伺服放大器电路原理如图 6.10 所示。该伺服阀放大器电流并联负反馈工作原理配合文氏正弦振荡发生器,单板可提供±10 V→±xmA 的线性输出,并同时提供颤振信号协同工作,颤振信号幅值 0 V→供电电压,颤振频率 50~1 000 Hz 连续可调。板内提供了对输入限幅、放大器击穿以及三极管三种击穿模式所产生的过流保护。提供三种(±12 V,±15 V,±x V(使用 OP07 时,最大为±18 V))供电电压规范选择。提供三种 I/O 形式用于电路板和外设接口。

(4)计算机控制系统设计。

本试验台采用直接数字控制系统(Direct Digital Control,DDC),其工作原理图如图 6.11 所示。

A/D 转换元件采用台湾研华自动化系统公司生产的型号为 PCI-1710 的数据采集卡(端子板型号为 PCLD-8710),该卡性能及主要技术参数如下:

① 具有 16 路单端或 8 路差分输入通道,通道增益可以选择 0.5、1、2、4、8,线性误差为±1 LSB,输入阻抗为 1 GΩ,通道增益为 1 时,精度为满量程的(±0.01%±1)LSB。

② 分辨率为 12 bit,采样速率为 100 kS/s,单极性模拟输入电压范围可以选择 0~

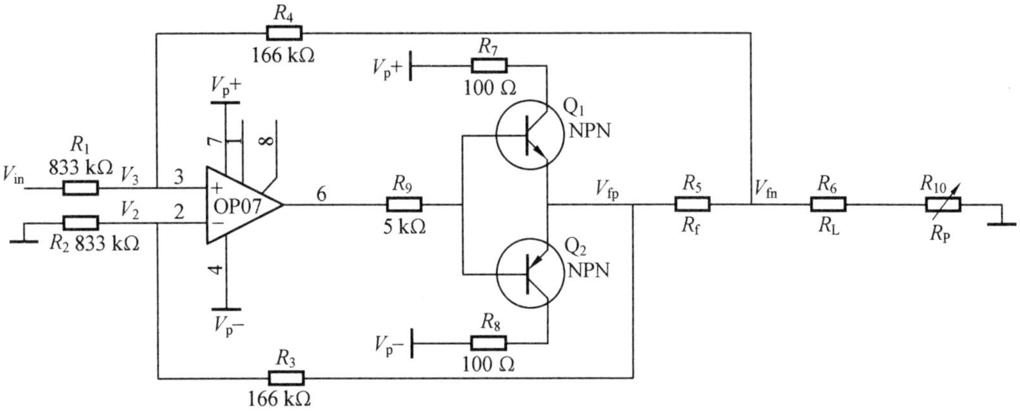

图 6.10　伺服放大器电路原理图

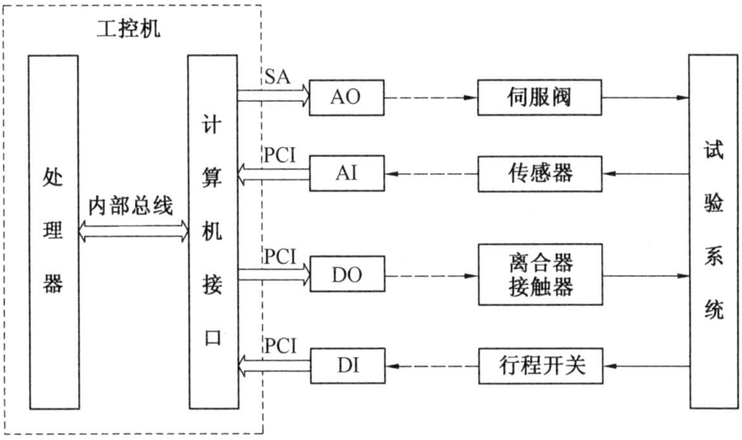

图 6.11　试验台工控机控制硬件原理框图

5 V、1 ~ 10 V、0 ~ 2.5 V 和 0 ~ 1.25 V。双极性模拟输入电压范围可以选择±5 V、±10 V、±2.5 V和±1.25 V。

③ 触发模式有软件触发、可编程定时器触发和外部触发。

D/A 转换元件选用台湾研华自动化系统公司生产的型号为 PCL-726 的输出卡，其性能及主要技术参数如下：

① 具有 6 路模拟输出通道，吞吐量为 15 kS/s。

② 分辨率为 12 bit，输出电压范围为 0 ~ 5 V、1 ~ 10 V、±5 V、±10 V 和 4 ~ 20 mA。

DI/DO 卡选用台湾研华自动化系统公司生产的型号为 PCI-1730 的 32 路隔离数字量 I/O 卡，性能及主要技术参数如下：

① 16 路输入，输入范围为 5 ~ 30 V_{DC}，隔离电压为 2 500 V_{DC}。最大汇点电流为 20 mA。

② 16 路输出，输出范围为 5 ~ 40 V_{DC}。

控制程序采用 Inprise 公司开发的 C++builder 6.0 面向对象开发语言做支撑平台，控制系统软件主要包括三个层次：界面层、数据层和接口层。界面层实现了应用程序和用户之间的交互式友好访问。数据层是应用程序的核心，接收来自界面层和接口层的数据，通过控制算法对数据进行处理，然后将处理完的数据送往界面层和接口层。接口层是应用程序和各种硬件设备的接口，可以与 A/D、D/A、DO、DI 卡进行数据和指令的通信。

6.1.2　飞轮储能型二次调节流量耦联静液传动系统模型验证试验研究

飞轮储能型二次调节流量耦联静液传动系统的关键元件为二次元件，通过对二次元件斜盘倾角（即变量液压缸的位移）的控制来实现二次元件的液压泵/马达工况的相互转换，同时斜盘变量液压缸位移的大小也决定了输出流量的大小，即与负载液压缸的速度相对应。本部分试验条件为：控制压力为 2 MPa，油温为 20 ~ 35 ℃，负载为 500 kg。图 6.12 为二次元件工作在液压泵工况时输入幅值分别为 1 V、2 V、5 V 和 8 V 得到的变量液压缸位移和变量液压缸速度阶跃响应曲线。

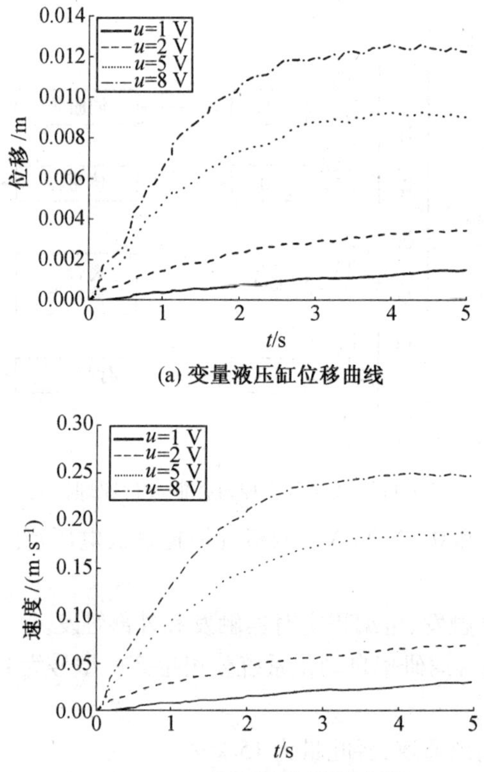

(a) 变量液压缸位移曲线

(b) 变量液压缸速度曲线

图 6.12　液压泵工况时不同幅值输入下的阶跃响应曲线

图 6.13 为二次元件工作在液压马达工况时输入幅值分别为 1 V、2 V、5 V 和 8 V 得到的变量液压缸位移阶跃响应曲线。图 6.14 为输入幅值从 -8 V 到 +8 V 时变量液压缸位移试验输出曲线。

从图中可以看出系统的输入和输出呈非线性，不过在 -2 V ~ +2 V 之间变化，变量液压缸位移是呈现线性关系的。当输入幅值大于 4 V 的时候，可以明显看到系统实际输出幅值小于理论输出，并且非线性程度加剧。

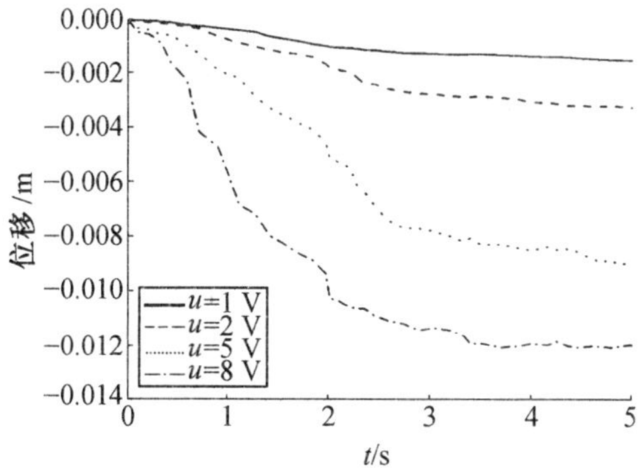

图 6.13　液压马达工况时不同输入幅值下变量液压缸位移阶跃响应曲线

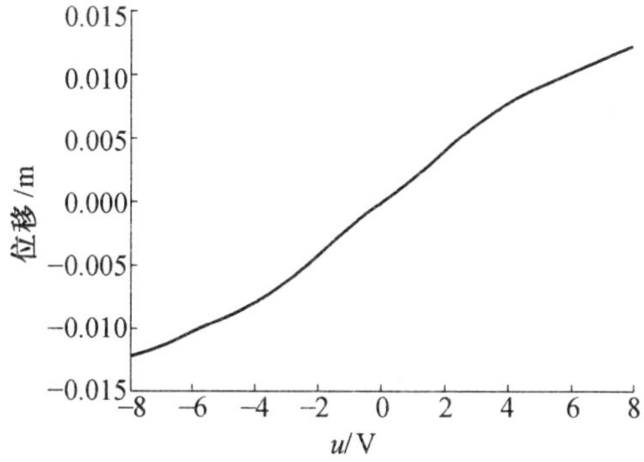

图 6.14　不同输入的变量液压缸位移试验输出曲线

从图 6.12 和图 6.13 来看，系统非线性主要体现在变量液压缸的位移输出，而液压缸的速度相对于变量液压缸的位移是近似线性化的。这主要是因为本系统的非线性原因是电液伺服阀的流量-压力非线性引起的，所以直接影响到变量液压缸的位移输出，液压缸的速度对变量液压缸位移的函数是线性模型，所以如果以变量液压缸位移为输入，液压缸速度为输出的话，二者呈线性关系。同时可以看到，随着输入幅值的增大，其响应速度呈增大趋势，主要原因为增大输入幅值相当于增大系统增益，有助于系统快速性的提高。

图 6.15 是输入幅值为 1 V，二次元件分别工作在液压泵和液压马达工况时变量液压缸位移试验曲线与第 3 章建立的线性化模型和非线性模型理论曲线比较图。

图 6.16 是输入幅值为 8 V，二次元件分别工作在液压泵和液压马达工况时变量液压缸位移试验曲线与第 3 章建立的线性化模型和非线性模型理论曲线比较图。图 6.15 和 6.16 中曲线 1 为试验输出曲线，曲线 2 为根据非线性模型的理论输出曲线，曲线 3 为根据增量线性化模型得到的输出曲线。

从图 6.15 和 6.16 可知，在输入幅值为 1 V 时，根据系统线性化模型和非线性模型得到的曲线和实际输出曲线三者比较吻合，其稳态时误差在 8% 以内。当输入幅值为 8 V 时，可以发现，非线性模型与实际模型比较一致，而与线性模型却差别很大，这充分证明非线性模型比线性模型更接近于实际系统。如果系统在原点附近工作，则线性化模型可以达到要求，并且简化系统模型，有利于理论分析。

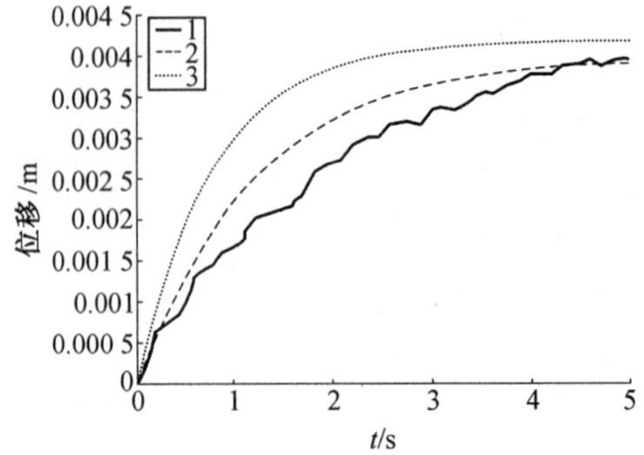

(a) 二次元件为液压泵工况

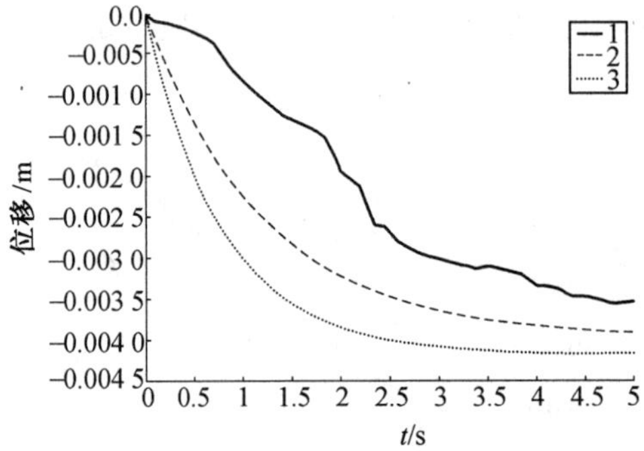

(b) 二次元件为液压马达工况

图 6.15 输入幅值为 1 V 的变量液压缸位移曲线与模型理论曲线比较图

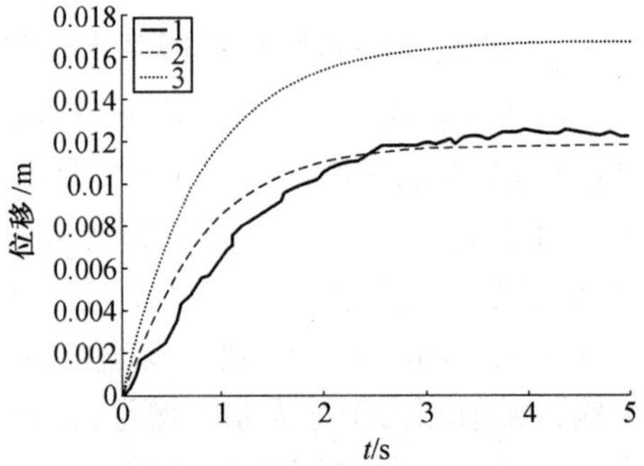

(a) 二次元件为液压泵工况

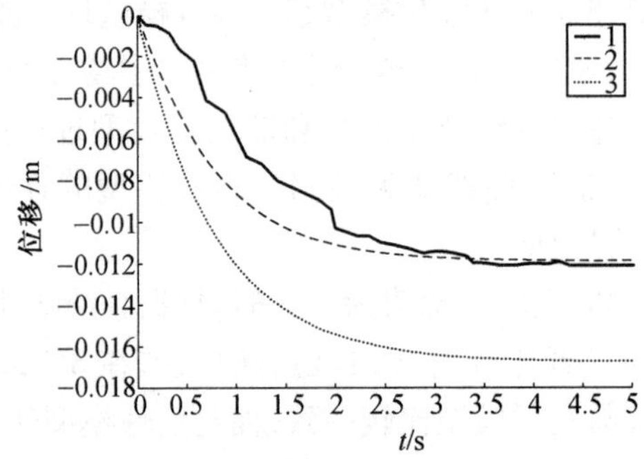

(b) 二次元件为液压马达工况

图 6.16 输入幅值为 8 V 的变量液压缸位移曲线与模型理论曲线比较图

6.1.3 飞轮储能型二次调节流量耦联静液传动系统特性试验研究

飞轮储能型二次调节流量耦联静液传动系统压力特性主要为系统压力、控制压力和变量液压缸两腔压力的特性，由于系统压力主要由负载决定，随着负载的变化，其大小做相应的变化，是不受控制的，是被动变化的。而控制压力可以根据需要调节溢流阀的压力来改变，而随着控制压力的变化，系统性能也将发生变化。下面将通过试验研究随着控制压力的变化，系统输出的变化。

图 6.17 是输入幅值为 8 V、控制压力分别为 1 MPa 和 2 MPa 时，二次元件作为液压泵工作工况下的变量液压缸左右两腔压力变化曲线。

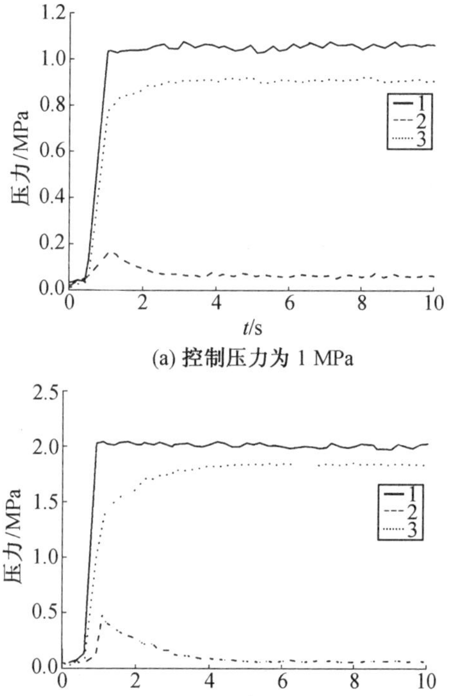

(a) 控制压力为 1 MPa

(b) 控制压力为 2 MPa

图 6.17 液压泵工况时不同控制压力下的变量液压缸左右两腔压力变化曲线

图 6.18 是输入幅值为 8 V、控制压力分别为 1 MPa 和 2 MPa 时，二次元件作为液压马达工作工况下的变量液压缸左右两腔压力变化曲线。

图 6.17 和 6.18 中曲线 1 为控制压力，曲线 2 为变量液压缸左腔压力，曲线 3 为变量液压缸右腔压力。随着控制压力的增大，两腔压力也相应增大，但低压腔增大比例要比高压腔稍大，两腔压力之和小于控制压力，相差大约 0.1 MPa，其差值与控制压力大小无关，出现这种情况主要因为回油压力不能达到理论上的 0 和液压油的可压缩性。

图 6.19 和图 6.20 分别是输入幅值为 8 V 控制压力分别为 1 MPa、2 MPa 和 2.5 MPa 时变量液压缸位移和控制回路的流量的阶跃响应曲线。

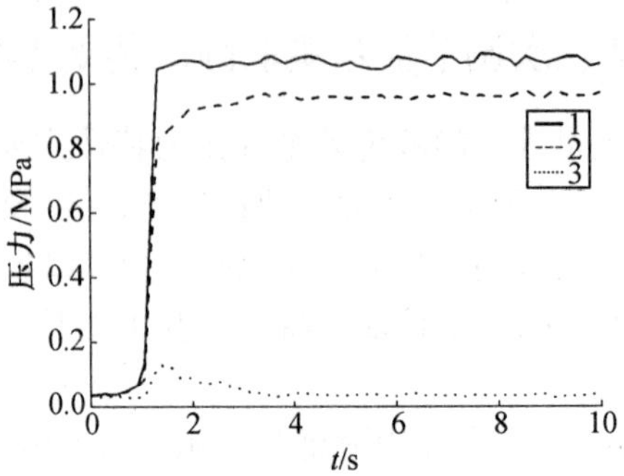

(a) 控制压力为 1 MPa

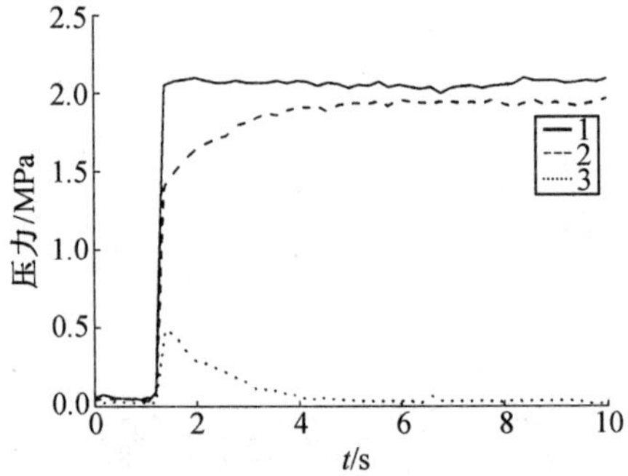

(b) 控制压力为 2 MPa

图 6.18　液压马达工况时不同控制压力下的变量液压缸左右两腔压力变化曲线

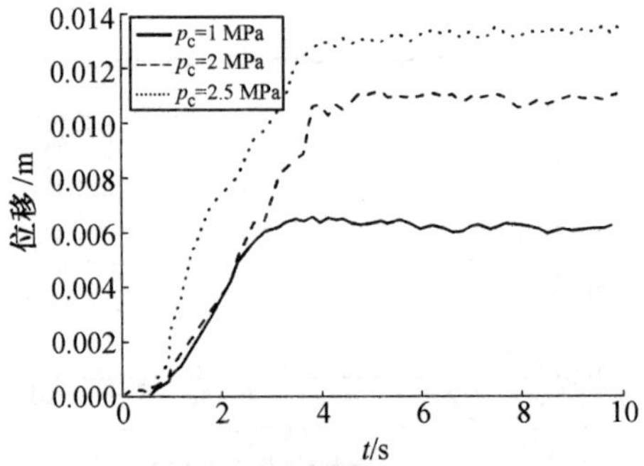

(a) 二次元件为液压泵工况

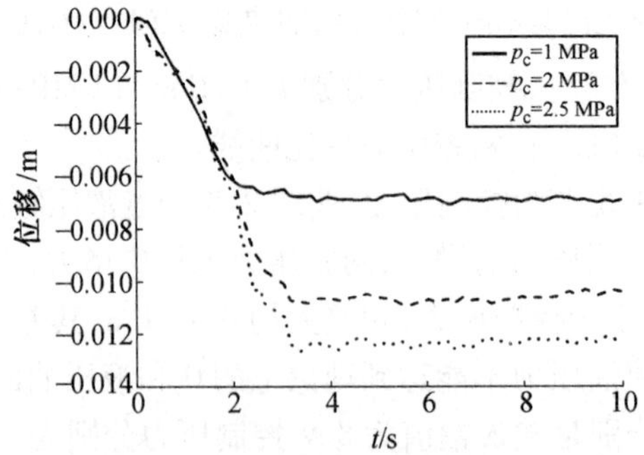

(b) 二次元件为液压马达工况

图 6.19　控制压力不同时变量液压缸位移阶跃响应

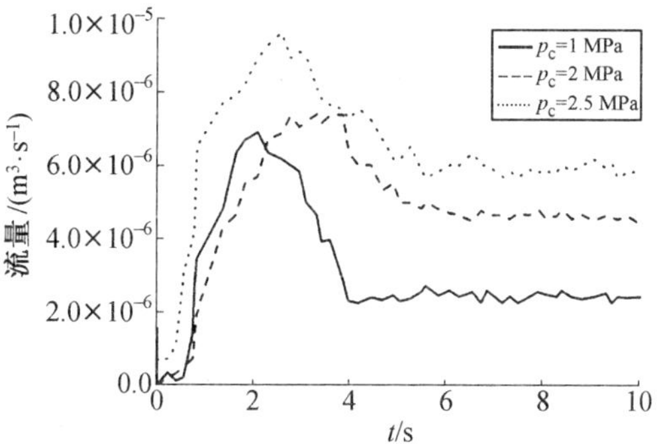

图 6.20　控制压力不同时控制回路的流量

从图中可知，变量液压缸位移和控制回路流量随着控制压力的增大而增大，并呈现非线性关系。此外，控制压力的增大对系统的快速性帮助不大，所以提高系统快速性不能通过增大系统控制压力的方法来实现。

图 6.21 是控制压力为 2.2 MPa 时，输入幅值分别为 1 V 和 8 V 的变量液压缸左右两腔压力变化曲线。

从图中可以看出，随着输入幅值的增大，两腔压力响应速度明显加快。

图 6.22 是控制压力为 2.2 MPa，输入幅值为 8 V 时，二次元件液压泵工况和液压马达工况转换时变量液压缸位移和两腔压力变化曲线。

从图中可以看出，在二次元件工作状态变化时，变量液压缸位移和两腔压力做出相应的变化，变化过程比较平稳，没有出现位移和压力突变现象。

图 6.23 是变量液压缸位移过零点 0.3 Hz 正弦跟踪曲线。

从图中可看出对于 0.3 Hz 的正弦曲线，系统跟踪特性较差，前面章节的理论分析得到的飞轮储能型二次调节流量耦联静液传动系统试验样机的响应频率为 0.3 Hz，但实际系统的响应频率比理论上要低，输入幅值为 8 V 时，响应频率能达到 0.2 Hz，其原因主要是因为建立模型时忽略了系统的一些因素，如摩擦特性，实际系统的阻尼比理想模型阻尼要大。

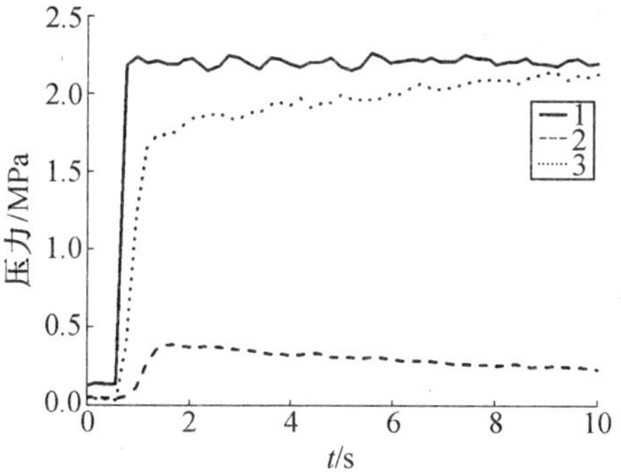

(a) 输入幅值为 1 V

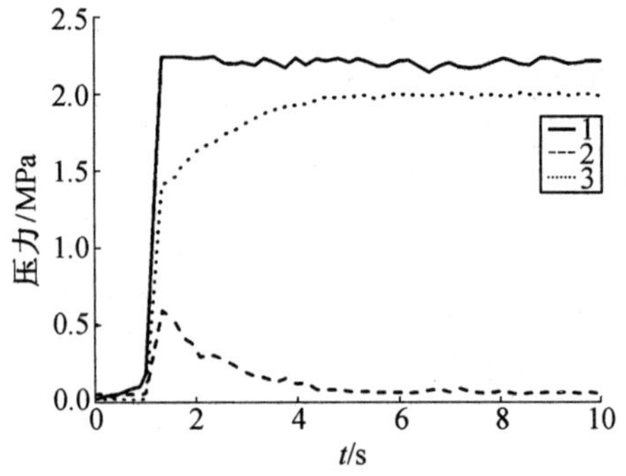

(b) 输入幅值为 8 V

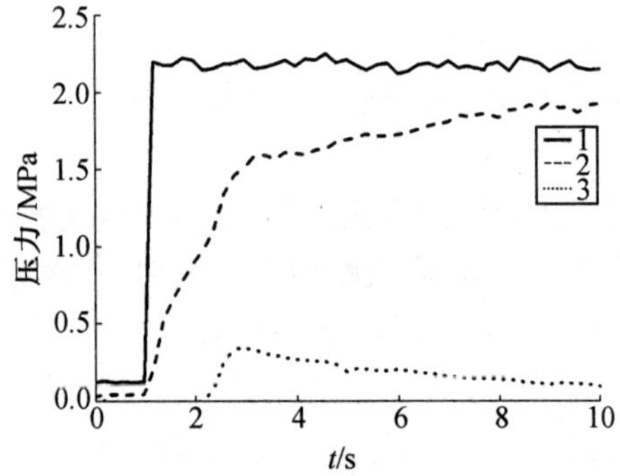

(c) 输入幅值为 -1 V

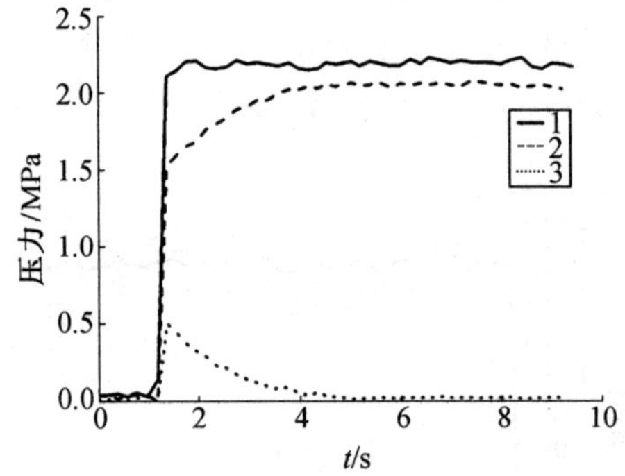

(d) 输入幅值为 -8 V

图 6.21 控制压力为 2.2 MPa 时不同输入下的变量液压缸左右两腔压力变化曲线

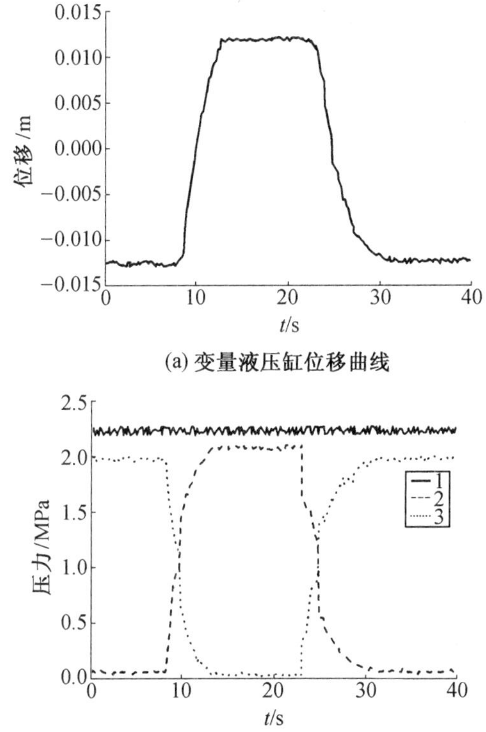

(a) 变量液压缸位移曲线

(b) 变量液压缸左右两腔压力变化曲线

图6.22　二次元件液压泵工况和液压马达工况转换时输出曲线

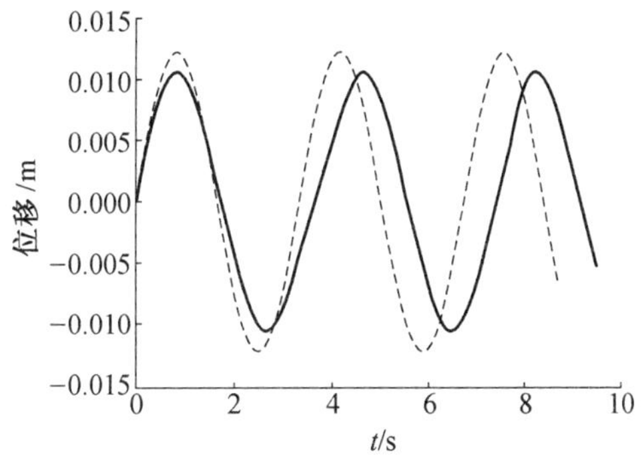

图6.23　变量液压缸位移过零点0.3 Hz的正弦跟踪曲线

6.1.4　飞轮储能型二次调节流量耦联静液传动系统控制器试验研究

本部分是将飞轮储能型二次调节流量耦联静液传动系统中加入基于精确线性化控制的LQR控制器后,对其进行试验研究。

图6.24是二次元件工作在液压泵工况时加入LQR控制器后的系统在不同幅值输入下的变量液压缸位移和液压缸速度阶跃响应曲线。

图6.25是二次元件工作在液压马达工况时加入LQR控制器后的系统在不同幅值输入下的变量液压缸位移阶跃响应曲线。

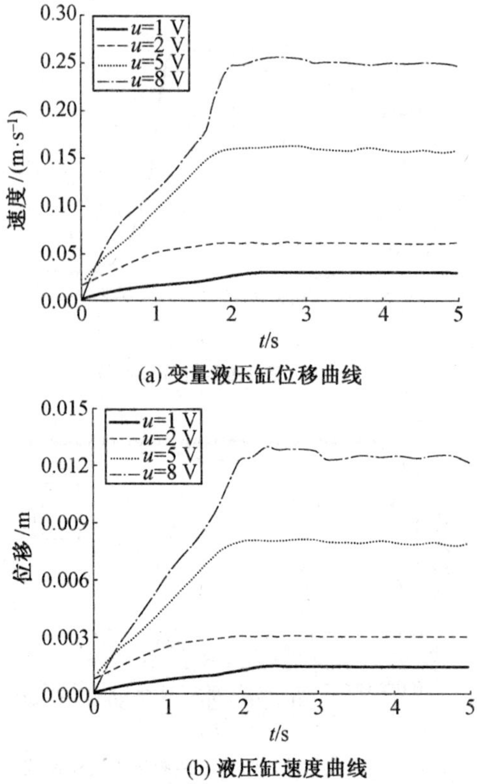

图 6.24 液压泵工况时加入 LQR 控制器的系统在不同幅值输入下的阶跃响应曲线

图 6.26 是输入幅值为 8 V 时加入 LQR 控制器后变量液压缸过零点 0.3 Hz 的正弦跟踪曲线。

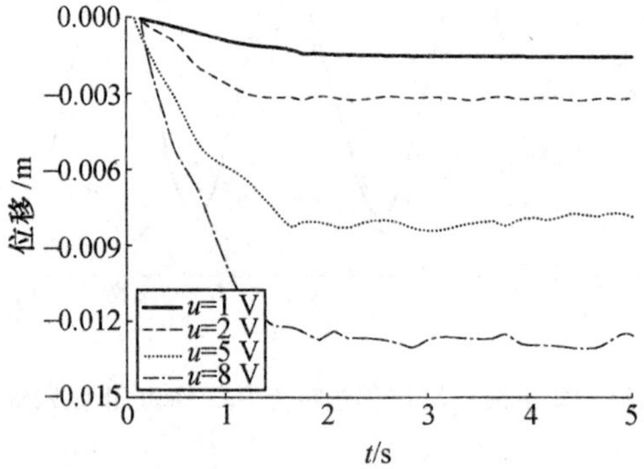

图 6.25 液压马达工况时加入 LQR 控制器的系统在不同幅值输入下的变量液压缸位移阶跃响应曲线

从图中可看出加入控制器后系统输入和输出呈线性关系，而且系统快速性有所改善，其调整时间约为 2 s。从图 6.26 可以看出系统能很好地跟踪 0.3 Hz 的正弦曲线，且跟踪误差在 2% 以内。

图 6.27 是二次元件在液压泵工况时系统加入基于非线性模型精确线性化控制的 LQR 控制器和基于增量线性化模型的 PID 控制器后输入分别在 1 V(曲线 3、4)和 8 V(曲

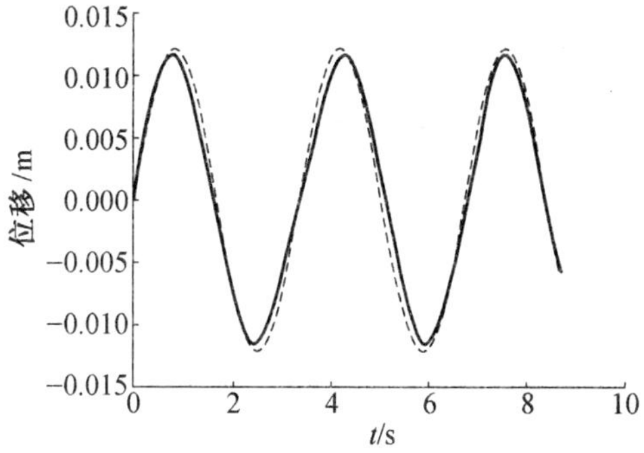

图 6.26　加入 LQR 控制器后变量液压缸过零点0.3 Hz正弦跟踪曲线

线 1、2)时的变量液压缸位移和液压缸速度输出曲线比较图。

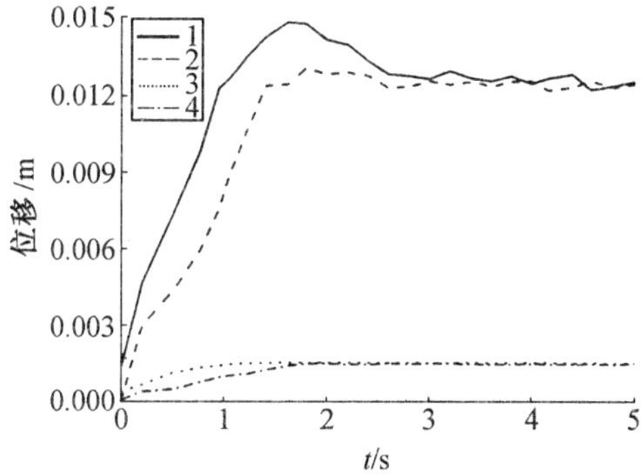

(a) 变量液压缸位移曲线

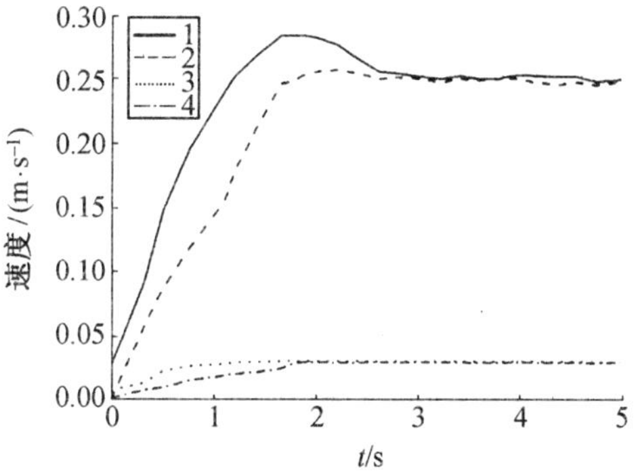

(b) 液压缸速度曲线

图 6.27　液压泵工况时加入 LQR 控制器和 PID 控制器的比较

图 6.28 是二次元件在液压马达工况时系统加入基于非线性模型精确线性化控制的 LQR 控制器和基于增量线性化模型的 PID 控制器后输入分别在 1 V 曲线 3、4 和 8 V 曲线 1、2 时的变量液压缸位移输出曲线比较图。

从图中可看出在稳态工作原点附近(当输入为±1 V),基于精确线性化控制的 LQR 控制器和基于线性化模型设计 PID 控制器效果都很好,系统达到无超调无稳态误差。并且 PID 控制器甚至比基于精确线性化的 LQR 控制器响应更快,调整时间达到 1.5 s。但系统在离原点较远工作时(输入为±8 V),PID 控制器有了明显的超调量,超调量达到

17%，虽然峰值时间区别不大，但调整时间明显加长，调整时间大于 3 s。从试验结果说明利用泰勒级数在工作点附近线性化得到的线性化模型，对工作点变化范围不大时，控制精确度较高，误差较小，系统模型可以利用线性化模型代替。而当系统远离工作点工作时，线性化模型就不能很好地表达系统的真实情况，如果继续使用线性化模型对系统进行综合，会产生较大误差，这也是线性化建模的缺陷。而精确线性化控制方法没有忽略系统高次项，因而是对系统大范围线性化，所以当系统远离工作点时，根据非线性模型设计的精确线性化控制器能有很好的控制效果，能达到无超调，无稳态误差，且与工作点无关。

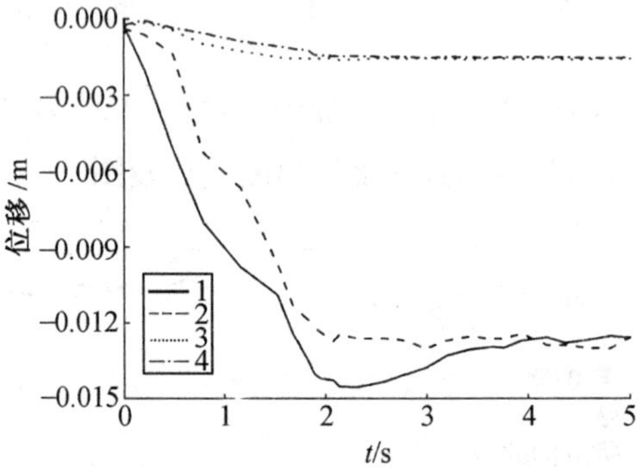

图 6.28 液压马达工况时加入 LQR 控制器和 PID 控制器的比较

6.1.5 飞轮储能型二次调节流量耦联静液传动系统能量回收试验研究

飞轮储能型二次调节流量耦联静液传动系统的能量回收效率与飞轮转速、二次元件的工作效率、液压缸下降速度和系统储能时间等有着紧密的联系，因此，不同的工作参数将导致系统不同的能量回收效率，在第 5 章中已经得到系统基于能量损失最小原则的最优值，下面将通过试验验证其正确性，试验时飞轮初始转速为零。在试验分析之前给出两个定义，以便能分析得更加清楚。

能量回收量：即在一个循环过程中，重物从最高位置下降到最低位置时，将重物势能转化为飞轮动能的量，其大小为

$$E=\frac{1}{2}I\omega_2^2-\frac{1}{2}I\omega_1^2 \tag{6.33}$$

能量回收率：等于飞轮回收的能量减去负载达到最低位置时动能乘以 K_v 再与重物最高位置时势能之比，即

$$\eta_r=\frac{\frac{1}{2}I\omega_2^2-\frac{1}{2}I\omega_1^2-\frac{1+K_v}{2}(M+m_p)v_{tf}^2}{(M-m_p)gl} \tag{6.34}$$

图 6.29 是当 $M=1\ 800$ kg、$L=1$ m 时二次元件排量分别为最大排量的$\frac{1}{4}$($\frac{1}{4}D_{max}$)，最大排量的$\frac{1}{2}$($\frac{1}{2}D_{max}$)，最大排量(D_{max})和根据能量损失最小原则计算得到的最优排量(D_{op})的飞轮加速曲线和液压缸下降速度曲线。

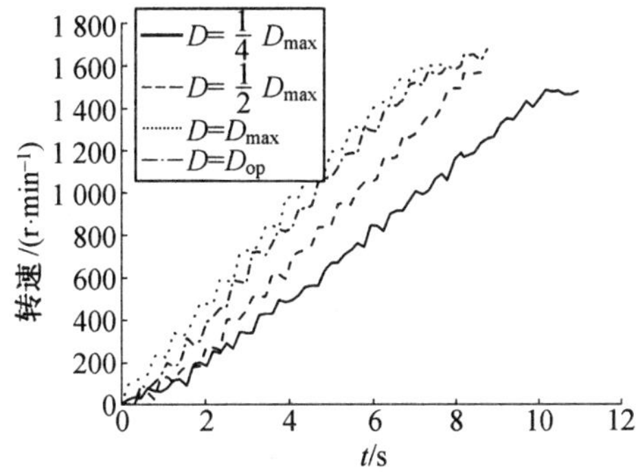

(a) 飞轮转速曲线

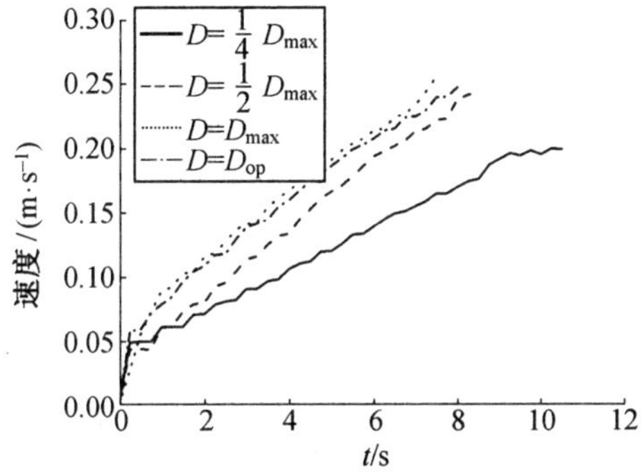

(b) 液压缸速度曲线

图 6.29　当 $M=1\ 800$ kg、$L=1$ m 时二次元件排量不同的能量存储曲线

图 6.30 是当 $M=1\ 800$ kg、$L=2$ m 时二次元件排量分别为 $\frac{1}{4}D_{max}$、$\frac{1}{2}D_{max}$、D_{max} 及 D_{op} 的飞轮加速曲线和液压缸下降速度曲线。

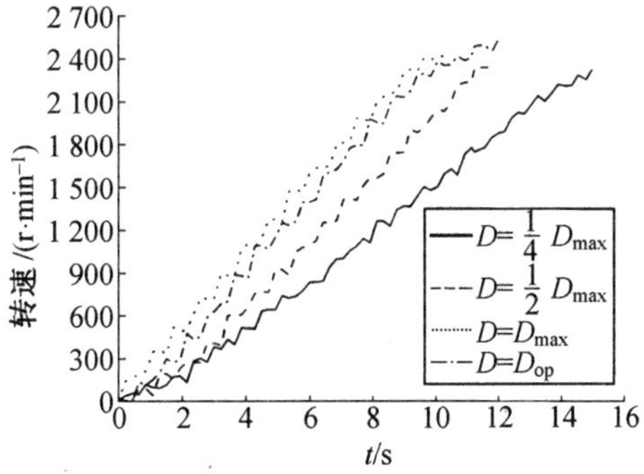

(a) 飞轮转速曲线

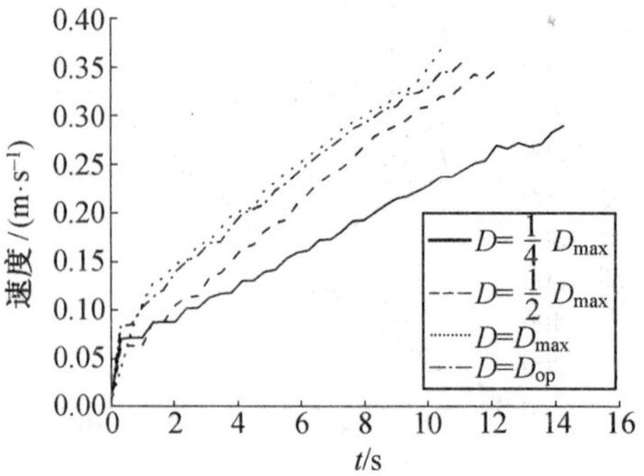

(b) 液压缸速度曲线

图 6.30　当 $M=1\ 800$ kg、$L=2$ m 时二次元件排量不同的能量存储曲线

图 6.31 是当 $M=1\ 300$ kg、$L=1$ m 时二次元件排量分别为 $\frac{1}{4}D_{max}$、$\frac{1}{2}D_{max}$、D_{max} 及 D_{op} 的飞轮加速曲线和液压缸下降速度曲线。

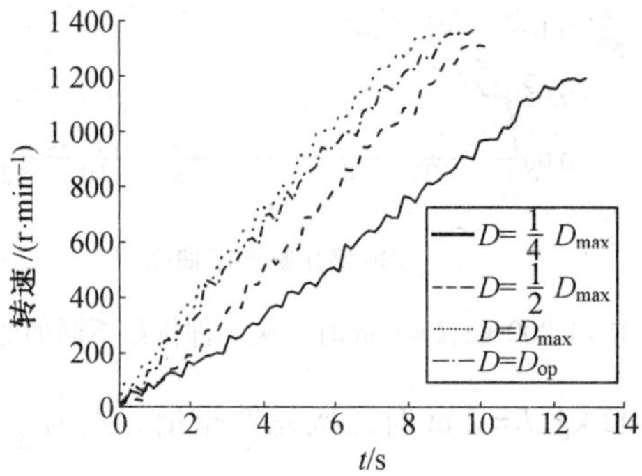

(a) 飞轮转速曲线

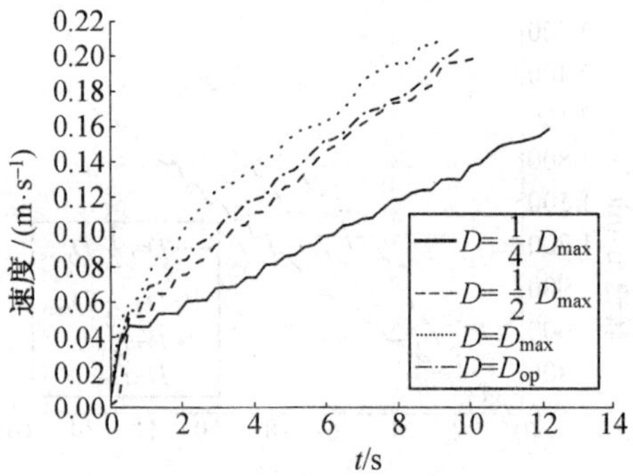

(b) 液压缸速度曲线

图 6.31　当 $M=1\ 300$ kg、$L=1$ m 时二次元件排量不同的能量存储曲线

图 6.32 是当 $M=1\ 300$ kg、$L=2$ m 时二次元件排量分别为 $\frac{1}{4}D_{max}$、$\frac{1}{2}D_{max}$、D_{max} 及 D_{op} 的飞轮加速曲线和液压缸下降速度曲线。

图 6.33 是当 $M=500$ kg、$L=1$ m 时二次元件排量分别为 $\frac{1}{4}D_{max}$、$\frac{1}{2}D_{max}$、D_{max} 及 D_{op} 的

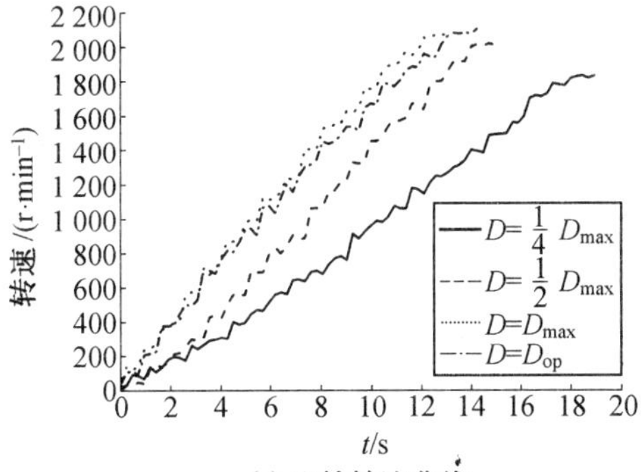

(a) 飞轮转速曲线

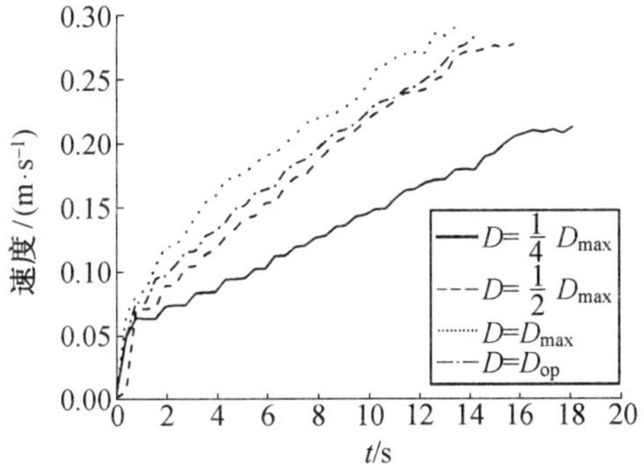

(b) 液压缸速度曲线

图 6.32　当 $M=1\ 300$ kg、$L=2$ m 时二次元件排量不同的能量存储曲线

飞轮加速曲线和液压缸下降速度曲线。

图 6.34 是当 $M=500$ kg、$L=2$ m 时二次元件排量分别为 $\frac{1}{4}D_{max}$、$\frac{1}{2}D_{max}$、D_{max} 及 D_{op} 的飞轮加速曲线和液压缸下降速度曲线。

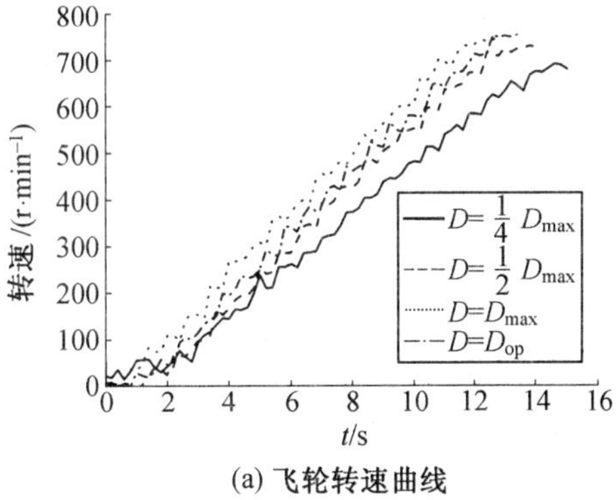

(a) 飞轮转速曲线

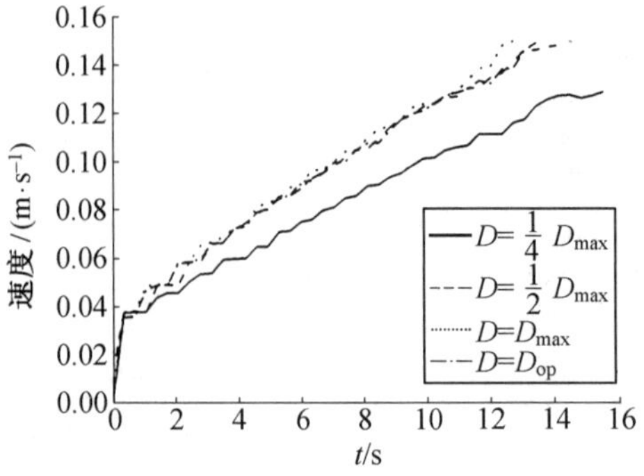

(b) 液压缸速度曲线

图 6.33 当 $M=500$ kg、$L=1$ m 时二次元件排量不同的能量存储曲线

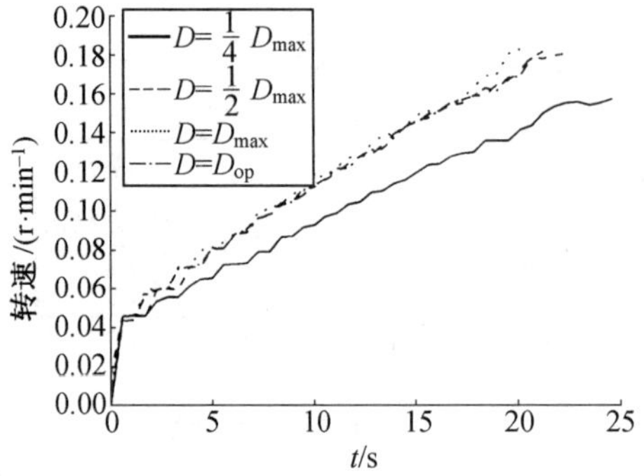

(a) 飞轮转速曲线

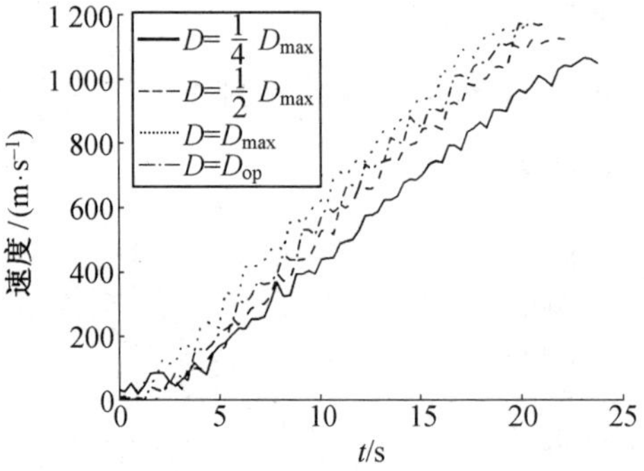

(b) 液压缸速度曲线

图 6.34 当 $M=500$ kg、$L=2$ m 时二次元件排量不同的能量存储曲线

表 6.3 为改变参数时系统的能量回收效率情况，由此得到系统能量回收效率如图 6.35所示。

表 6.3　不同参数情况下能量回收情况表

质量 M/kg	行程 h/m	二次元件排量 D/(mL · rad^{-1})	飞轮最大转速 ω_2/(r · min^{-1})	能量回收量 E/J	能量回收率 η_r/%
1 800	1	1. 59($\frac{1}{4}D_{max}$)	1 477	9 598	53. 90
1 800	1	3. 18($\frac{1}{2}D_{max}$)	1 605	11 334	63. 34
1 800	1	6. 36(D_{max})	1 566	10 790	60. 43
1 800	1	5. 122(D_{op})	1 677	12 028	67. 4
1 800	2	1. 59($\frac{1}{4}D_{max}$)	2 222	21 724	61. 07
1 800	2	3. 18($\frac{1}{2}D_{max}$)	2 414	26 423	74. 45
1 800	2	6. 36(D_{max})	2 356	25 640	71. 81
1 800	2	4. 587(D_{op})	2 522	27986	78. 52
1 300	1	1. 59($\frac{1}{4}D_{max}$)	1 192	6 505	50. 73
1 300	1	3. 18($\frac{1}{2}D_{max}$)	1 312	7 573	58. 91
1 300	1	6. 36(D_{max})	1 438	8 007	62. 23
1 300	1	3. 818(D_{op})	1 368	8 234	64. 07
1 300	2	1. 59($\frac{1}{4}D_{max}$)	1 833	14 783	57. 71
1 300	2	3. 18($\frac{1}{2}D_{max}$)	2 019	17 935	69. 87
1 300	2	6. 36(D_{max})	2 073	18 708	72. 65
1 300	2	5. 122(D_{op})	2 103	19 459	75. 84
500	1	1. 59($\frac{1}{4}D_{max}$)	679	2 028	41. 38
500	1	3. 18($\frac{1}{2}D_{max}$)	728	2 332	47. 36
500	1	6. 36(D_{max})	744	2 435	49. 61
500	1	4. 587(D_{op})	753	2 554	51. 89
500	2	1. 59($\frac{1}{4}D_{max}$)	1 062	4 962	50. 63
500	2	3. 18($\frac{1}{2}D_{max}$)	1 171	6 033	61. 56
500	2	6. 36(D_{max})	1 211	6 452	65. 84
500	2	3. 818(D_{op})	1 231	6 567	68. 03

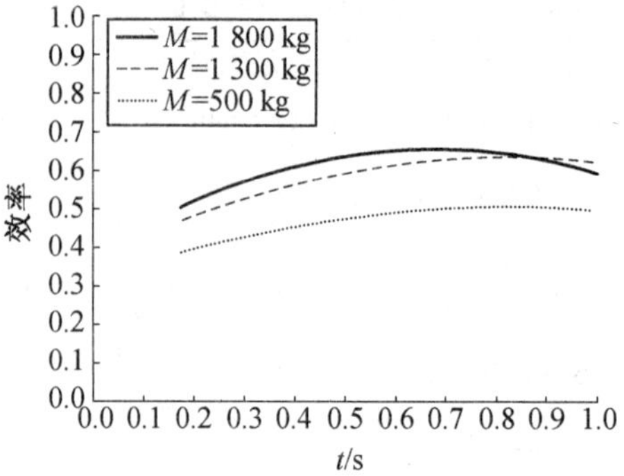

(a) h=1 m

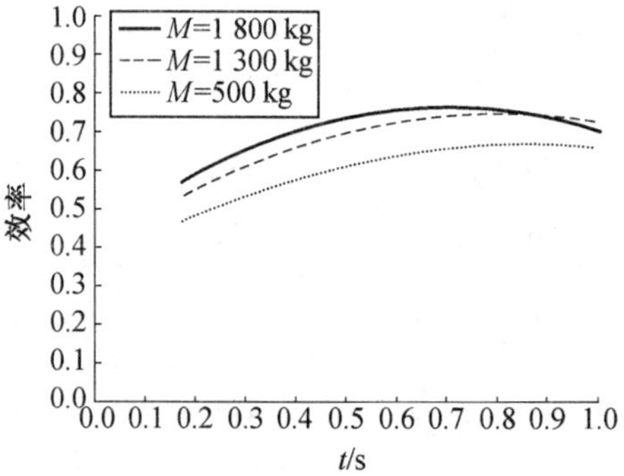

(b) h=2 m

图 6.35　不同排量比时的能量回收效率曲线

图 6.35 是行程分别为 1 m 和 2 m、重物质量分别为 1 800 kg、1 300 kg 和 500 kg 时，不同排量比（实际排量与最大排量之比）所对应的系统能量回收效率拟合曲线。从试验曲线可得到如下结论：

（1）能量回收效率最高的最优值总体分布在$\frac{1}{2}D_{max}$和 D_{max}之间，并且下降重物质量越大，下降行程越小，则最优值越趋近于$\frac{1}{2}D_{max}$；反之，下降重物质量越小，下降行程越大，最优值越趋近于 D_{max}。

（2）随着下降重物质量的增大和下降行程的增大，系统能量回收效率增大，当重物为 1 800 kg，行程为 2 m 时，其最优回收效率达到 78.52%，而随着下降重物质量的减小和下降行程的减小，系统能量回收效率减小，在重物质量为 500 kg、行程为 1 m 时，其最优回收效率达到 51.89%，二者相差达到 26.23%。

（3）当二次元件排量小于$\frac{1}{4}D_{max}$工作时，系统能量回收效率变得非常差，而在$\frac{1}{2}D_{max}$和 D_{max}之间工作时，能量回收效率差距明显减小，约为 10%。

6.1.6　飞轮储能型二次调节流量耦联静液传动系统试验结论

本节对飞轮储能型二次调节流量耦联系统进行试验研究，通过模型验证试验、系统特性试验、控制器效果试验和能量回收试验，得到如下结果：

非线性模型更接近于实际系统，仅当系统工作在零点附近时（输入幅值在±2 V范围以内），增量线性化模型能够用来替代非线性模型。如果系统远离零点工作，则线性化模型与实际模型误差加大，而非线性模型则能够大范围与实际模型相一致。所以，随着非线性控制理论的飞速发展，非线性模型将逐步取代线性化建模，以达到精确控制。

飞轮储能型二次调节流量耦联系统快速性不高，调整时间约为4 s；随着控制压力的增大，两腔压力也相应增大，但低压腔增大比例要比高压腔稍大，两腔压力之和小于控制压力，相差大约0.1 MPa，其差值与控制压力大小无关，变量液压缸位移随着控制压力的增大而增大，并且呈现非线性关系；随着输入幅值的增大，两腔压力响应速度明显加快；在二次元件液压泵工况和液压马达工况转换过程中，变量液压缸位移和两腔压力变化比较平稳，没有出现位移和压力突变现象。

在系统中加入基于精确线性化的LQR控制器后，系统输入和输出呈线性关系，而且系统快速性有所改善，其调整时间约为2 s，能很好地跟踪0.3 Hz的正弦曲线，且跟踪误差在2%以内。基于非线性模型的LQR控制器和基于增量线性化模型的PID控制器相比，在稳态工作零点附近时，两种控制器效果都很好，当系统在离零点较远工作时PID控制器有了明显的超调量，调整时间明显加长。精确线性化控制方法是对系统大范围线性化，所以当系统远离工作点时，根据非线性模型设计的精确线性化控制器能有较好的控制效果，且与工作点无关。

能量回收效率与飞轮转速、二次元件排量、重物质量、下降时间、液压缸下降行程等有着密切的关系。能量回收效率最高的最优值的大小分布在$\frac{1}{2}D_{\max}$和$D_{\max}$之间，并且下降重物质量越大，液压缸下降行程越小，则二次元件排量最优值越趋近于$\frac{1}{2}D_{\max}$；反之，下降重物质量越小，液压缸下降行程越大，二次元件排量最优值越趋近于$D_{\max}$；随着下降重物质量的增大和液压缸下降行程的增大，系统能量回收量和回收效率增大，当二次元件排量小于$\frac{1}{4}D_{\max}$工作时，系统能量回收效率变得非常差，所以应该避免二次元件工作在小排量的情况。

6.2　液压蓄能器储能型二次调节流量耦联静液传动系统的试验研究

6.2.1　液压蓄能器储能型二次调节流量耦联静液传动试验系统组成与设计

（1）液压蓄能器储能型二次调节流量耦联静液传动试验系统组成。

液压蓄能器储能型二次调节流量耦联静液传动系统试验台主要由液压站、负载装置、负载驱动子系统、液压蓄能器能量再生子系统和电液控制子系统等组成。该系统的工作原理图如图6.36所示。

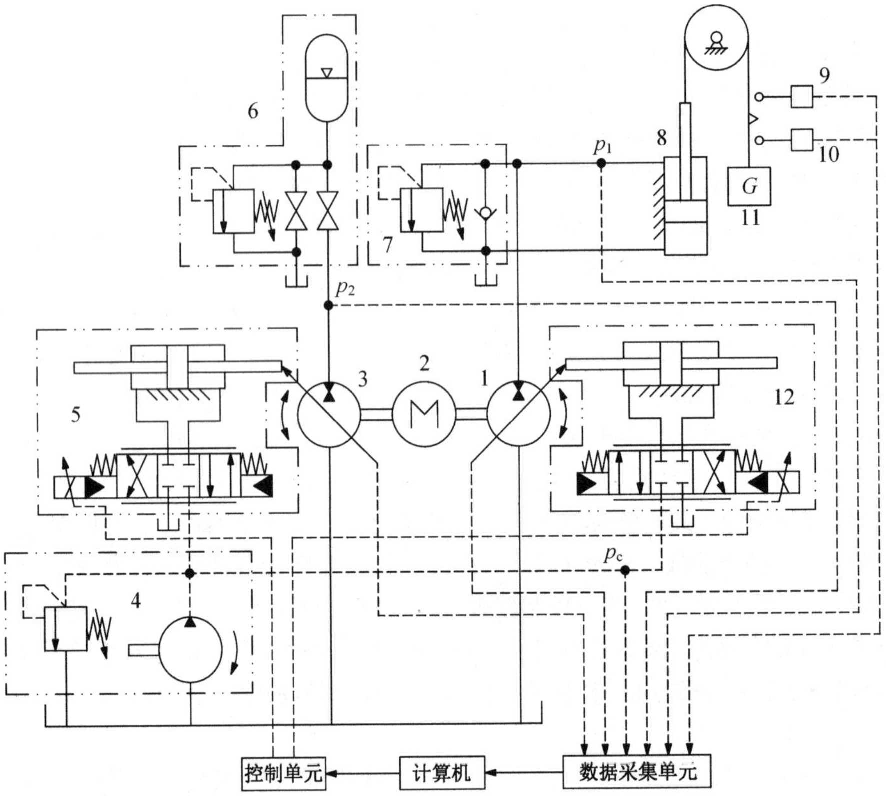

图 6.36 用液压蓄能器实现势能回收的二次调节流量耦联静液传动系统试验台原理图

1—液压泵/马达 1;2—电动机;3—液压泵/马达 2;4— 控制油路组件;5、12—电液控制阀组件;6—液压蓄能器组件;7—安全阀组件;8—液压缸;9—上限位传感器;10—下限位传感器;11—负载

实物照片如图 6.37、6.38 和 6.39 所示。

液压站部分主要为系统提供清洁的液压油,主要部分包括油箱、液位计以及过滤器等。负载装置为试验系统提供重物载荷,并可根据试验要求在一定范围内增加或减少负载的质量。负载驱动子系统由电动机 2、液压泵/马达 1、液压缸 8 和由溢流阀和单向阀组成的安全阀组件 7 组成,主要作用是通过液压泵/马达 1 在液压马达和液压泵工况的转换,实现提升重力负载或被负载驱动。液压蓄能器能量回收子系统由液压泵/马达 2 和液压蓄能器组件 6 组成,主要作用是与负载驱动子系统配合,为提升负载时提供辅助能源,在重物下降时回收重力势能。电液控制子系统由上限位传感器 9、下限位传感器 10、电液控制阀组件 5 和 12、控制油路组件 4 和控制器组成,主要功能是通过传感器检测相关数据,在工业控制计算机中进行处理后,实现对试验系统的控制和管理。

图6.37　试验台照片

图6.38　负载液压缸

图6.39　液压泵/马达控制单元

(2)试验台硬件设计。

液压蓄能器型号为 NXQ-L40/200-A,主要参数为:公称容积为 40 L,额定压力为 31.5 MPa。

本实验台采用的液压泵/马达、电液伺服阀、液压缸、传感器、伺服放大器等硬件与飞轮储能型流量耦联系统实验台相同,不再赘述。

(3)试验台控制系统设计。

试验台的信号检测、采集、处理、控制与人机交互部分主要由压力传感器、流量传感器、转速传感器、位移传感器、数据采集卡、工业控制计算机等组成。其中,转速传感器安装在滑轮盘上,用来测定负载在上升、下降过程中的速度;压力传感器分别安装在液压蓄能器回路、液压缸回路、齿轮泵回路、变量液压缸两腔,分别用来测定液压蓄能器工作压力、负载压力、电液伺服阀控制油路压力以及监测变量液压缸是否正常工作;位移传感器安装在液压泵/马达的变量液压缸上,主要用来给定和接受变量液压缸产生的位移,间接地控制液压泵/马达的斜盘倾角。控制垂直负载的冲程限位控制器使用非接触式冲程开关进行控制,本试验台设置了可调节式行程开关,可实现 1 ~2.5 m 范围内的行程变化。

本实验台采用的数字控制系统及控制程序皆与飞轮储能型流量耦联系统实验台相同,不再赘述。

6.2.2 控制器采用不同控制方法的对比试验研究

采用传统的 PID 控制器与模糊控制器进行对比试验研究。图 6.40 中曲线 1 为采用传统 PID 控制方法得到的液压缸的速度曲线,曲线 2 为采用模糊控制方法的液压缸速度曲线。用 PID 控制时曲线波动较大,而用模糊控制方式时则系统鲁棒性较好。本章的以下试验都是采用模糊控制方法实现的。

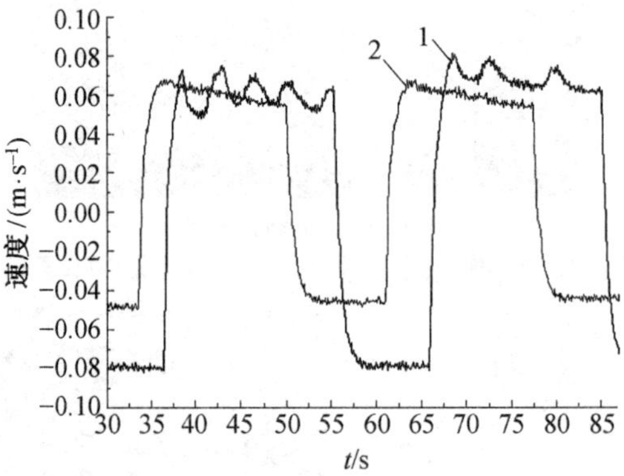

图 6.40 PID 与模糊控制方法对比试验曲线

6.2.3 液压蓄能器储能型二次调节流量耦联静液传动系统特性试验研究

液压蓄能器储能型二次调节流量耦联静液传动系统中,利用负载驱动子系统实现对负载的拖动和控制,系统的输出量表现为液压缸的压力和速度。下面通过调整负载的质量、液压泵/马达 1 的排量,来观察液压缸中的压力和速度的变化规律。

图 6.41、图 6.42 和图 6.43 为负载相同都为 1 000 kg 时,液压泵/马达 1 的不同排量时的情况。图 6.41、图 6.42 和图 6.43 中的液压泵/马达排量分别为 10 mL/r、20 mL/r 和 30 mL/r。

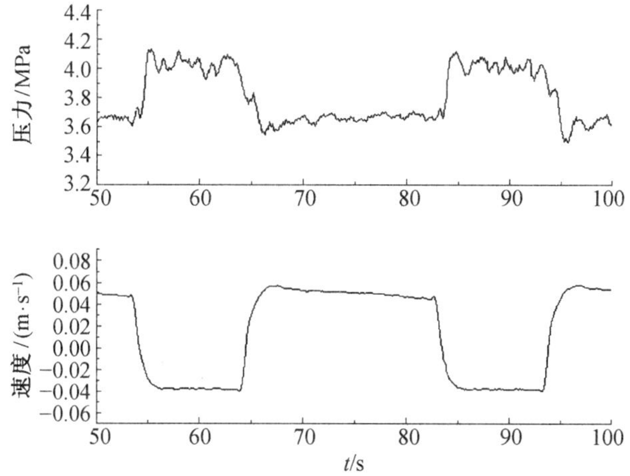

图 6.41　上升、下降过程中液压缸速度和压力变化曲线(M=1 000 kg,D=10 mL/r)

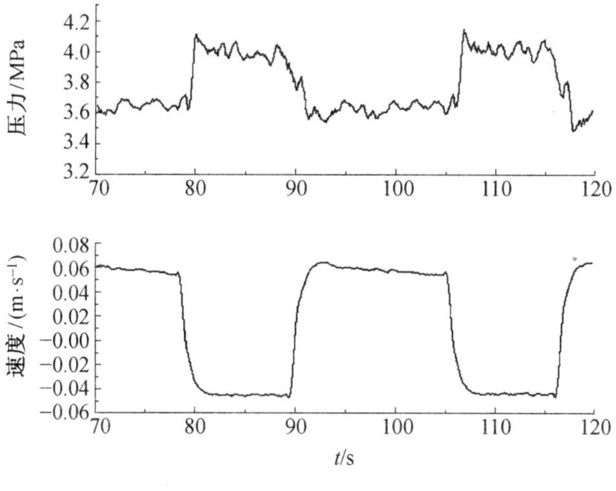

图 6.42　上升、下降过程中液压缸速度和压力变化曲线(M=1 000 kg,D=20 mL/r)

对比图 6.41、图 6.42 和图 6.43,可以看出随着液压泵/马达的排量的增大,液压缸的速度发也随着加快,但液压缸中的压力基本不变。

图 6.44 为负载为 1 500 kg 时的试验曲线。与图 6.41、图 6.42 和图 6.43 对比可见,随着负载的增大,液压缸的工作压力增大。通过上述试验说明液压蓄能器储能型二次调节流量耦联静液传动系统具备流量耦联系统的特征,系统压力随负载增大而增大。

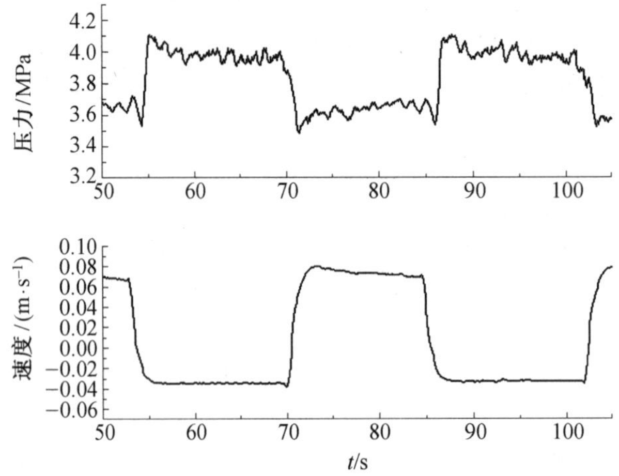

图 6.43　上升、下降过程中液压缸速度和压力变化曲线(M=1 000 kg,D=30 mL/r)

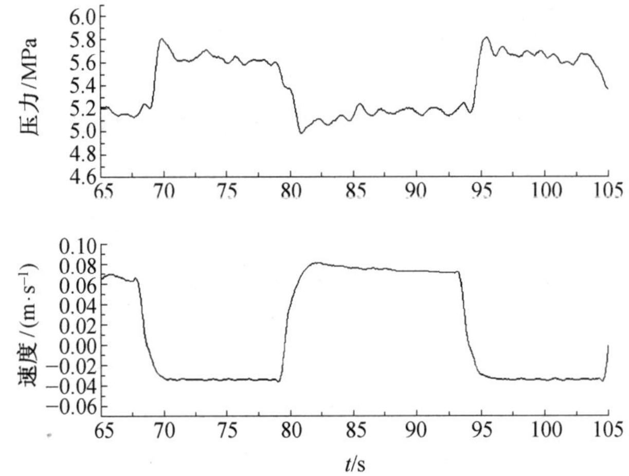

图 6.44　上升、下降过程中液压缸速度和压力变化曲线(M=1 500 kg)

6.2.4　液压蓄能器储能型二次调节流量耦联静液传动系统节能试验研究

1. 电动机单独驱动负载与电动机和液压蓄能器联合驱动负载对比

第一组试验:电动机单独驱动负载试验。此时负载驱动子系统工作,液压蓄能器能量再生子系统不工作。试验条件为:初始负载为 1 100 kg,之后每次增加负载 100 kg,最后增加到 1 500 kg。用钳形功率表测得各个工况时的电动机功率见表 6.4。电动机不带动垂直负载时输出功率为 $P_{空}$=2.7 kW。

表6.4　第一组试验时的电动机功率

	负载质量 1 100 kg	负载质量 1 200 kg	负载质量 1 300 kg	负载质量 1 400 kg	负载质量 1 500 kg
上升过程电动机功率/kW	3.23	3.31	3.38	3.42	3.46
下降过程电动机功率/kW	2.70	2.71	2.70	2.70	2.71
上升、下降过程总功率/kW	5.93	6.02	6.08	6.12	6.17

第二组试验：电动机和液压蓄能器联合驱动负载试验。此时负载驱动子系统和液压蓄能器能量再生子系统都工作。试验条件为：初始负载为1 100 kg，之后每次增加负载100 kg，最后增加到1 500 kg；液压蓄能器充气压力为6 MPa；与液压缸8相连的液压泵/马达1的上升过程排量 $D_{1上}=20$ mL/r，负载下降过程排量 $D_{1下}=12$ mL/r；与液压蓄能器相连液压泵/马达3上升过程排量 $D_{2下}=16$ mL/r，负载下降过程排量 $D_{2下}=16$ mL/r。每完成一次试验后增加负载100 kg，最后增加到1 500 kg。测得电动机和液压蓄能器联合驱动负载时相应的电动机功率值见表6.5。

表6.5　第二组试验时的电动机功率

	负载质量 1 100 kg	负载质量 1 200 kg	负载质量 1 300 kg	负载质量 1 400 kg	负载质量 1 500 kg
上升过程电动机功率/kW	3.06	3.05	3.04	3.08	3.07
下降过程电动机功率/kW	2.85	2.81	2.85	2.79	2.78
上升、下降过程总功率/kW	5.91	5.86	5.89	5.87	5.85

从表6.4中可以看出，只用电动机为动力驱动液压缸运动时，随着负载质量的增加，电动机的功率必然增加，而且呈现出线性关系。但从表6.5可以看出，随着负载的增大，由于有液压蓄能器实现能量回收，电动机输出功率与负载之间不再是简单的线性关系，由于液压蓄能器的参与，隔断了电动机与负载之间的直接联系，节省了电动机的输出功率。

2. 改变与液压蓄能器相连液压泵/马达排量的试验

第三组试验：在负载为1 000 kg，液压蓄能器充气压力为6 MPa的条件下进行试验，调节 $D_{1上}=20$ mL/r，$D_{2下}=12$ mL/r；$D_{2上}=16$ mL/r，$D_{2下}=16$ mL/r。测得电动机负载上升过程输出功率 $P_{上}=2.95$ kW，负载下降过程输出功率 $P_{下}=2.85$ kW。液压蓄能器压力曲线如图6.45(a)所示。

第四组试验：保持负载工况不变，即调节 $D_{1上}=20$ mL/r，$D_{1下}=12$ mL/r，改变与液压蓄能器相连液压泵/马达在负载上升过程的排量，$D_{2上}=18$ mL/r，$D_{2下}=16$ mL/r。测得电动机负载上升过程输出功率 $P_{上}=2.9$ kW，负载下降过程输出功率 $P_{下}=2.85$ kW。液压蓄能器压力曲线如图6.45(b)所示。

由上述两组试验可以看出，对于同样的负载工况，减小上升过程与液压蓄能器相连液

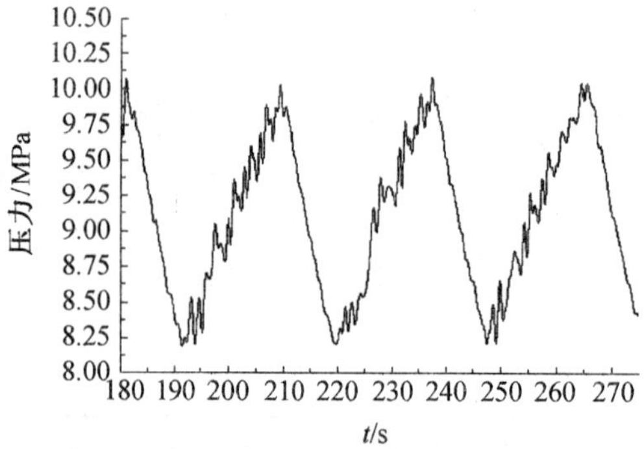

(a) 第三组试验

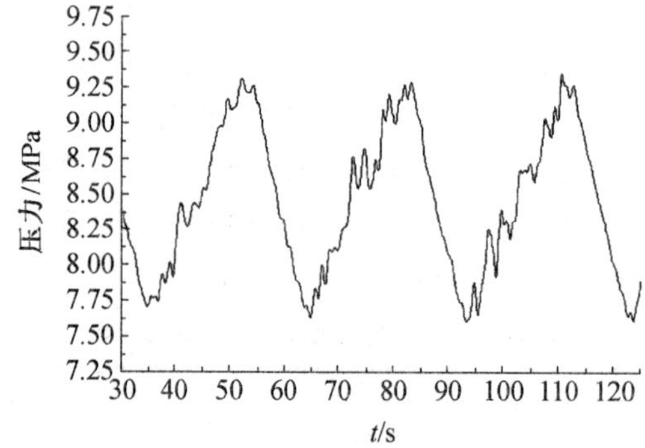

(b) 第四组试验

图 6.45　第三组和第四组试验中液压蓄能器的压力曲线

压泵/马达的排量，液压蓄能器最高工作压力和最低工作压力都增大（最高工作压力增大更多），液压蓄能器释放能量增大，电动机功率减小。因此，液压蓄能器的最低、最高工作压力影响电动机功率，从而影响系统的节能率。

3. 改变液压蓄能器充气压力的试验。

第五组试验：在负载为 1 000 kg，液压蓄能器充气压力为 6 MPa 的条件下进行试验，调节 $D_{1上}=20$ mL/r，$D_{1下}=12$ mL/r；$D_{2上}=15$ mL/r，$D_{2下}=20$ mL/r。测得电动机负载上升过程输出功率 $P_{上}=2.9$ kW，负载下降过程输出功率 $P_{下}=2.81$ kW。试验曲线如图 6.46 所示。其中曲线 1 为液压缸速度曲线，曲线 2 为液压缸压力曲线，曲线 3 为液压蓄能器压力曲线。

第六组试验：与第五组试验相比，将液压蓄能器充气压力提升为 8 MPa。测得电动机负载上升过程输出功率 $P_{上}=2.85$ kW，负载下降过程输出功率 $P_{下}=2.83$ kW。试验曲线如图 6.47 所示。

对比两组试验可以看出，液压泵/马达的排量未变，只是改变液压蓄能器的充气压力，由于电动机转速不变，相当于液压蓄能器的容积变化 ΔV 不变，此时液压蓄能器最低和最高工作压力升高，因此使得液压蓄能器储存的能量增多，液压蓄能器的输出功率增大，电动机在上升过程时的输出功率降低，在下降过程时略有增加。

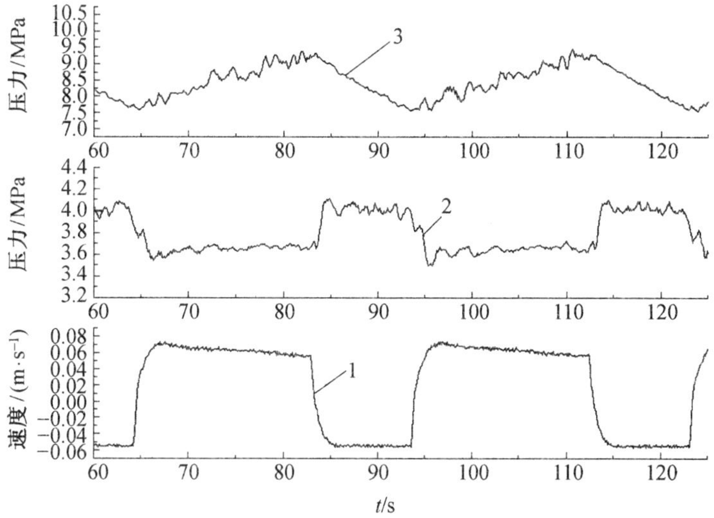

图 6.46　第五组试验曲线

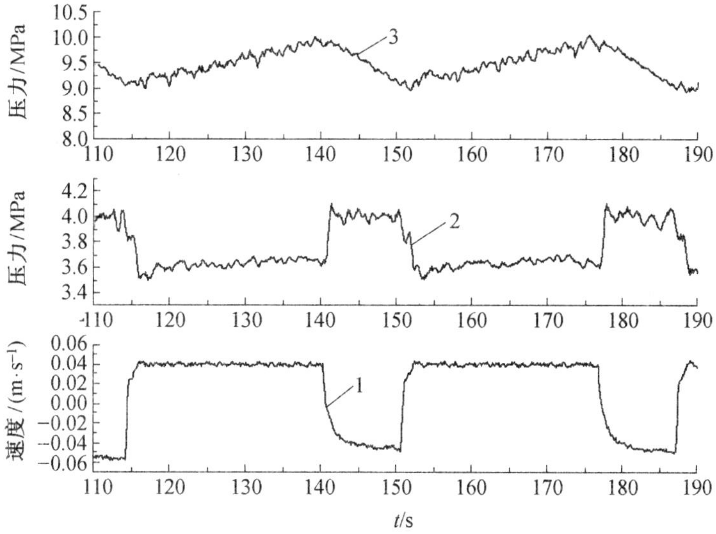

图 6.47　第六组试验曲线

6.2.5　液压蓄能器储能型二次调节流量耦联静液传动系统功率匹配试验研究

1. 系统的功率匹配试验

液压蓄能器储能型二次调节流量耦联静液传动系统的功率匹配试验研究，即研究电动机、液压蓄能器和负载之间的功率匹配问题。

第一组试验：首先在负载为 1 000 kg，液压蓄能器充气压力为 6 MPa 的条件下进行试验，调节 $D_{1上}=20$ mL/r，$D_{1下}=20$ mL/r，$D_{2上}=16$ mL/r，$D_{2下}=16$ mL/r。测得电动机负载上升过程输出功率 $P_{上}=3.8$ kW，负载下降过程输出功率 $P_{下}=3.85$ kW。液压蓄能器压力曲线如图 6.48(a)所示。

保持液压蓄能器排量不变,即调节 $D_{2上}=16$ mL/r,$D_{2下}=16$ mL/r,增大与液压缸相连液压泵/马达在负载下降过程的排量,$D_{1上}=20$ mL/r,$D_{1下}=32$ mL/r。测得电动机负载上升过程输出功率 $P_{上}=3.85$ kW,负载下降过程输出功率 $P_{下}=3.85$ kW。液压蓄能器压力曲线如图 6.48(b)所示。

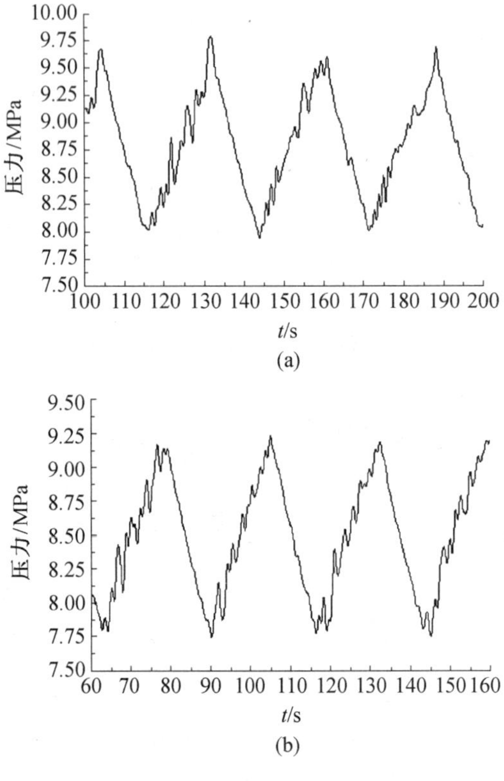

图 6.48　第一组试验液压蓄能器的压力曲线

由第一组试验可以看出,减小下降过程与液压缸相连液压泵/马达的排量,相当于给液压蓄能器充液时间增长,液压蓄能器最高工作压力增大,电动机功率减小。

第二组试验:同样在负载为 1 000 kg,液压蓄能器充气压力为 6 MPa 的条件下进行试验,调节 $D_{1上}=20$ mL/r,$D_{1下}=12$ mL/r;$D_{2上}=16$ mL/r,$D_{2下}=16$ mL/r。测得电动机负载上升过程输出功率 $P_{上}=3.6$ kW,负载下降过程输出功率 $P_{下}=3.85$ kW。液压蓄能器压力曲线如图 6.49(a)所示。

保持负载工况不变,即调节 $D_{1上}=20$ mL/r,$D_{1下}=12$ mL/r,改变与液压蓄能器相连液压泵/马达在负载上升过程的排量,$D_{2上}=18$ mL/r,$D_{2下}=16$ mL/r。测得电动机负载上升过程输出功率 $P_{上}=3.75$ kW,负载下降过程输出功率 $P_{下}=3.85$ kW。液压蓄能器压力曲线如图 6.49(b)所示。

由第二组试验可以看出,对于同样的负载工况,减小上升过程与液压蓄能器相连液压泵/马达的排量,液压蓄能器最高工作压力和最低工作压力都增大(最高工作压力增大更多),液压蓄能器释放能量增大,电动机功率减小。而且可以得出在该负载工况下,$D_{2上}=$

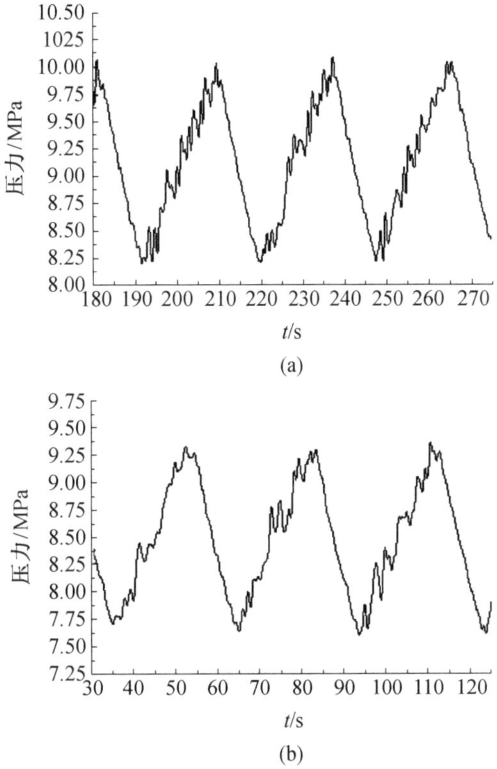

图 6.49　第二组试验液压蓄能器的压力曲线

16 mL/r, $D_{2下}$ = 16 mL/r 即为与液压蓄能器相连液压泵/马达排量的优化值,在这样的参数调节下,可以实现负载功率与液压蓄能器功率之间的完全匹配,电动机只用来提供功率克服系统的摩擦泄漏损失和维持自身以额定转速转动。

第三组试验:在负载为 1 500 kg,液压蓄能器充气压力为 6 MPa 的条件下进行试验,调节 $D_{1上}$ = 20 mL/r, $D_{1下}$ = 32 mL/r; $D_{2上}$ = 18 mL/r, $D_{2下}$ = 20 mL/r。测得电动机负载上升过程输出功率 $P_{上}$ = 4.09 kW,负载下降过程输出功率 $P_{下}$ = 3.85 kW。液压蓄能器压力曲线如图 6.50(a)所示。

保持负载工况不变,即调节 $D_{1上}$ = 20 mL/r, $D_{1下}$ = 32 mL/r,改变与液压蓄能器相连液压泵/马达在负载上升过程的排量, $D_{2上}$ = 20 mL/r, $D_{2下}$ = 20 mL/r。测得电动机负载上升过程输出功率 $P_{上}$ = 3.89 kW,负载下降过程输出功率 $P_{下}$ = 3.85 kW。液压蓄能器压力曲线如图 6.50(b)所示。

保持负载工况不变,即调节 $D_{1上}$ = 20 mL/r, $D_{1下}$ = 32 mL/r,改变与液压蓄能器相连液压泵/马达在负载上升过程的排量, $D_{2上}$ = 22 mL/r, $D_{2下}$ = 20 mL/r。测得电动机负载上升过程输出功率 $P_{上}$ = 3.6 kW,负载下降过程输出功率 $P_{下}$ = 3.85 kW。液压蓄能器压力曲线如图 6.50(c)所示。

由第三组试验可以看出,对于同样的负载工况,增大上升过程与液压蓄能器相连液压泵/马达的排量,液压蓄能器最高工作压力和最低工作压力都降低(最低工作压力降低更多),液压蓄能器释放能量增大,电动机功率减小。而且可以得出在该负载工况下, $D_{2上}$ =

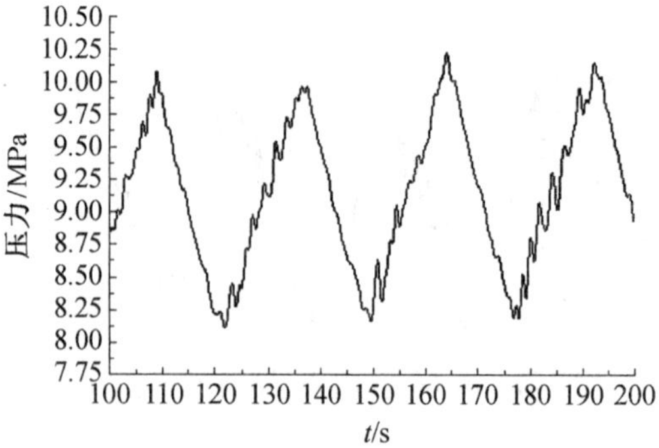

(a)

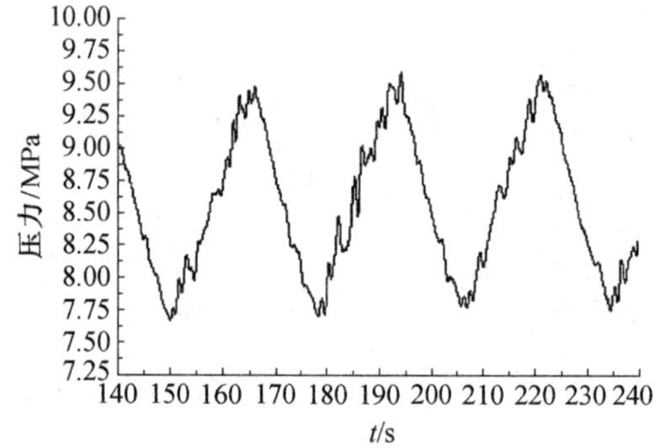

(b)

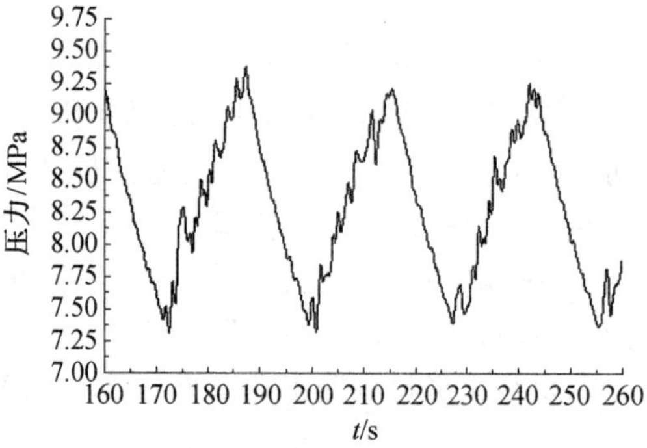

(c)

图 6.50　第三组试验液压蓄能器的压力曲线

22 mL/r，$D_{2下}$ = 20 mL/r 即为与液压蓄能器相连液压泵/马达排量的优化值，在这样的参数调节下，可以实现负载功率与液压蓄能器功率之间的完全匹配，电动机只用来提供功率克服系统的摩擦泄漏损失和维持自身以额定转速转动。

对比由第二组试验和第三组试验得出的结论，表面上看是互相矛盾的，可是根据最佳功率匹配原理，对于固定的负载工况，与液压蓄能器相连液压泵/马达的排量存在一个优化值，该值可使电动机功率最小，该值增大或减小都会使电动机功率增大。

第四组试验：在负载为 1 000 kg，液压蓄能器充气压力为 8 MPa 的条件下进行试验，调节$D_{1上}$ = 20 mL/r，$D_{1下}$ = 8 mL/r；$D_{2上}$ = 16 mL/r，$D_{2下}$ = 20 mL/r。测得电动机负载上升过程输出功率 $P_{上}$ = 3.6 kW，负载下降过程输出功率 $P_{下}$ = 3.85 kW。液压蓄能器压力曲线如

图 6.51 所示。

第五组试验：在负载为 1 500 kg，液压蓄能器充气压力为 8 MPa 的条件下进行试验，调节 $D_{1上}=20$ mL/r，$D_{1下}=6$ mL/r；$D_{2上}=16$ mL/r，$D_{2下}=20$ mL/r。测得电动机负载上升过程输出功率 $P_{上}=3.6$ kW，负载下降过程输出功率 $P_{下}=3.85$ kW。液压蓄能器压力曲线如图 6.52 所示。

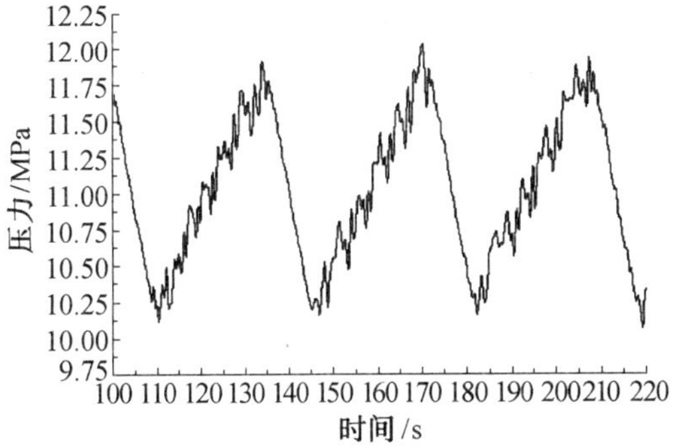

图 6.51　第四组试验液压蓄能器的压力曲线

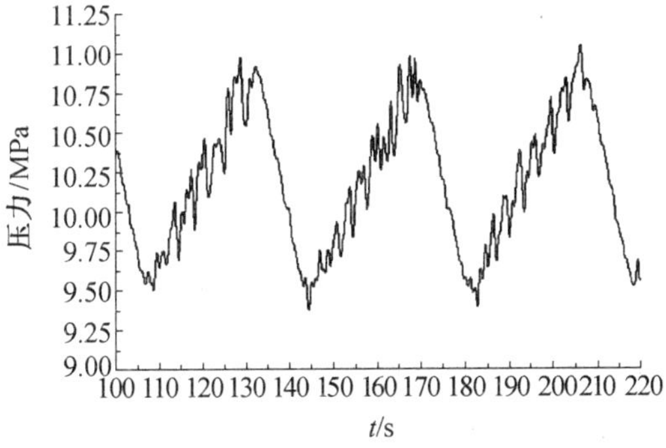

图 6.52　第五组试验液压蓄能器的压力曲线

(2)系统的功率匹配试验分析。

在系统运行过程中，存在着三个功率值之间的互相匹配：液压蓄能器释放和吸收的功率，负载上升和下降过程中所需和所能回收的功率，电动机的输出功率。第一项液压蓄能器释放和吸收的功率可由计算机采集的液压蓄能器工作压力曲线计算得出；第二项负载上升和下降过程中所需和所能回收的功率可根据负载相关参数和运行工况计算得出；第三项电动机的输出功率可直接测得。功率匹配试验的主要内容就是调节与液压缸相连的液压泵/马达 1 和与液压蓄能器相连的液压泵/马达 3 的排量，使得整个系统的功率完备匹配，即液压蓄能器释放和吸收的功率与负载上升和下降过程中所需和所能回收的功率之间的匹配，若二者在整个系统工作过程中保持相等，则电动机输出功率为最小，测得电动机输出功率值与电动机空载功率值相等。

综上所述，功率匹配实际上也就是通过调节两个液压泵/马达排量来实现的。

由第一组试验曲线(图 6.48)可以看出，减小下降过程与液压缸相连液压泵/马达 1

的排量，相当于给液压蓄能器充液时间增长，液压蓄能器最高工作压力增大，电动机功率减小。由此可以得出其他三个结论：①增大下降过程与液压缸相连液压泵/马达 1 的排量，液压蓄能器最高工作压力减小，电动机功率增大；②减小上升过程与液压缸相连液压泵/马达 1 的排量，相当于增大下降过程与液压缸相连液压泵/马达的排量，液压蓄能器最高工作压力减小，电动机功率增大；③增大上升过程与液压缸相连液压泵/马达的排量，相当于减小下降过程与液压缸相连液压泵/马达的排量，液压蓄能器最高工作压力增大，电动机功率减小。

由第二组和第三组试验可以看出，对于同样的负载工况，增大或减小上升过程与液压蓄能器相连液压泵/马达 3 的排量，都有可能出现液压蓄能器释放能量增大，电动机功率减小的情况。这就说明，对于固定的负载工况，与液压蓄能器相连液压泵/马达 3 的排量存在一个优化值，该值可使电动机功率最小，该值增大或减小都会使电动机功率增大，这就是由目标最优功率匹配原则所决定的。

比较第二组试验中的第一次试验和第三组试验中的第三次试验，可以发现在电动机输出功率相同的情况下，可以通过增大与液压蓄能器相连的液压泵/马达 3 的排量来带动更大的负载。

比较第四组与第五组试验为提高液压蓄能器充气压力至 8 MPa 所得到的液压泵/马达排量优化值。可以看出，在排量不变的情况下，提高充气压力后可以降低电动机的输出功率。

6.2.6 液压蓄能器储能型二次调节流量耦联静液传动系统试验结论

本节对液压蓄能器储能型二次调节流量耦联系统进行了试验研究，通过系统的输出特性试验、控制方法对比试验、节能特性试验和功率匹配试验，得到如下结果：

(1)液压蓄能储能型二次调节流量耦联系统在负载端能够实现精确的速度控制，通过调节与负载液压缸相连的液压泵/马达 1 的排量，能实现对上升、下降过程中负载输出特性的控制，液压缸中油液压力由负载决定，满足流量耦联系统特点。

(2)由于液压泵/马达是一个具有双积分性质的能量转换装置，控制性能较差，液压蓄能器储能型二次调节流量耦联系统对频响要求较低，因此降低了对控制系统快速性的要求，本书对比研究了传统 PID 控制和模糊自适应整定 PID 控制。通过试验研究表明，模糊自适应整定 PID 控制具有更好的控制特性，对提高系统的控制有利。

(3)通过电动机单独驱动负载试验与电动机和液压蓄能器联合驱动负载试验的对比，表明液压蓄能器回收子系统能实现对重物势能的回收和重新利用，降低了电动机的输出功率，实现了系统节能的要求。

(4)通过对液压蓄能器参数和液压泵/马达参数的合理选择，能实现能耗最小为目标的功率匹配和电动机性能最优为目标的功率匹配。

6.3　电网回馈储能型二次调节流量耦联静液传动系统的试验研究

6.3.1　电网回馈储能型二次调节流量耦联静液传动试验系统组成

1. 电网回馈储能型二次调节流量耦联静液传动试验系统组成

“液压能-电能”转化试验台利用变频回馈技术将液压能转变为电能并直接回馈电网,是二次调节流量耦联静液传动技术的一种典型试验台。这种试验台能有效地完成能量的回收和利用,有着广阔的研究应用价值。试验系统工作原理如图 6.53 所示。具体工作过程见第 2 章。

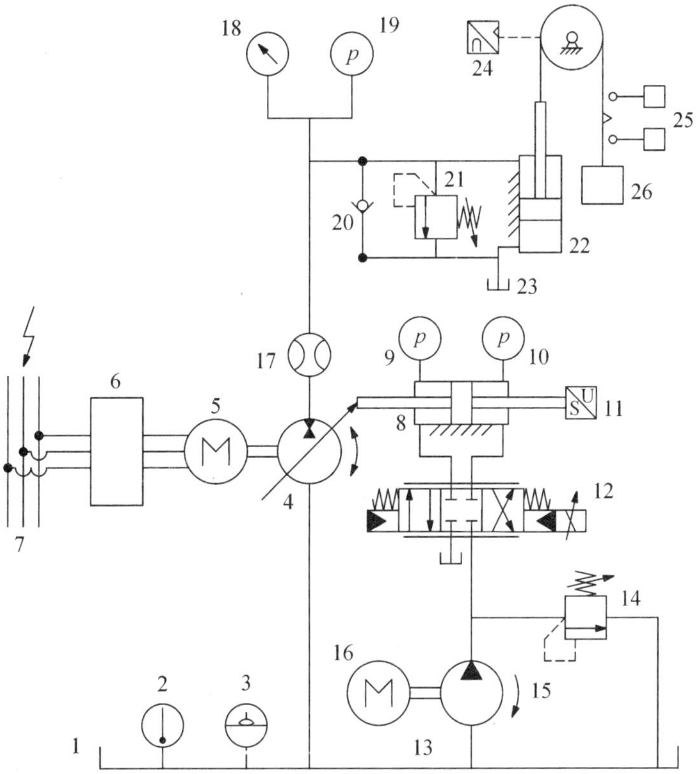

图 6.53　试验系统工作原理图

1、13、23—油箱;2—电节点温度表;3—液位计;4—液压泵/马达;5—电动机 1;6—变频器;7—电网;8—变量液压缸;9、10、19—压力传感器;11—位移传感器;12—电液伺服阀;14—溢流阀;15—齿轮泵;16—电动机 2;17—流量传感器;18—压力表;20—单向阀;21—溢流阀;22—液压缸;24—速度传感器;25—行程开关;26—负载

整个系统可以看作由两个油路组成,一个是主系统油路 1→4→22→23,另一个是控制油路 1→15→12→8→13。主油路的作用是给液压缸 22 供油举升负载 26,或者为液压缸 22 泄油,降落负载 26。控制油路的作用是给电液伺服阀 12 供油,进而改变二次元件 4 的斜盘摆角。

压力传感器 9 和 10 分别用来测量电液伺服阀 12 左右腔的压力，这在系统调试阶段有很重要的作用。

单向阀 20 和溢流阀 21 装载在一个阀块中，主要是起到安全的作用。在负载 26 上升过程中受阻，则二次元件 4 超载，通过安全阀 21 溢流卸荷，液压缸 26 的活塞杆停止不动，以保护设备。如在负载下降过程中受阻，活塞杆即停止不动，因电动机 5 照常转动，这时二次元件 4 入口所需的油，由油箱 23 经过单向阀 20 供给，二次元件 4 进行短路循环，即 23→20→4→23。经单向阀短路循环达到安全保护设备受损。

位移传感器 11 用来及时地反馈二次元件 4 的斜盘摆角值和计算机一起构成一个“小闭环”，计算机通过反馈回来的值调节斜盘摆角，以使二次元件根据负载的运行特性，实现稳定的供油。

速度传感器 24 用来及时地反馈负载上升和下降的速度，和计算机一起构成一个“大闭环”。这样，系统在“双闭环”的控制作用下能够达到一个比较精确的控制。

(2)试验台硬件设计。

HB-3300I 智能三相综合电参量监测仪：HB-3300I 相智能电参数监测仪能全面替代电流、电压、功率(有、无、视在)、功率因数、频率等电量变送器，还能替代电能(有无功)计量表(即电度表)。其设计先进，测量精度高(电压、电流测量精度为 0.2，其他电量测量精度为 0.5)。采用电磁隔离、光电隔离技术，使电压输入、电流输入、开关量输入、开关量输出、通信输出及输入电源互相完全隔离，是组成电气自动化的理想产品，如图 6.54 所示。

变频器选用深圳佳能科技有限公司的 IPC-MD 一体机，如图 6.55 所示。

图 6.54 HB-3300I 智能三相综合电参量监测仪

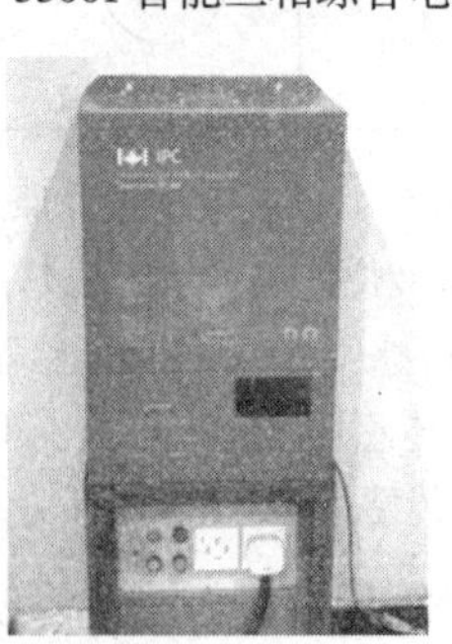

图 6.55 变频器 IPC-MD

IPC-MD 的性能特点如下：

① IPC-MD 是根据油田抽油机特殊工况，由加拿大 Albert 油田设计院设计，美国 Smart Chip 公司生产，已在德州油田和阿拉斯加油田大量使用。

② CPU：采用军品 32 bit DSP，-40 ~ +90 ℃气温条件下能正常工作。可靠性较商用变频器大大提高。

③ 抽油机专用应用程序。设计简化，适于普通采油工直接调试，无须说明书及操作手册，不会出现普通变频器由于参数多，不适于普通工人调试的顾虑。

④ 将上下冲程设定全部集中到两个电位器上，只需配合现场工图，通过电位器调定最佳曲线。

⑤ 冲次可调，30% ~120%。

⑥ 内置输入滤波装置，全程噪声过滤，对电网的干扰是普通变频器的 1/4。

⑦ 内置回馈制动单元，可把再生电能回馈电网。因已配置电抗器和噪声滤波器，可直接与 380 V/660 V 电网驳接使用。回馈电网的能量，效率可达 97%。

⑧ 系统无功损耗小，功率因素 $\cos\varphi>0.96$，同一供电线路可适当加载，节省增容费。

⑨ 柔性启动，降低电网载荷冲击，对电动机和设备无冲击。

⑩ 电能回收部分，比普通商用变频器多节能 15% ~25%。热损耗为电阻制动的 3% 以下。

⑪ 全电压自动跟踪，自动计算最佳制动力矩，用户不必自己设定任何参数。简化应用环节的操作。

⑫ 变频与回馈制动为一体，不需外部设备可以独立运行。故障率远远低于普通商用变频器与回馈制动单元的组合使用。IPC 产品的设计思想为免维护。

⑬ 野外无人值守，全自动设计，不必更换机械设备即可任意控制抽油速度。适用于不同地域、结构的油井，以及不同气候、环境条件的场合。

(3) 试验台控制系统设计。

如图 6.56 所示，控制所用的板卡、连接线路、主机、显示器、键盘、鼠标等被集装在控制柜中，板卡采用研华的多功能数据采集卡 1710、1730 和 6 路独立 D/A 输出 726。采集的输入信号有系统压力、控制油路压力、伺服阀两腔压力、滑轮转速、变量液压缸位移及油箱的温度。输出的信号有伺服阀阀长位移控制信号和变频器变频信号。

控制程序采用 C++builder 6.0，能够按照预定设计完成一系列自动运行和切换工作。具体的运行流程如图 6.57 所示。

6.3.2　系统试验节能效果分析

本试验需要调节的参数有 4 个，分别是电动机的输入频率 f、负载 L、二次元件的斜盘摆角 α_g 及负载的冲程 X。其中斜盘摆角 α_g 的调节可以改变负载的运行速度及系统举升负载的能力。在试验过程中，可以根据具体加载的负载质量和要求的负载运行速度，通过计算机给电液伺服阀一个恰当的电流信号。

利用溢流阀调定控制油路的压力为 2 MPa，如图 6.58 所示，系统在整个工作过程中，控制油路的压力基本恒定，能够给电液伺服阀稳定供油。

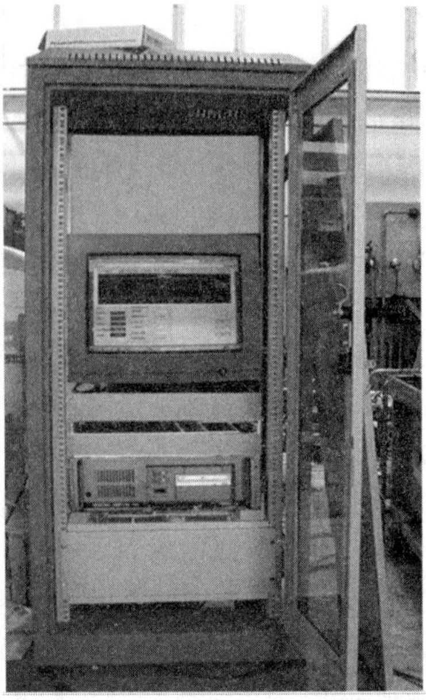

图 6.56 控制柜外观图

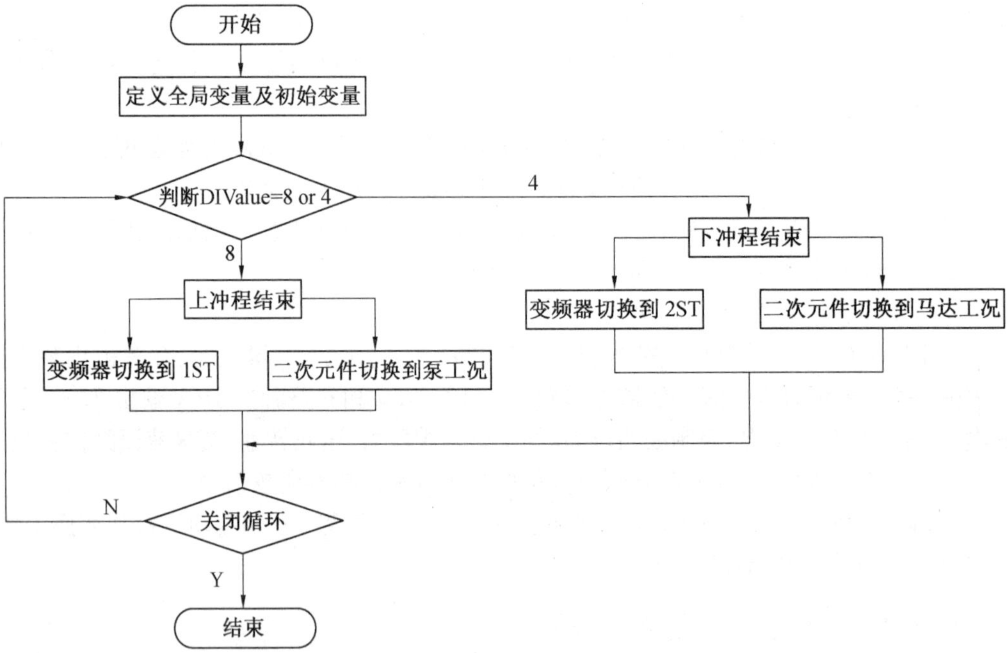

图 6.57 主程序流程图

在负载质量为 750 kg 的条件下，根据 HB-3300I 智能三相综合电参量监测仪的读取值绘出电动机有功功率和无功功率的曲线，如图 6.59 和 6.60 所示。

由图可以看到：

(1)负载在上升的时候，有功功率 $P>0$，无功功率 $Q>0$；

(2)负载在下降的时候，有功功率 $P<0$，无功功率 $Q>0$。

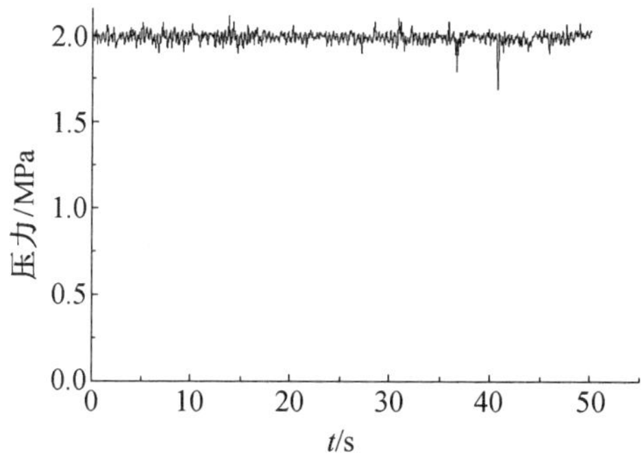

图 6.58　控制油路压力曲线

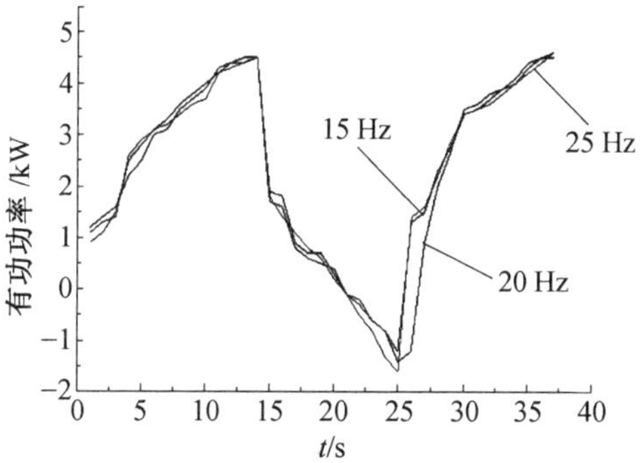

图 6.59　不同频率下有功功率

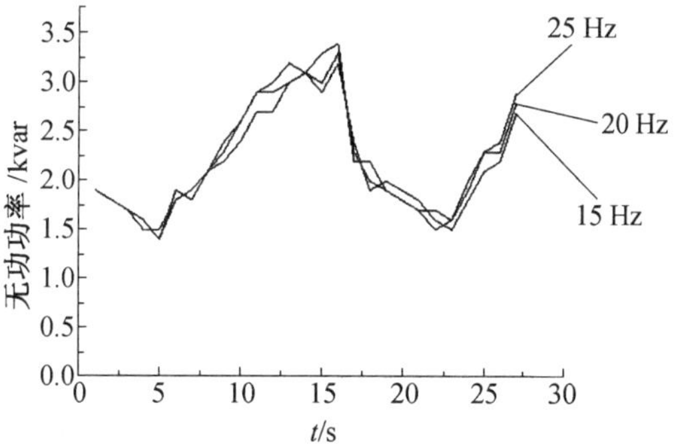

图 6.60　不同频率下无功功率

6.3.3　负载大小对系统工作压力及势能回馈的影响研究

在负载质量分别为 1 000 kg、800 kg、600 kg 的情况下进行测试，其中负载上升时间为 15 s，下降时间为 30 s。

系统主油路压力如图 6.61 所示。

可以看到，负载在下降时系统的压力减少 1 MPa 左右，试验中发现：在负载下降过程中，负载的质量低于 1 000 kg 时，负载发生轻微的震动现象。

图 6.62 是不同负载下电动机的有功功率特性曲线。

由图 6.62 可以看到，随着负载的增加，电动机出现的有功功率的绝对值在增大。测

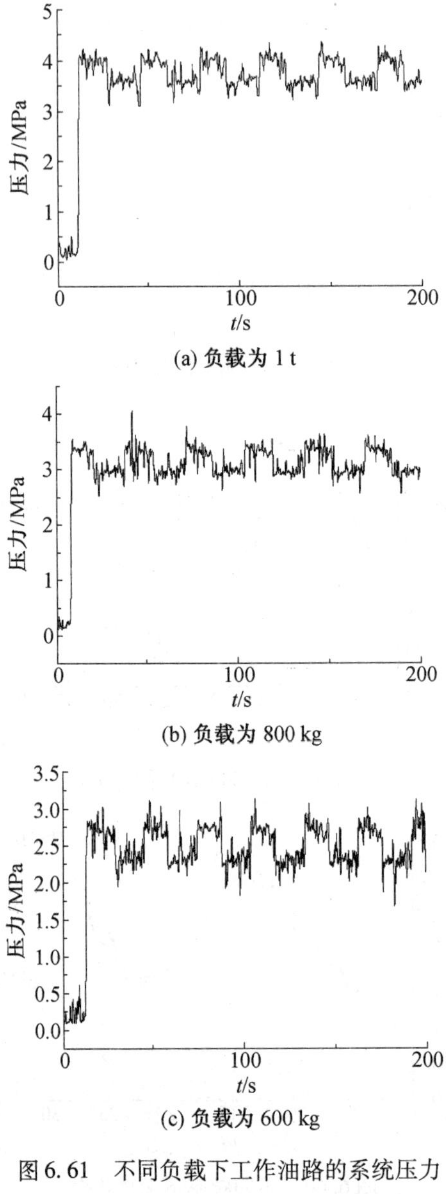

图 6.61 不同负载下工作油路的系统压力

试的三个负载值中,负载为 1 000 kg 的节能效果最为明显。

上升中的平均功率为 2.224 kW,下降中的平均功率为 0.319 kW;上升、下降过程的平均功率为(2.224 kW×15 s+0.319 kW×30 s)/45=0.954 kW;不接变频器时的平均功率为 1.519 kW;有功功率节能率为(1.519 kW-0.954 kW)/1.519 kW=37.20%。

6.3.4 负载速度对势能回馈的影响研究

负载为 1 000 kg,负载上升工况的频率为 30 Hz,下降程的频率为 20 Hz,根据测试结果调节斜盘摆角 α_g,改变负载的速度以达到改变冲次的目的,具体试验结果如图 6.63 所示。

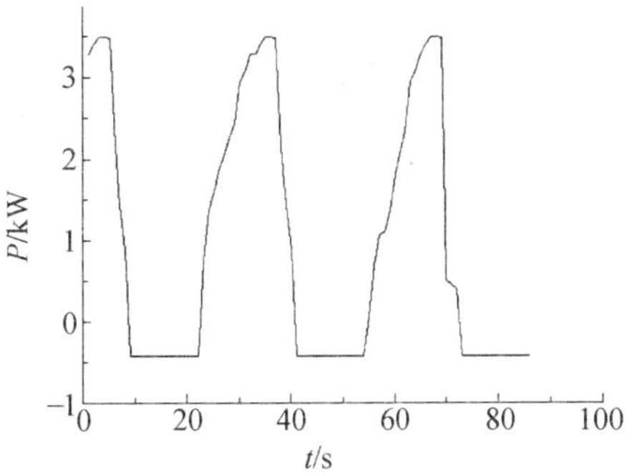

(a) 负载为 1 000 kg

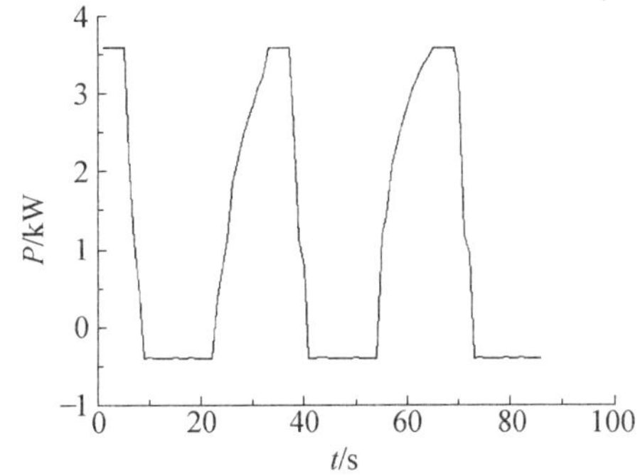

(b) 负载为 800 kg

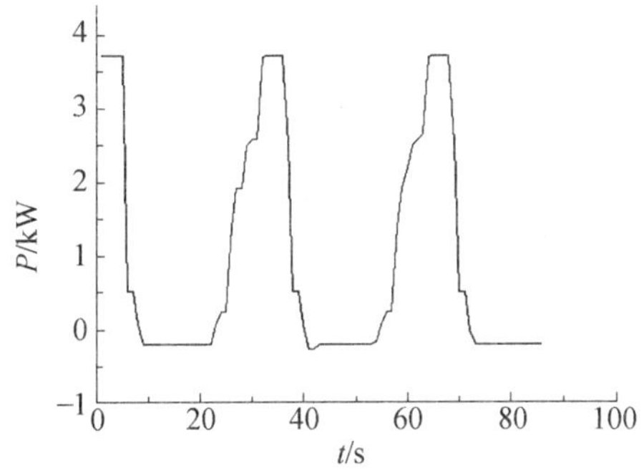

(c) 负载为 600 kg

图 6.62　不同负载下电动机的有功功率

比较图 6.63 中的(a)、(b)、(c),(a)和(b)两种工况的下冲程速度相等,上冲程速度相差 0.02 m/s,(c)的下冲程速度比(a)和(b)的大 0.04 m/s。结果显示:改变上冲程的速度不会影响系统的回馈率;增加负载的下冲程的速度可以提高系统的回馈率。

在工况图 6.63(c)中,负载上升工况的有功功率为 2.872 kW,下降过程的有功功率为0.181 kW;整个冲程平均功率为(2.872 kW×13 s+0.181 kW×15 s)/28 s=1.430 kW;不接变频器时的平均功率为 2.234 kW;有功功率节能率为(2.234 kW−1.430 kW)/2.234 kW=35.99%。

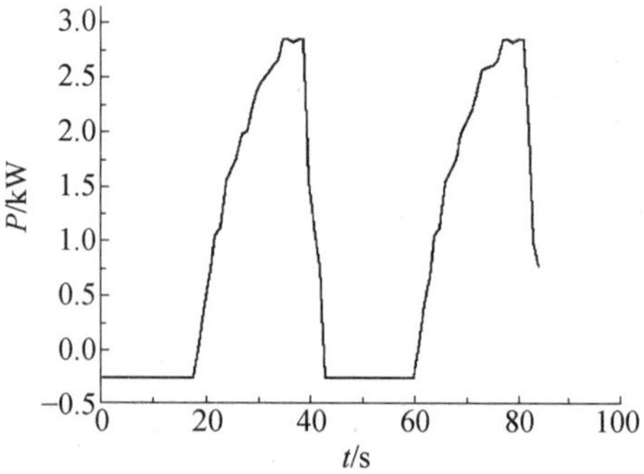

(a) 上 0.10 m/s, 下 0.09 m/s

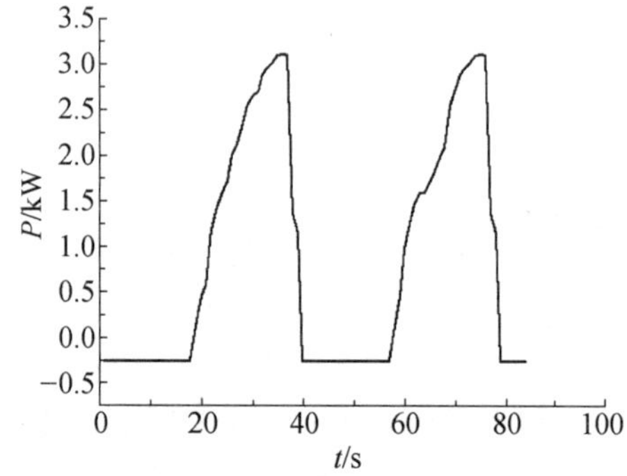

(b) 上 0.12 m/s, 下 0.09 m/s

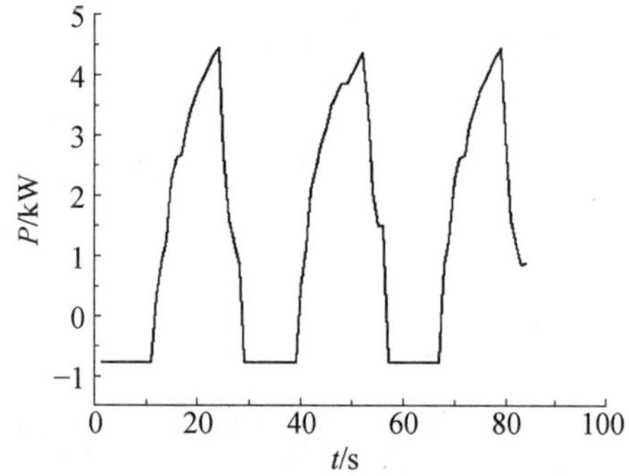

(c) 上 0.15 m/s, 下 0.13 m/s

图 6.63 不同冲次下电动机的有功功率

6.3.5 逆变器频率变化对势能回馈的影响研究

图 6.64 是不同逆变器频率下电动机的有功功率试验曲线,负载下降时的频率取 15 Hz、20 Hz、30 Hz 三个不同的值,对试验系统进行了测试。

试验表明:在满足负载下降过程时电动机的频率 $f_{下降}$ 小于负载上升工况时电动机的频率 $f_{上升}$ 的基础上,过低地减小电动机的频率,对回馈能量影响不大。一般负载下降过程时电动机的频率 $f_{下降}$ 比负载上升工况时电动机的频率 $f_{上升}$ 低 5 ~ 10 Hz 即可,过低地减少电动机的频率反而会影响电动机的功率因素。当负载下降过程频率 $f_{下降}<3$ Hz 时,变频器自行停机,进行“自保护”。

6.3.6　电网回馈储能型二次调节流量耦联静液传动系统试验结论

(1)采用了变频回馈技术后,负载的位能能够得到较为有效的回收。

(2)负载在下降的时候,有功功率 $P<0$,无功功率 $Q>0$;当负载下降时有功功率 $P<0$,无功功率 $Q>0$。

(3)在满足 $f_{下降}<f_{上升}$ 的基基础上,过低地减小电动机的频率,对回馈能量影响不大。

(4)适当地调节参数可以达到 37% 左右的能量回收率。

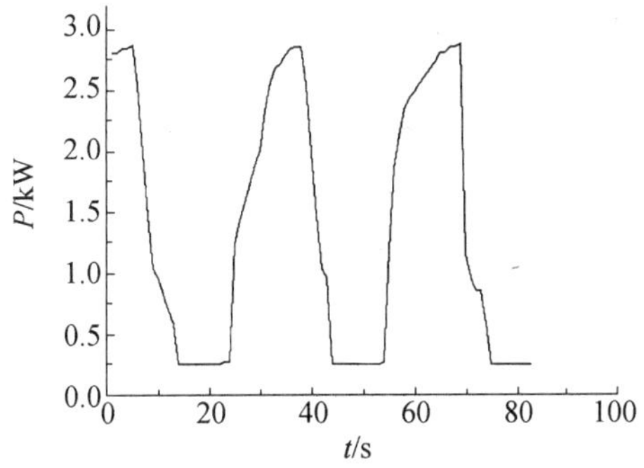

(a) 上升工况 30 Hz, 下降工况 20 Hz

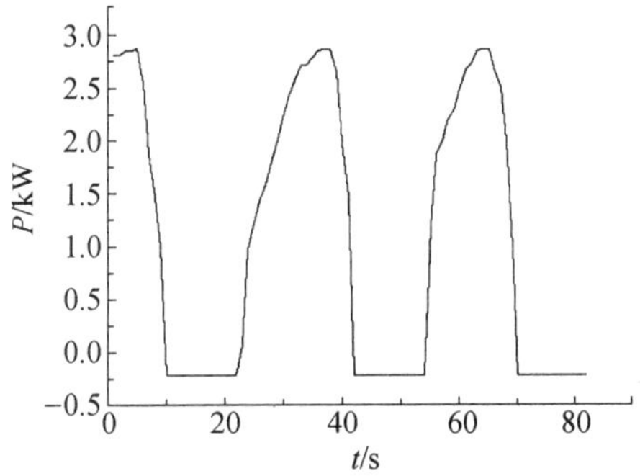

(b) 上 0.12 m/s, 下 0.09 m/s

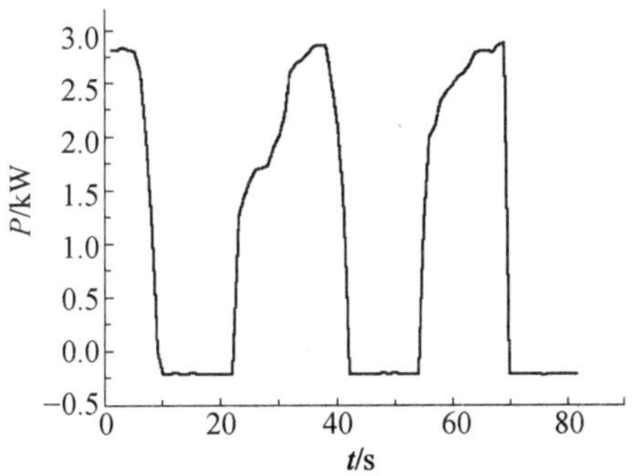

(c) 上升工况 30 Hz, 下降工况 15 Hz

图 6.64　不同频率下电动机的有功功率

第7章　二次调节流量耦联静液传动技术的应用

由于二次调节流量耦联静液传动技术可直接与定量液压执行元件相连接，更容易实现对单负载和非变量负载系统的控制，能够更方便地实现重力势能、惯性动能的回收和重新利用，但其构成的特殊性决定了其一般只适用单负载或性质完全相同的多负载，对多个不相关的负载，流量“耦合”具有效率很低的局限性。因此二次调节流量耦联技术没有二次调节压力耦联技术的应用广泛，但也在一些领域内得到应用，本章首先介绍二次调节流量耦联静液传动系统的典型应用，然后结合作者所进行的科研工作进行较为详细的二次调节流量耦联静液传动系统的设计，其中主要是进行液压能回收和重新利用的实例。

7.1　二次调节静液传动技术在液压提升设备中的应用

矿井提升机是矿井井上与井下以及井下之间的主要运输工具，是矿山运输的关键设备。它的能耗较大，耗电量一般占矿井总耗电量的30%～40%。同时在矿井提升机中由于有位能重力势能的周期性变化，采用二次调节静液传动技术可以回收其位能，从而节省能量。图7.1为矿井提升机位能回收系统的工作原理图。在该系统中，当提升重物时，二次元件6工作于液压马达工况，通过调节二次元件的变量斜盘摆角，进而调节其排量，使其达到与外负载的相互平衡，从而使重物匀速上升。当重物下落时，二次元件6工作于液压泵工况，回收重物位能，存于液压蓄能器中，以备后用。

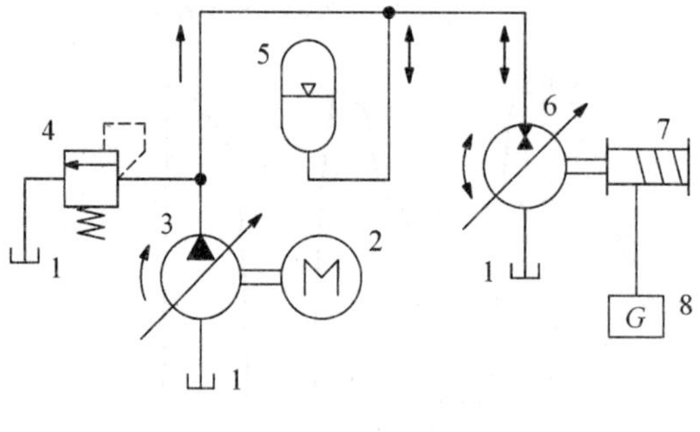

图7.1　矿井提升机位能回收系统

1—油箱；2—电动机；3——次元件；4—安全阀；5—液压蓄能器；6—二次元件；7—绕轮机构；8—负载

在图7.2所示的矿井提升机提升与下降过程的速度图中，*OABC* 段和 *C′DEF* 段分别代表矿井提升机的提升及下放过程。矿井提升机在下放过程中，若能将其重力势能进行回收并存储，则可将所存储的能量使用在矿井提升机的提升过程中，这样可以减少系统装机功率，节省能量。在重力势能的回收过程中可以将所回收的能量存储成液压能、机械能或电能。

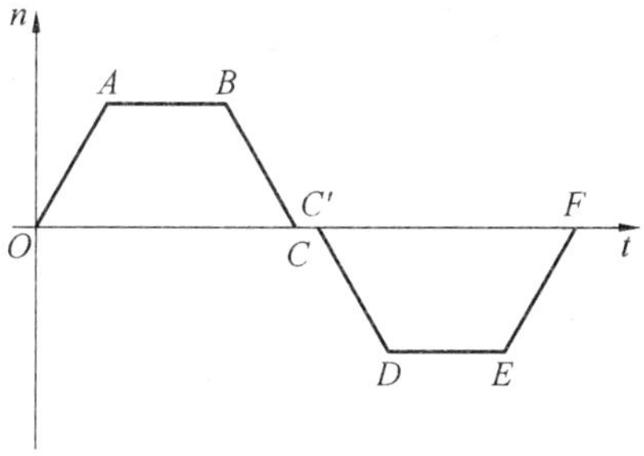

图 7.2　矿井提升机给定速度图

对于用电动机进行拖动的矿井提升机,若要进行重力势能的回收与重新利用,需利用电动机的可逆性,即通过电动机由电动机状态向发电机状态转换来实现。电动机作为发电状态时需外界有原动机(对于矿井提升机是下放的负载)拖动转子及使转子以略超过其同步转速的转动速度运转,此时输入的机械功率变成电功率从定子输出,使电动机作为发电动机运行,向电网回馈能量。

一般矿井提升机在提升负载阶段不能进行能量回收,如图 7.2 所示的 *OABC* 段,系统仅从电网获取能量。在下放负载时,只能在加速或等速阶段(*C'DE* 段)形成负力矩时才能采用发电反馈制动,向电网回馈电能,而在减速阶段(*EF* 段)不能采用发电制动。这是因为在减速阶段应使提升机从最大速度逐渐降低到零,这与矿井提升机发电回馈能量时需要以超同步转速运转的要求相违背,这时的提升机需要采用其他制动方式来减速、停车。图 7.3 是二次元件的四象限工作方式图。

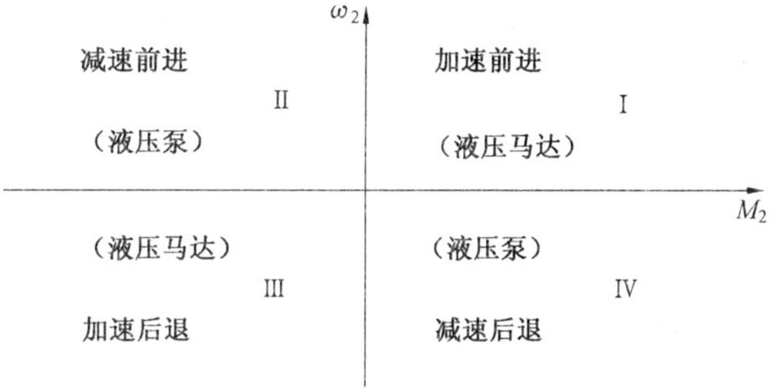

图 7.3　二次元件的四象限工作方式图

应用了二次调节静液传动技术的矿井提升机,可以通过调节二次元件的斜盘摆角实现对制动动能和重力势能的回收。在提升负载速度曲线中的 *BC* 段回收制动动能;在下放负载的全过程(*CDEF* 段)回收重力势能。

应用二次调节静液传动技术的矿井提升机具有以下特点:

(1)拖动系统正反换向可通过调整二次元件的斜盘摆角(过零点)来实现,电动机在换向过程中不需停机,这样减小了电动机频繁启动对电网的冲击。

(2)回收的能量可直接供其他系统使用或由液压蓄能器储存供系统在提升加速需要大流量时使用,从而使系统设计功率可按平均功率取值,这样,既减少初期设备投资,又减少运行过程中的电能消耗。对于目前常用的矿井提升机虽然也能进行能量回收，但回收后的能量形式只能是电能，回收的能量对系统的设计功率没有影响，不能减小系统的设计功率。

(3)二次调节系统通过调节二次元件的排量实现速度和功率的控制，无节流损失和溢流损失，使系统温升减小，噪声降低，节省冷却费用。

(4)对于矿井提升机来说，要保证其安全运行，必须使负载按给定速度曲线运行，并且应有良好的位置精度。二次调节系统可通过转速、位置和转矩等的复合控制实现上述要求，且控制参数少，易于实现。

通过以上分析可知，二次调节静液传动技术应用在矿井提升机中能量的回收与重新利用比现有提升机具有明显的优越性，可以减小主电动机的设计功率，回收和重新利用系统的制动动能和重力势能，具有明显的节能效果。在能源日益紧张的今天，基于能量回收与重新利用而提出的二次调节静液传动技术，在矿井提升机中有着广阔的应用前景。

常见的类似的液压提升设备还包括钻井平台的船用吊车、船厂和大型舰船的吊装设备等，它们多数是由液压驱动的，其工作原理与矿用液压提升机相类似，均可以采用二次调节流量耦联静液传动技术进行改造，回收和重新利用系统的制动动能和重力势能，从而达到理想的节能效果。

7.2 二次调节流量耦联静液传动技术在汽车驱动技术中的应用

近年来，许多国家将二次调节静液传动技术应用到车辆传动中，并取得了重大进展，该项技术逐渐引起各国政府、研究机构及汽车制造商的高度重视。该系统利用液压泵/马达可工作于四象限的特点，回收传统车辆浪费掉的制动动能，存储于高压液压蓄能器中，所回收的能量可在车辆启动和加速过程中提供辅助功率，从而减小发动机的装机功率，降低油耗，减少有害气体的排放，延长汽车刹车装置等零部件的使用寿命。相对于电动混合动力技术，静液传动技术具有功率密度大，短时间内完成能量释放和存储能力强的特点。

根据车辆动力系统的连接方式，静液传动车辆可以分为串联式静液传动车辆、并联式静液传动车辆、混联式静液传动车辆以及轮边式静液传动车辆。其中，压力耦联技术应用于车辆领域通常指串联式静液传动车辆，而流量耦联技术应用于车辆领域多用于并联式和轮边式静液传动车辆。

并联式静液传动车辆采用发动机和液压泵/马达两套驱动系统(图7.4)，可进行发动机单独驱动、液压泵/马达单独驱动或发动机和液压泵/马达联合驱动三种工作模式。并联式静液传动车辆以发动机作为主动力源，液压泵/马达作为辅助动力源。双向可逆的变量液压泵/马达和两个高、低压液压蓄能器组成液压能量再生系统，液压泵/马达完成高、低压液压蓄能器之间的能量交换，低压液压蓄能器的功能相当于有一定压力的封闭油箱，高压液压蓄能器存储和释放制动动能。并联式静液传动车辆有一智能型中央电子控制器，它将负责管理发动机和液压蓄能器之间的动力切换、信号输出以及回收刹车能量，并联式静液传动车辆与传统车不同的工作过程表现在刹车减速和启动加速两个方面。

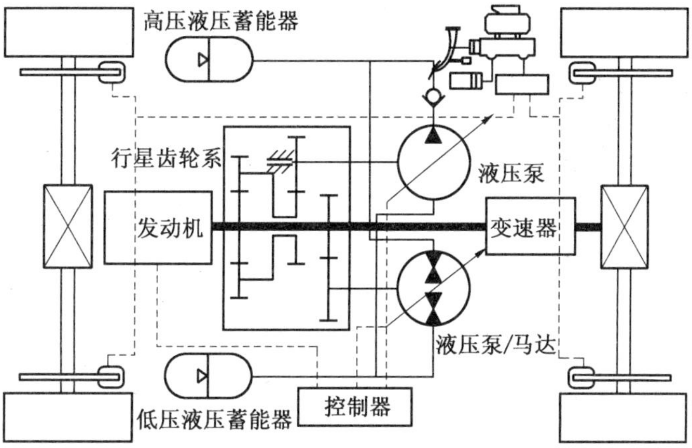

图 7.4　并联式静液传动车辆

在车辆刹车减速时，先轻踏刹车踏板，踏板角度处在低强度刹车区时，中央电子控制器接受刹车踏板信号并发出指令，改变液压泵/马达变量机构摆角工作象限，液压泵/马达起液压泵作用，旋转车轮的惯性带动液压泵转动，将低压液压蓄能器中的油液吸入到液压泵中，并将高压油液输出到高压液压蓄能器，实现刹车能量回收，刹车能量由高压液压蓄能器回收储存。

启动（含冷启动）和加速时，先轻踏油门踏板，油门踏板角度处在仅使用液压能量再生系统的区域，中央电子控制器接收油门踏板信号并发出指令，改变液压泵/马达变量机构摆角工作象限，使液压泵/马达作为液压马达用，高压液压蓄能器向液压马达输出储存的能量，液压马达转动并带动车辆启动同时液压马达出油口的油液回到低压液压蓄能器中。

在不使用或取消液压能量再生系统时，并联式静液传动车辆就是普通的传统车，其驾驶模式和行驶特性与传统车一样。只是当并联液压能量再生系统使用时，在启动（含冷启动）、加速和减速这三个过程中与传统车驾驶模式不同。

并联式静液传动系统的发动机和液压泵/马达的额定功率虽然都很小，但是动力性却很高。在低速小功率运行时可以关闭发动机，利用液压蓄能器进行驱动；在中高速平稳运行工况，可以只利用发动机进行驱动；高速运行或加速时，可以利用动力耦合系统对发动机和液压泵/马达的输出动力进行叠加。

并联式静液传动系统的特点是整体效率高，功率密度大但能量密度低，系统可储存的总能量有限，可瞬时收集并储存能量，一旦需要就能立即投入使用，由于与内燃机并联使用，其结构较复杂，控制难度大，成本较非混合车辆高。因此适宜使用在频繁启动、加速、减速、停止工况的垃圾清运车、重型公交车、叉车、轮胎压路机、伸缩臂式装卸车、互换车体式集装箱运输车等车辆实现混合动力配置。图 7.5 为使用并联式静液传动技术的垃圾清运车。

图 7.5 采用并联式二次调节静液传动技术的垃圾清运车

7.3 二次调节流量耦联静液传动技术在抽油机中的应用

当地下油田缺少地下压力或者其他原因不能采用自然方法进行开采时，就要采用“人工”方式进行开采。在这些方法中，地表泵是常用的一种，传统的地表单元被称为“磕头机”，它是由一套齿轮传动系统和杆机构来驱动的，具有近似于相同的提升和下降速度。这种系统的效率较低。

20 世纪 90 年代开始，德国力士乐公司和其合作公司开始研发新型的基于二次调节流量耦联静液传动技术的抽油机。新型的抽油机按照能量回收方式的不同分为液压蓄能器蓄能型二次调节流量耦联静液传动抽油机（力士乐内部型号为 R5），回馈电网型二次调节流量耦联静液传动抽油机（力士乐内部型号为 R6），飞轮蓄能型二次调节流量耦联静液传动抽油机（力士乐内部型号为 R7）。

7.3.1 液压储能型二次调节流量耦联静液传动抽油机

型号 R5 的液压抽油机工作原理图如图 7.6 所示，它是将抽油机中的抽油杆、液体和地下泵下降过程中的重力势能转换成液压能来进行存储的。

图 7.6 中 G 为石油泵和抽油杆的重量，最大为 140 kN（3 km 深时）。1、2 均为二次元件，可工作在液压泵工况或液压马达工况。R5 型抽油机在受控的下降过程中，靠抽油杆、液体和地下泵的重力势能来驱动液压马达工况的二次元件 2。电动机 8 和二次元件 2 共同驱动液压泵工况的二次元件 1，二次元件 1 将压力油泵入液压蓄能器 3 中，这样使得抽油杆、液体和地下泵的势能转换为液压能储存在液压蓄能器 3 中。当液压缸活塞杆运动到下降终点时，冲程开关 7 被触发，二次元件 2 被转换为液压泵工况，二次元件 1 被转换

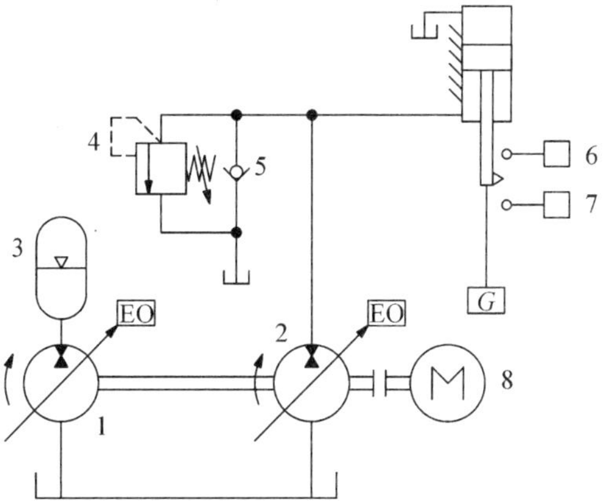

图7.6　基于二次调节技术的R5型抽油机原理图

1、2—二次元件;3—液压蓄能器;4—溢流阀;5—单向阀;6、7—行程开关;8—电动机

为液压马达工况,这样在电动机和液压蓄能器的双重作用下,液压缸活塞杆带动抽油杆快速向上运动。相对于机械齿轮式抽油机固定的提升、下降速度,二次调节流量耦联静液传动抽油机具有可调的提升和下降速度,因此具有更高的循环频率和填充率,同时回收了抽油杆、液体和地下泵的势能,减小电动机的电力消耗。1998年,力士乐公司与海洛外勒公司向委内瑞拉PDVSA油田公司提供250套R5型抽油机整机。与传统解决方案相比,R5型液压抽油机可以节省25%的能耗,并使生产力提高15%。

7.3.2　电能储能型二次调节流量耦联静液传动抽油机

型号R6的液压抽油机工作原理图如图7.7所示,它是将抽油机中的抽油杆、液体和地下泵下降过程中的重力势能转换成电能来进行存储的。

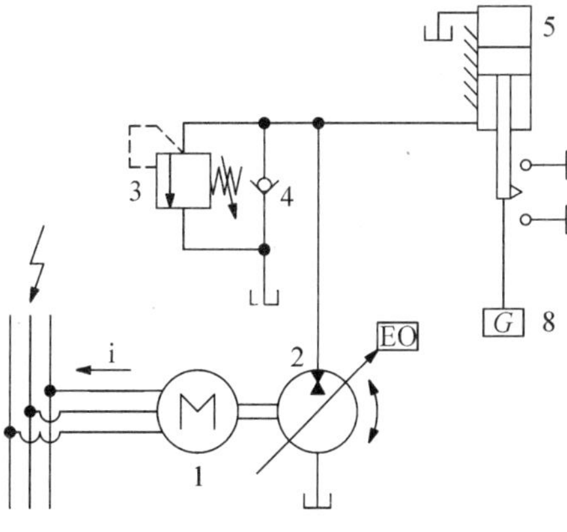

图7.7　基于二次调节技术的R6型抽油机原理图

1—电动机;2—二次元件;3—溢流阀;4—单向阀;5—液压缸;6、7—行程开关;8—负载

R6型抽油机在受以的下降过程中,靠抽油杆、液体和地下泵的重力势能来驱动二次元件2。二次元件2再以超同步的方式驱动电动机1作为发电机工作,所获取的电能以洁净的正弦电流输入电网并供给其他用电设备使用。当液压缸活塞杆运动到下降终点

时，行程开关7被触发，二次元件2被转换为液压泵工况，液压缸活塞杆带动抽油杆向上运动。使用电能回收型二次调节流量耦联静液传动抽油机能减少共用同一电网的多个设备的能量需求量。这些设备一般情况下是以时间上相错开的形式工作，以此来减少能量消耗。R6型液压抽油机在阿根廷得到了应用。

7.3.3 机械能储能型二次调节流量耦联静液传动抽油机

型号R7的液压抽油机工作原理图如图7.8所示，它是将抽油机中的抽油杆、液体和地下泵下降过程中的重力势能转换成机械能来进行存储的。R7型抽油机在受控的下降过程中，靠抽油杆、液体和地下泵的重力势能来驱动作为液压马达工况的二次元件2。二次元件2再驱动以20%转差率工作的电动机1和飞轮8同步转动，以此将势能转化为飞轮的机械能储存起来。当液压缸活塞杆运动下降至终点时，行程开关7被触发，二次元件2被转换为液压泵工况，驱动二次元件2的能量一部分来自电动机1，另一部分来自飞轮所储存的机械能。在上升过程中，随着飞轮转速的下降而释放能量，从而减少电动机负荷。这样，就将能量需求分配在全部循环上，以此减少对电动机1的电能的需求。

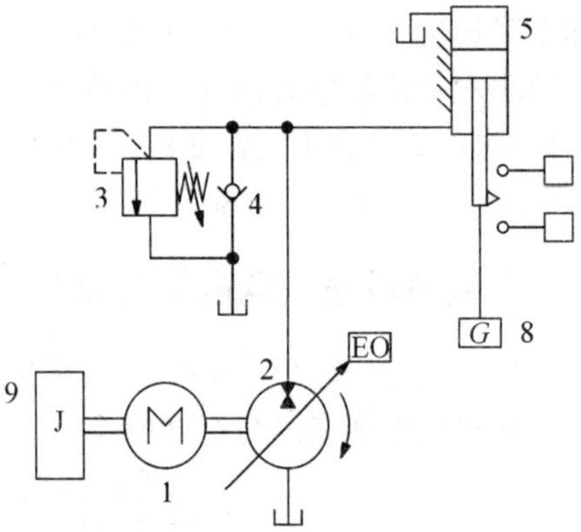

图7.8 基于二次调节技术的R7型抽油机原理图

1—电动机；2—二次元件；3—溢流阀；4—单向阀；5—液压缸；6、7—行程开关；8—负载；9—飞轮

胜利油田高原石油装备有限责任公司于2011年3月18日在国内某油田现场安装使用了R7型二次调节流量耦联静液传动抽油机，经过近5个月的现场应用，该液压抽油机表现良好，在节能方面表现突出。

7.3.4 机械能储能型(R7)二次调节流量耦联静液传动抽油机特点

(1)结构简单、轻便，整机质量不足5 t，运输、拆装简单方便；

(2)操作容易，冲程、冲次调整及日常维护工作只需通过控制柜操作面板按键操作即可完成。

(3)参数调整精度高，冲程、冲次调整均通过电器及液压元器件配合完成，调整精度高。

(4)安全、环保，高压油路、高速飞轮以及大部分液压管路液均与外部隔离，大大地减少意外事故的发生，液压油可能出现泄漏的部位也均有防护或回收装置，避免了设备对环境的污染；

(5)占地面积小,可满足小间距的丛式井和平台井的安装要求。

(6)智能控制,可适时显示光杆运动、显示示功图,能根据油井载荷自动调整油井平衡,提高了平衡率。

(7)采用飞轮储能,这种储能方式相比液压、气动储能极大地提高了储能效率。

7.3.5　机械能储能型(R7)二次调节流量耦联静液传动抽油机与游梁式抽油机参数对比

下面通过对比分析一下 R7 型液压抽油机与游梁式抽油机的性能及现场应用情况。表 7.1 为抽油机各项技术参数比较,表 7.2 为两种抽油机现场生产数据比较。

表 7.1　两种抽油机各项技术参数比较

对比参数	R7 型液压抽油机	游梁式抽油机
悬点载荷/t	10	10
最大冲程/m	3	3
最高冲次/(次·min^{-1})	4	6
电动机功率/kW	22	37
平衡方式	液压-机械平衡	配重平衡
整机质量/t	4.5	18.75
减速箱扭矩/(kN·m)	无减速箱	37
平衡调整方式	液压智能调整	配重平衡

表 7.2　两种抽油机现场生产数据比较

对比参数	R7 型液压抽油机	游梁式抽油机
层位	ES14	ES14
日均产液量/m^3	33.11	39.52
挂深度/m	1 400	1 400
日均耗电量/(kW·h)	162	261
工作冲程/m	3	3
工作冲次/(次·min^{-1})	3	4.5
泵径/min	ϕ56	ϕ56
平均泵效	107.44%	82.83%
动液面/m	575	770

从表 7.1 和表 7.2 可以看出：

(1)液压抽油机整机质量不足普通游梁抽油机的 1/4；

(2)吨液耗电量约为普通游梁抽油机的 3/4,平均单井日节省电能可达 100 kW·h 左右；

(3)泵效高,作业初期油井泵效可达 150%,到后期油井压力稳定后,平均泵效在

95%左右,比使用游梁抽油机时泵效提高12%以上;

(4)具有节能效果。液压抽油机无须人工调整平衡,通过控制系统可自动调整平衡,使系统平衡率始终很高。而游梁抽油机平衡调整时,需要人工调整,劳动强度大,且一旦油井负荷改变,则需重新调整,如不及时调整会极大地造成电能浪费。

虽然液压抽油机在节能和泵效方面有突出优势,但其最高冲次仅4次,因此限制了油井产量的提高,而普通游梁抽油机最高冲次为6次甚至更高;液压抽油机控制部分复杂,传感器、液压阀及各种电器元件繁多,在日常的检修和维护过程中会十分烦琐,而且在出现故障时需要专业的人员才可以进行维修工作。而且如果液压缸出现故障,在检修维护时必须在特定的环境下才可以实现,一定程度上延长了维修时间,增加了维修费用;工作噪声大,该抽油机在工作过程中液压系统会发出刺耳的噪声,在50 m范围内仍有明显声响,所以不适合在人员居住区附近使用该抽油机。

7.3.6 机械能储能型(R7)二次调节流量耦联静液传动抽油机的优点

(1)过载保护。通过对牵引力安全而有效的限制,R7型抽油机可避免抽油杆的断裂;当油井内高阻力导致抽油杆不能正常运作时,液压泵单元会从正转变为反转,使抽油杆反向蠕动;抽油杆会不断上下蠕动,直至克服井内阻力为止,可使抽油动作恢复正常。

(2)更高生产力。升降速度可分别调节,最高升速不受最低降速的影响,每分钟的冲程长度会有所增加,生产力更高。

(3)操作简便快捷。现场调试简便;系统体积减小,整体质量亦减少,便于运输。

(4)可维护性好。每6个月需做定期维护,更换液压油和液压缸密封圈。

(5)特殊功能远程控制及状态检测。通过远程控制中心直接启动和调节抽油泵参数,可迅速改变设置,使生产过程达到最优。

7.4 二次调节流量耦联静液传动游梁式液压抽油机

常规游梁式抽油机自诞生以来,历经百年使用,经历了各种工况和各种地域油田的生产考验,目前在国内外仍普遍使用。常规游梁式抽油机以其结构简单、经久耐用、操作简便、维护费用低等明显优势,一直占据着有杆系采油地面设备的主导地位。但由于其在结构上的限制,使得常规游梁式抽油机无法解决“大马拉小车”和能耗高的缺点。为克服常规游梁式抽油机能耗高的缺点,很多国内外的研究者均在常规游梁式抽油机的基础上进行技术革新和技术改造,秉承其优点,克服其缺点,研制开发了许多种节能高效的新型游梁式抽油机,使传统的游梁式抽油机又呈现出了强大的生命力。

这种对游梁式抽油机的改进方式一般都是按照平衡原则,通过改变平衡方式来对常规游梁式油机进行技术改造。在工程实际中,一般采用三种平衡方式:一是在曲柄上加平衡块,即曲柄平衡;二是在游梁尾端加平衡块,即游梁平衡;三是在曲柄和游梁尾端都加平衡块,即复合平衡。这三种平衡方式所形成的平衡扭矩曲线都是规则曲线,而抽油载荷扭矩曲线却是非规则曲线,其叠加曲线存在较大的峰值扭矩和负扭矩。从而对电动机有较大的损耗,同时,由于不论是哪种平衡方式,一般均不能达到完全平衡,因而回收的重力势能有限,所以并不能达到最佳的节能效果。而一般的液压抽油机则具有结构复杂,运动件多、成本高、发热量大、现场维护难、故障率高、寿命短等缺点。所以,根据需求设计出一种既能克服游梁式抽油机的缺点,又能满足井况和操作需要的改进后的抽油机是十分必要的。

为此,将常规游梁式抽油机和液压抽油机的优点结合起来,并将平衡原理归入功率回收问题来进行考虑,实现能量的回收、储存和重新利用,通过液压将游梁式抽油机回程时的势能转化为液压能,从而使游梁式抽油机由单纯的机械平衡达到系统自身的功率和转矩平衡,从而使回收更完全。

该项技术改造的主要目的是节能,同时结构简单,成本低,便于维护保养。在常规游梁式抽油机中增加了液压元件,通过液压专门装置来实现平衡,使抽油机的效率提高,延长了电动机的使用寿命。

7.4.1　二次调节流量耦联静液传动游梁式抽油机液压系统原理

对游梁式抽油机在保持常规游梁式抽油机现有主要机械结构不变(即保持其原有四杆机构和减速器不变)的情况下,仅在如图 7.9 所示的游梁式抽油机电动机的一侧增加部分液压元件,其液压能量回收系统原理图如图 7.10 所示。

图 7.9　游梁式抽油机实物图

通过对常规游梁式抽油机的改造可以使其达到准确的平衡,即下面的两个平衡关系。

(1)在上冲程工作中,液压泵/马达工作在液压马达工况,液压泵/马达和电动机一起带动减速器(从而带动曲柄)运动。需满足的转矩平衡方程为

$$T_m + \frac{p_1 D_1}{2\pi} = T_1 \qquad (7.1)$$

式中　T_m——电动机转矩,N·m;

p_1——液压蓄能器最低工作压力,MPa;

V_1——液压泵/马达排量,$m^3 \cdot r^{-1}$;

T_1——减速器所需转矩,N·m。

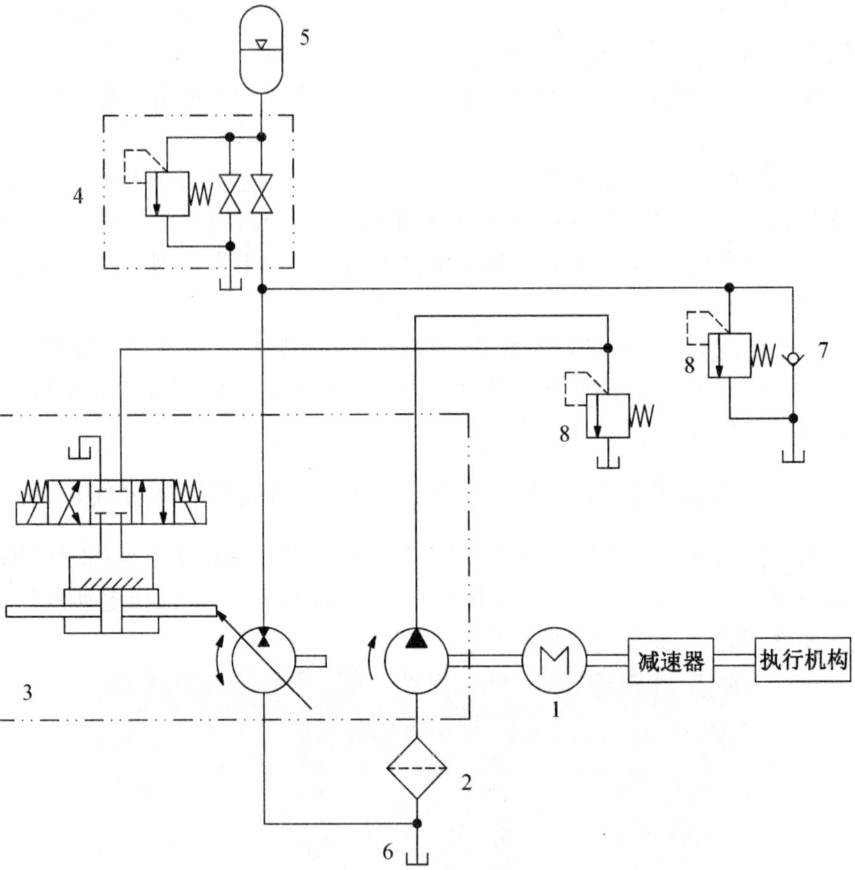

图 7.10 液压能量回收系统原理图

1—电动机；2—过滤器；3—液压泵/马达；4—液压阀组件；

5—液压蓄能器；6—油箱；7—单向阀；8—溢流阀

(2)在下冲程工作中，液压泵/马达工作在液压泵工况，电动机和减速器一起带动液压泵工作。需满足的转矩平衡方程为

$$\frac{p_2 V_2}{2\pi}=T_m+T_1 \tag{7.2}$$

式中 p_2——液压蓄能器最高工作压力，MPa；

V_2——液压泵/马达排量，$m^3 \cdot r$。

通过效率为 η_1、传动比为 i_1 的减速器输入转矩为 T_1，可以得到减速器对曲柄轴的输出转矩为

$$T_2=T_1\eta i \tag{7.3}$$

在不加配重的情况下，在抽油过程中减速器输出轴(曲柄轴)的转矩 M 可表示为

$$T_2=\frac{a}{b}\frac{r\sin\alpha}{\sin\beta}(P-B) \tag{7.4}$$

式中 P——额定悬点载荷，kN；

B——抽油机结构不平衡值，kN，等于连杆与曲柄销脱开时，为了保持游梁处于水

平位置而需要加在光杆上的力。此力向下时 B 取正值；向上时 B 取负值。

图7.11是游梁式抽油机机械系统机构示意图。根据图7.11中的结构和参数，对 b、J 及连杆 l 和 K、以及曲柄半径 r 构成的两个三角形分别应用余弦定理可得

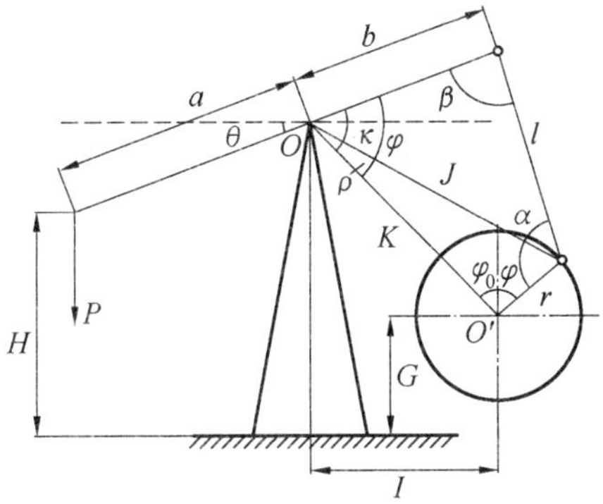

图7.11　游梁式抽油机机械系统机构示意图

$$\beta=\arccos\frac{b^2+l^2-K^2-r^2+2Kr\cos(\varphi+\varphi_0)}{2bl} \tag{7.5}$$

式中　β——游梁后臂 b 与连杆 l 之间的夹角，rad；

l——连杆有效长度，m；

K——曲柄轴中心到游梁轴中心的距离，m；

φ——观察时井口在左侧，从12点钟位置算起，曲柄按顺时针方向旋转的角，rad；

φ_0——K 和12点钟位置的夹角，rad，$\varphi_0=\arctan\dfrac{I}{H-G}$；

I——游梁轴中心到曲柄轮中心的水平距离，m；

H——游梁轴中心到底座底部的距离，m。

由上述两个三角形的角度关系可得

$$\alpha=360°-[\beta+\phi+(\varphi+\varphi_0)] \tag{7.6}$$

式中　α——连杆 l 和曲柄 r 之夹角，rad，按顺时针方向算起，从 r 到 l；

ϕ——b 和 K 之间的夹角，rad，$\phi=\kappa+\rho$；

κ——b 和 J 之间的夹角，rad，$\kappa=\arcsin\left(\dfrac{l\sin\beta}{J}\right)$；

J——曲柄销中心到游梁轴承中心之间的距离，m，$J=(l^2+b^2-2lb\cos\beta)^{\frac{1}{2}}$；

ρ——K 和 J 之间的夹角，rad，$\rho=\arcsin\left[\dfrac{r\sin(\varphi+\varphi_0)}{J}\right]$；

式(7.4)中的 $\dfrac{a}{b}\dfrac{r\sin\alpha}{\sin\beta}$ 为转矩因数，用 $\overline{TF}$ 表示为

$$\overline{TF}=\frac{a}{b}\frac{r\sin\alpha}{\sin\beta} \tag{7.7}$$

则式(7.4)可以写成

$$T_2=\overline{TF}\cdot(P-B) \tag{7.8}$$

由以上式子可以计算出在不加平衡块时,抽油机在抽油过程中减速箱输出轴(曲柄轴)的转矩。这样同样可以计算出不加平衡块时,所需要的电动机功率。电动机的功率可根据曲柄轴等值转矩计算。

在增加平衡块时,在抽油过程中减速器输出轴(曲柄轴)的转矩 T_2 可用下式计算:

$$T_2 = \overline{TF}(P-B) - M_{cmax}\sin\varphi \tag{7.9}$$

式中 T_{cmax}——曲柄最大平衡转矩,即曲柄处于水平位置(φ 为 90°和 270°)时曲柄平衡重产生的转矩;

$$T_{cmax} = W_{cb}R + W_c R_c \tag{7.10}$$

式中 W_{cb}——曲柄平衡块总重,kN;

W_c——曲柄重,kN;

R——曲柄平衡半径,即曲柄轴心至平衡块重心之距离,m;

R_c——曲柄重心半径,即曲柄轴心至曲柄重心之距离,m。

由于曲柄轴上的载荷是不断变化的,因此只有在上、下冲程的某一瞬间达到最大值,才需用等值转矩来计算电动机功率。所谓等值转矩,就是用一个固定转矩代替变化的实际转矩,使其电动机的发热条件相同,则此固定转矩称为实际变化转矩的等值转矩。抽油机曲柄轴的等值转矩与最大转矩之间存在一定的关系,可近似表示为

$$T_e \approx kM_{max} \tag{7.11}$$

抽油机的运动视为简谐运动 $k=0.7$;回归分析结果 $k=0.54$;根据理论分析和实际资料的计算结果,并考虑到不平衡等因素,一般取 $k=0.6$。由此就可以计算减速器的输入转矩,即

$$T_1 = \frac{T_e}{\eta_1 i_2} \tag{7.12}$$

减速器的输入转矩 T_1 也就是电动机的输出转矩,由此可以计算电动机功率。

$$P_{mc} = \frac{T_1 \times n_m}{9.55\times10^3 \times i_2 \times \eta_2} \tag{7.13}$$

式中 P_{mc}——电动机功率,kW;

n_m——电动机转速,$r\cdot min^{-1}$;

i_2——皮带轮传动比,$i_2=D/d$;

D——减速箱皮带轮直径,m;

d——电动机调换胶带轮直径,m;

η_2——皮带传动效率。

将式(7.12)代入式(7.13)可得

$$P_{mc} = \frac{T_e \times n_m}{9.55\times10^3 \times i \times \eta} \tag{7.14}$$

式中 i——总传动比,$i=i_1\times i_2$;

η——传功效率(即减速器传动效率与皮带传动效率的乘积,可取油田的统计值)。

计算得出抽油机所需要的电动机功率 P_{mc} 和需改造的抽油机所提供的电动机功率 P_m 之差,就是在上冲程中液压泵/马达应该提供的功率 P_{ac},即

$$P_{ac}=P_{mc}-P_{m} \tag{7.15}$$

7.4.2 液压蓄能器基本参数计算

在该系统中，液压泵/马达提供的功率来自液压蓄能器释放的能量。因此需要计算液压蓄能器的基本参数。

液压蓄能器充气压力、最低工作压力、最高工作压力三个压力参数之间的相互关系为

$$0.25p_2 \leqslant p_0 \leqslant 0.9p_1 \tag{7.16}$$

$$\Delta p \leqslant p_1 \tag{7.17}$$

(1)液压蓄能器有效容积 ΔV 的计算。

$$V_1=\sqrt[1.4]{\frac{p_0 V_0^{1.4}}{p_1}} \tag{7.18}$$

$$V_2=\sqrt[1.4]{\frac{p_0 V_0^{1.4}}{p_2}} \tag{7.19}$$

$$\Delta V=V_1-V_2 \tag{7.20}$$

(2)液压蓄能器所能储存能量 E 的计算。

液压蓄能器释放功的过程：

$$p_2 V_2 \rightarrow p_1 V_1$$

$$E_{2\to1}=\int p\mathrm{d}V=\int_{V_2}^{V_1}\frac{p_0 V_0^{1.4}}{V^{1.4}}\mathrm{d}V=p_0 V_0^{1.4}\int V^{-1.4}\mathrm{d}V=$$

$$\frac{p_0 V_0^{1.4}}{-1.4+1}\bigg|_{V_2}^{V_1} V^{-1.4+1}=\frac{p_0 V_0^{1.4}}{0.4}\left(\frac{1}{V_2^{0.4}}-\frac{1}{V_1^{0.4}}\right) \tag{7.21}$$

(3)液压蓄能器所能释放功率 P 的计算。

$$P=\frac{E}{t} \tag{7.22}$$

式中　t——液压蓄能器释放能量的时间就是负载上冲程所用时间，即负载运行的冲次有关。

如果液压泵/马达自身提供的功率大于游梁式抽油机在上升过程中所需的功率，那么在理论上电动机处于空转状态，节能效果良好。而液压泵/马达提供的功率来自压蓄能器释放的功率 P，因此，如果液压蓄能器释放的功率 P 在除去能量损耗后仍大于游梁式抽油机在上升过程中所需的功率，系统就可以正常工作，并且达到节能的要求。

7.4.3 不同工况下液压能量回收系统主要元件参数计算

假设液压蓄能器初始容积 $V_0=40$ L，充气压力 $p_0=8$ MPa。

令 $\frac{p_2}{p_0}=\alpha$，则 $2\geqslant\alpha\geqslant\beta$；$\frac{p_2}{p_0}=\alpha$，则 $\alpha\geqslant1.11$。可根据液压蓄能器所需要释放的功率的对 α 和 β 进行仿真，得出比较合适的值。如，固定 $\alpha=1.5$，即固定液压蓄能器最大工作压力，则曲线如图7.12和图7.13所示。

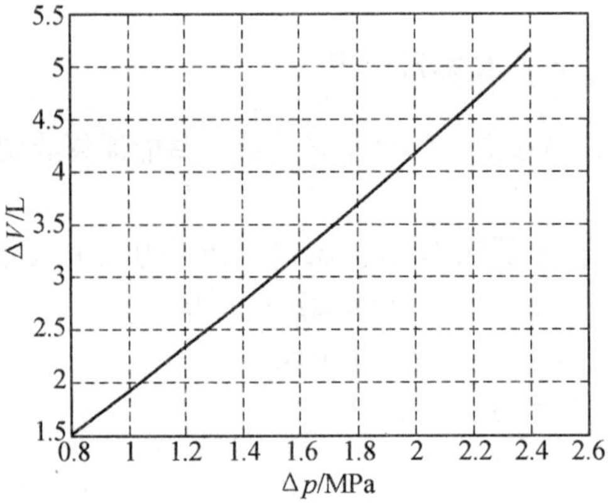

图 7.12 有效容积 ΔV 与压差 Δp 的关系曲线

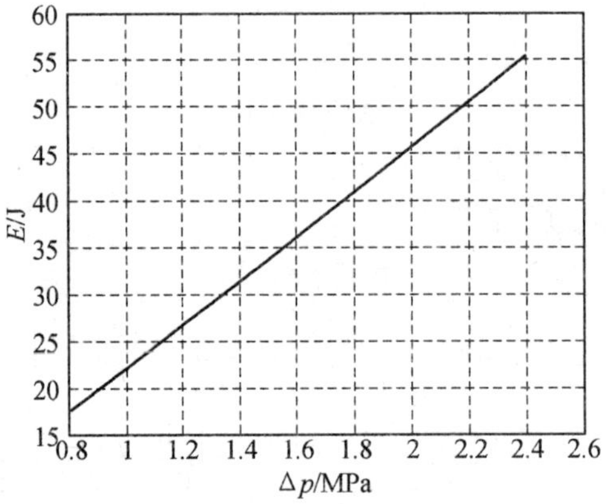

图 7.13 能量 E 与压差 Δp 的关系曲线

下面以一些典型抽油机为例,对主要液压元件进行计算。

7.4.4 CYJ6-2.5-26HB 型抽油机参数

以表 7.3 中的一组 CYJ6-2.5-26HB 型抽油机参数为例,给出计算方法。

表 7.3 CYJ6-2.5-26HB 型抽油机主要技术参数

机型	额定悬点载荷/kN	减速器额定转矩/(kN·m)	冲次/min^{-1}	冲程/m	电动机功率/kW	结构不平衡重/kN
CYJ6-2.5-26HB	60	26	6	2.5	18.5	2

CYJ6-2.5-26HB 型抽油机转矩因数见表 7.4,曲线如图 7.14 所示。

表 7.4 CYJ6-2.5-26HB 型抽油机转矩因数表

曲柄位置/(°)	360	345	330	315	300	285	270	255
转矩因数/m	0.079	0.497	0.815	1.037	1.175	1.240	1.234	1.016
曲柄位置/(°)	240	225	210	195	180	165	150	135
转矩因数/m	0.987	0.743	0.451	0.162	-0.087	-0.293	-0.471	-0.636
曲柄位置/(°)	120	105	90	75	60	45	30	15
转矩因数/m	-0.834	-0.979	-1.154	-1.297	-1.344	-1.215	-0.881	-0.410

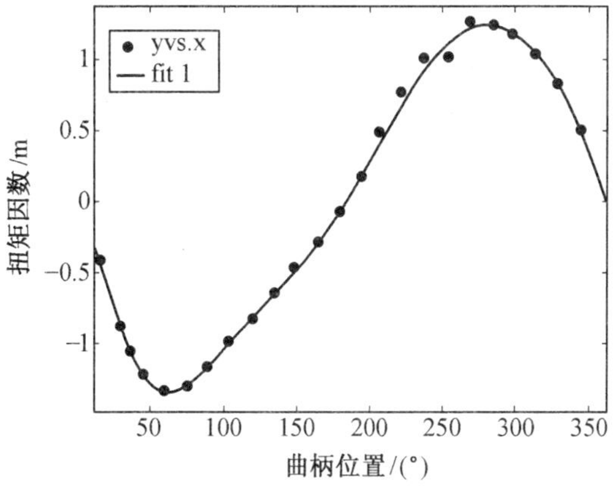

图7.14 CYJ6-2.5-26HB型抽油机转矩因数曲线

(1)无配重情况下主要元件参数计算。

由式(7.8)可得:$M_{max}=\overline{TF}_{max}\cdot(P-B)=1.240\ \text{m}\times(60\ \text{kN}-2\ \text{kN})=71.92\ \text{kN}\cdot\text{m}$。该值超过减速器的额定转矩,减速器不能正常工作,减速器额定转矩应大于该值。因此在无配重情况下,应该更换减速器,使其额定转矩满足转矩要求。

(2)有配重情况下主要元件参数计算。

在增加配重的情况下,由式(7.9)可知减速器输出轴转矩 $M_{max}=23.86\ \text{kN}\cdot\text{m}$。

由式(7.11)可得:$M_e\approx kM_{max}=0.6\times23.86\ \text{kN}\cdot\text{m}\approx14.3\ \text{kN}\cdot\text{m}$。

由式(7.14)可得:$P_{mc}=11.221\ \text{kW}$,因此,在改造后的系统中,如果液压泵/马达提供的功率大于 P_{mc} 也就是 11.221 kW,电动机处于空转状态。

由图7.13可得:当 $\alpha=1.2$,$\beta=1.3$ 时,$E=65.6\ \text{kJ}$。

由式(7.22)可得:$P=\dfrac{E}{t}=\dfrac{65.6\ \text{kJ}}{5}=13.1\ \text{kW}$。

因此,液压蓄能器释放的功率 P 大于液压泵/马达应该提供的功率,系统可以正常工作。下面分别对液压泵/马达不同型号进行计算。

液压泵/马达选 A4VSO40。由其样本可知,当电动机转速为 750 $\text{r}\cdot\text{min}^{-1}$ 时,其最大流量 $q=30\ \text{L}\cdot\text{min}^{-1}=0.5\ \text{L}\cdot\text{s}^{-1}$,向液压蓄能器输入液压油的体积为

$$V=q\times t=0.5\ \text{L}\cdot\text{s}^{-1}\times5\ \text{s}=2.5\ \text{L}$$

因此,向液压蓄能器中输入的液压油体积不能满足工作需要,所以液压泵/马达不能选为 A4VSO40。

液压泵/马达选 A4VSO71。由其样本可知,当电动机转速为 750 $\text{r}\cdot\text{min}^{-1}$ 时,其最大流量 $q=53.25\ \text{L}\cdot\text{min}^{-1}=0.89\ \text{L}\cdot\text{s}^{-1}$,向液压蓄能器输入液压油的体积为

$$V=q\times t=0.89\ \text{L}\cdot\text{s}^{-1}\times5\ \text{s}=4.45\ \text{L}$$

因此,向液压蓄能器中输入的液压油体积不能满足工作需要,所以液压泵/马达不能选为 A4VSO71。

液压泵/马达选 A4VSO90。由其样本可知,当电动机转速为 750 $\text{r}\cdot\text{min}^{-1}$ 时,其最大

流量 $q=67.5\ \mathrm{L\cdot min^{-1}}=1.13\ \mathrm{L\cdot s^{-1}}$,向液压蓄能器输入液压油的体积为

$$V=q\times t=1.13\ \mathrm{L\cdot s^{-1}}\times 5\ \mathrm{s}=5.65\ \mathrm{L}$$

因此,向液压蓄能器中输入的液压油体积不能满足工作需要,所以液压泵/马达不能选为 A4VSO90。

液压泵/马达选 A4VSO125。由其样本可知,当电动机转速为 750 $\mathrm{r\cdot min^{-1}}$时,其流量 $q=93.75\ \mathrm{L\cdot min^{-1}}=1.56\ \mathrm{L\cdot s^{-1}}$,向液压蓄能器输入液压油的体积为

$$V=q\times t=1.56\ \mathrm{L\cdot s^{-1}}\times 5\ \mathrm{s}=7.8\ \mathrm{L}$$

因此,液压蓄能器的个数为$\frac{V}{\Delta V}=\frac{7.8}{6}=1.3$,故选取两个 40 L 的液压蓄能器。

所以,由上面的计算可知,液压泵/马达选为 A4VSO125 可使液压蓄能器释放的功率为 11.5 kW,大于减速器所需要的功率,满足工作需要。从经济性考虑,应选择 A4VSO125,此时,带动减速器运动所需要的功率均为液压蓄能器提供,此时的电动机基本处于空转状态,节能效果更加理想,表 7.5 是上述计算的小结。

表 7.5 CYJ6-2.5-26HB 型抽油机液压元件参数表

额定悬点载荷/kN	冲次/$\mathrm{min^{-1}}$	冲程/m	需要电动机功率/kW	液压泵/马达型号	液压蓄能器个数	是否满足工作需要
60	6	2.5	11.221	A4VSO40		否
				A4VSO71		否
				A4VSO90		否
				A4VSO125	2	是
	9	2.1	10.06	A4VSO40		否
				A4VSO71		否
				A4VSO90	2	是
				A4VSO125	2	是
	12	1.8	6.027	A4VSO40		否
				A4VSO71	2	是
				A4VSO90	2	是
				A4VSO125	2	是

7.4.5 CYJ10-3-53HB 型抽油机参数

CYJ10-3-53HB 型抽油机液压元件参数见表 7.6。

表 7.6 CYJ10-3-53HB 型抽油机液压元件参数表

额定悬点载荷/kN	冲次/min^{-1}	冲程/m	需要电动机功率/kW	液压泵/马达型号	液压蓄能器个数	是否满足工作需要
100	6	3	21.68	A4VSO40		否
				A4VSO71		否
				A4VSO90		否
				A4VSO125	2	是
	9	2.5	18.61	A4VSO40		否
				A4VSO71		否
				A4VSO90		否
				A4VSO125	2	是
	12	2.1	6.174	A4VSO40		否
				A4VSO71	2	是
				A4VSO90	2	是
				A4VSO125	3	是

7.4.6 CYJ10-4.2-53HB 型抽油机参数

CYJY10-4.2-53HB 型抽油机液压元件参数见表 7.7。

表 7.7 CYJY10-4.2-53HB 型抽油机液压元件参数表

额定悬点载荷/kN	冲次/min^{-1}	冲程/m	需要电动机功率/kW	液压泵/马达型号	液压蓄能器个数	是否满足工作需要
100	6	3	21.93	A4VSO40		否
				A4VSO71		否
				A4VSO90		否
				A4VSO125	2	是
	8	3.6	15.69	A4VSO40		否
				A4VSO71		否
				A4VSO90		否
				A4VSO125	2	是
	10	4.2	10.59	A4VSO40		否
				A4VSO71	2	是
				A4VSO90	2	是
				A4VSO125	2	是

7.4.7 二次调节流量耦联静液传动游梁式抽油机试验

第一组试验：在负载为 1 000 kg 时，每完成一个冲程增加负载 1 00 kg，最后增加到 1 500 kg。不连接液压蓄能器，用电动机直接带动负载（表 7.8）。测得电动机不带动垂直负载时输出功率为 $P_{空}=2.7$ kW。

表 7.8 变负载时的电动机功率

负载质量/kg	1 000	1 100	1 200	1 300	1 400	1 500
上冲程电动机功率/kW	3.12	3.23	3.31	3.38	3.42	3.46
下冲程电动机功率/kW	2.71	2.70	2.71	2.70	2.70	2.71

第二组试验：在负载为 1 000 kg，液压蓄能器充气压力为 6 MPa 的条件下进行试验，调节与液压缸相连二次元件负载上冲程排量 $D_{1上}=20\ \mathrm{mL\cdot r^{-1}}$，负载下冲程排量 $D_{1下}=12\ \mathrm{mL\cdot r^{-1}}$；与液压蓄能器相连二次元件负载上冲程排量 $D_{2上}=16\ \mathrm{mL\cdot r^{-1}}$，负载下冲程排量 $D_{2下}=16\ \mathrm{mL\cdot r^{-1}}$。每完成一个冲程增加负载 100 kg，最后增加到 1 500 kg（表 7.9）。测得电动机不带动垂直负载时输出功率为 $P_{空}=2.7$ kW。

表 7.9 液压蓄能器工作时变负载时的电动机功率

负载质量/kg	1 000	1 100	1 200	1 300	1 400	1 500
上冲程电动机功率/kW	3.04	3.06	3.05	3.04	3.08	3.07
下冲程电动机功率/kW	2.74	2.85	2.81	2.85	2.79	2.78

液压蓄能器压力变化曲线如图 7.15 所示。

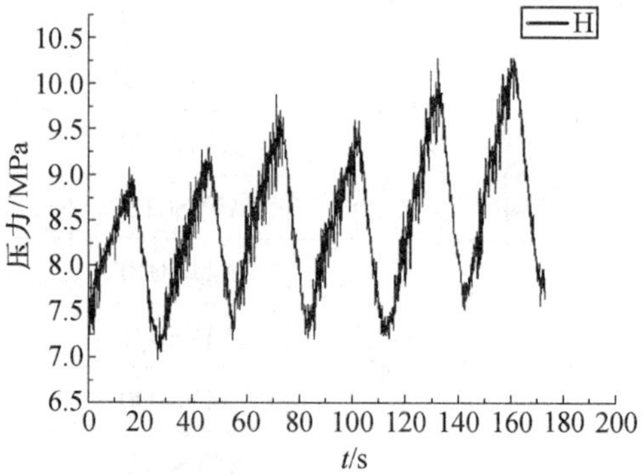

图 7.15 液压蓄能器的压力曲线

对比表 7.8 和表 7.9，可以看出，增加液压蓄能器的系统其电动机输出功率有所降低，起到了节能作用。若定义：

$$节能率=\frac{采用能量回收方式节省的能量}{原系统消耗的能量}$$

在不加液压蓄能器时，电动机消耗的总功率为 36.15 kW。加液压蓄能器时，电动机

消耗的总功率为 35.16 kW。电动机损耗的功率为 32.4 kW。则该系统的节能率为

$$\frac{36.15\ \text{kW}-35.16\ \text{kW}}{36.15\ \text{kW}-32.4\ \text{kW}}=26.4\%$$

即增加了液压蓄能器的该节能系统比原系统节省了 26.4% 的功率,但同时也注意到节省的功率值与电动机输出功率值相比较小,一是因为负载质量与电动机功率相比太小,电动机自身消耗(即空载输出)占电动机输出功率的较大部分;二是因为该系统工作压力较低,液压传动系统在低工作压力下效率较低。

在回收能量的过程中,虽然负载不断变化,但电动机的功率基本保持不变,这就说明了在二次调节静液传动游梁式抽油机节能系统中,虽然负载产生的转矩是时时变化的,但是,电动机提供的功率却不需要随着负载转矩的变化而变化,这就保护了电动机。在系统工作的过程中,通过控制二次元件的排量能够使液压蓄能器的最高、最低工作压力随着负载的变化而变化,这样就可以根据负载的变化,控制二次元件的排量来使液压蓄能器提供的功率达到负载所需的功率。这样就完成了功率的最佳匹配。

因此,对常规游梁式抽油机进行改造是可行的,并且改造后的抽油机具有明显的优点,即:

(1)节能效果明显,解决了以往游梁式抽油机“大马拉小车”问题。

(2)由于该系统不存在节流损失,因此效率较高。

(3)解决了交变载荷对电动机的影响问题和电动机在运行过程中的发电问题。

(4)解决了超载和断载的问题。

(5)系统简单,容易维修。

(6)由于可将增加的液压元件封闭起来,因此,又具有防腐,防沙,防盗等优点。

(7)寿命长,成本低。

7.5　二次调节流量耦联静液传动液压抽油机设计

有杆抽油是世界石油工业传统的采油方式,也是迄今在采油工程中一直占主导地位的人工举升方式。在我国各油田的生产井中大约有 80% 是使用有杆采油技术。全国各油田产液量的 60%,产油量的 75% 是靠有杆抽油采出的。有杆抽油设备的能耗已占油田总能耗的$\frac{1}{3}$左右。

目前我国广泛采用的有杆抽油设备中的地面装置——抽油机(图 7.11),主要为游梁式抽油机。游梁式抽油机由动力机、减速器、机架和四连杆机构等部分组成。减速器将动力机的高速旋转运动变为曲柄轴的低速旋转运动。曲柄轴的旋转运动由四连杆机构变为悬绳器的往复运动,悬绳器下面接抽油杆,抽油杆带动抽油柱塞在泵筒内做上下往复直线运动,从而将油井中的油举升到地面。游梁式抽油机的基本特点是结构简单,制造容易,维修方便,特别是它可以长期在油田全天候运转,使用可靠。

但是游梁式抽油机也存在较大的缺点,游梁式抽油机驴头悬点运动的加速度较大,平衡效果较差、效率较低,在长冲程时的体积较笨重,尤其是它的平衡问题,消耗了很大一部

分能量。

目前,我国投入开发的油藏类型越来越复杂,投入开采的储层深度不断增加,泵挂深度也不断增加,加之部分老油田含水持续上升,对有杆采油技术不断提出新的要求,推动了采油技术的发展。

由于成品油成本的上升,节能降耗问题越来越凸显出来。

在节能降耗方面,工程技术人员已经做过很多努力,对现在广泛装备的游梁式抽油机进行技术改造,但限于游梁式抽油机本身的机械结构特点,在机械结构上的改造节能效果并不十分理想。

随着液压二次调节技术在工程实际中的应用,给抽油机技术的发展注入了新鲜血液。

液压传动有一个很突出的优点:可以十分方便地完成直线运动,并能够实现无级调速。这一点优点恰好符合抽油机的运动特点。目前国内的一些厂家已经开发出液压抽油机产品并已投入使用。但是,这些产品都是以节流控制为主(图 7.16)。节流控制还是会损失相当一部分能量,这是不可避免的。

图 7.16 节流控制式液压抽油机

二次调节技术恰好避开了节流控制这个问题:直接采用变量泵控制,而且还能够回收势能,这不但消除了节流控制中的节流压力损失,还可以创造十分可观的节能效果,所以,发展二次调节式液压抽油机是液压抽油机发展的必然趋势。

7.5.1 二次调节流量耦联静液传动抽油机

1. 二次调节式抽油机的工作原理

有杆抽油系统的井下部分由抽油杆和抽油泵两部分组成,加上液柱,这三部分在抽油杆上升过程中所增加的势能十分可观,如果能将这部分能量储存起来并加以利用的话,其节能效果是相当显著的。二次调节技术恰好能够满足这种要求。

图7.17为二次调节液压抽油机的原理简图。

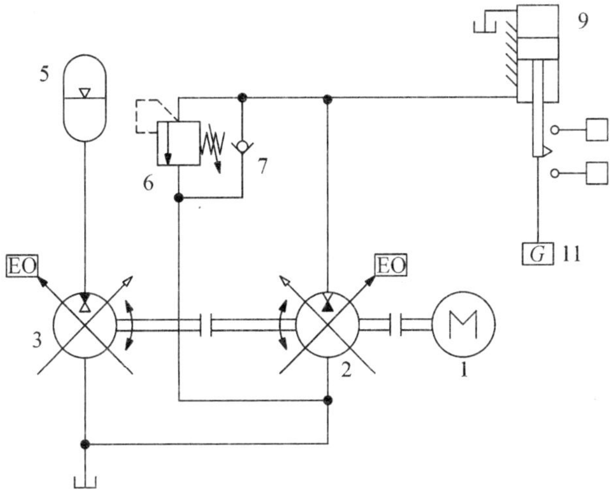

图7.17　二次调节式液压抽油机系统原理图
1—电动机;2、3—液压泵/马达;4—油箱;5—蓄能器;6—溢流阀;
7—单向阀;8—抽油杆;9—液压缸;10—冲程开关

在抽油杆下降过程中,能量的回收由液压泵/马达2完成,此时它作为液压马达使用。下降冲程中液压蓄能器的蓄能由液压泵/马达3来完成,此时它作为液压泵来使用,由2和1共同驱动。

升速和降速可用一种很简便的方式来分别控制。使下降速度降低,可提高深井泵的充填率,即提高容积效率。使上升速度提高可使所采的石油加快流入采油树,从而提高生产率。

当液压缸9碰到行程开关时,液压泵/马达2越过零位,作为液压马达使用,使液压缸完成一次受控的下降冲程。电动机的转向和转速,在上升和下降行程中始终不变。

(2)二次调节式液压抽油机的特点。

液压抽油机对提高抽油杆寿命提供了非常有利的条件。由于液压传动本身的过载溢流保护能力,一旦抽油杆被卡住,液压缸工作腔的油液不再增加,活塞杆停止运动,液压回路中的油液通过溢流阀流回油箱,抽油杆不会被拉断。

液压油源为液压泵/马达(二次元件),液压泵/马达的排量控制采用EO控制,即电液比例阀控制。通过对电液比例阀的控制,改变泵的排量,这样可以采用很简单的控制方法,调节液压缸活塞杆的运动参数。

对于不同黏度的原油,最适宜的抽油速度是不同的,游梁式抽油机调节运动参数的方式是更换皮带位置或更换皮带轮,而液压抽油机运动参数的调节是靠调节PLC或者单片机的程序,比游梁式抽油机方便很多。

二次调节式液压抽油机最突出的优点是节能,由于二次调节技术的应用,在抽取同等质量的原油时,所用的电动机功率理论上几乎可以降至游梁式抽油机电动机功率的一半,节能效果相当可观。

综上所述,二次调节式液压抽油机的三大优点是:①节能;②安全可靠性高,提高了抽油杆的寿命;③上、下冲程运动参数调节方便。

表7.10是二次调节式液压抽油机与游梁式抽油机各项性能的比较。

表7.10 二次调节式液压抽油机与游梁式抽油机各项性能的比较

(++很好 +较好 --很差 -较差)

比较项目	游梁式机械抽油机		二次调节式液压抽油机	
变冲程	--	最多可改变8个曲柄半径	++	可在运行中,改变限位开关
最大冲程	--	5 m,大多数在3 m左右	++	可达10 m
变冲次	--	改换不同直径的皮带轮	++	改变液压泵排量
上升与下降冲程分别变速	--	不能	++	可分别改变上、下冲程的速度
能量回收与节能	+	由平衡块回收部分势能	++	由液压蓄能器和配重块回收势能
上升时过载	--	引起抽油杆、泵的破坏	++	有安全阀保护
下降时井下卡死	--	钢丝绳松弛,紧接着就有上述危险	++	有单向阀保护
在下端反向点加速度	++	由曲柄机构带动平稳加速	++	由控制系统实现平稳加速
使用与维修	++	简便	-	需要液压技术知识,液压油液要严防污染
环境温度	++	不敏感	+	敏感,有持续散热装置
整机质量	--	重	++	是机械式的1/3~1/5

由表7.10可以看出,采用二次调节式抽油机对现有游梁式抽油机进行技术改造是十分可行的。二次调节式抽油机的优势是显而易见的。

委内瑞拉MessrsHydrowell公司按照德国技术制造的二次调节式液压抽油机已经成功地应用于委内瑞拉油田,并取得了显著的节能效果。

7.5.2 二次调节流量耦联静液传动抽油机总体方案

根据油田生产的实际情况,本设计是立足于技术改造这个出发点来考虑的,故二次调节流量耦联静液传动液压抽油机系统的总体方案设计应考虑充分利用现有的成形技术,并加以改造,降低研发成本,使这一技能技术迅速转化为生产力,创造效益。

(1)游梁式抽油机结构组成。

游梁式抽油机是我国应用最广泛的一种抽油机,其结构简单,工作可靠,维护方便,价格低廉。如果能对现有的游梁式抽油机进行改造,这将使新型液压抽油机的成本大大降低。

图7.18是现在广泛使用的游梁式抽油机。其驴头、游梁、机架、机座都可以在液压抽油机中应用,由于液压抽油机的动力设备是液压缸,它可以方便地完成往复的直线运动,这样原游梁式抽油机的曲柄、连杆、减速器等设备就都可以省去了。

由于游梁式抽油机做摆动运动,故驴头是圆弧形的,这样可以保证抽油杆始终对准井口位置。液压缸在工作的时候也要求保证活塞杆始终做垂直方向上的直线运动,故考虑采用双驴头结构,其结构如图7.19所示。

图7.18　游梁式抽油机

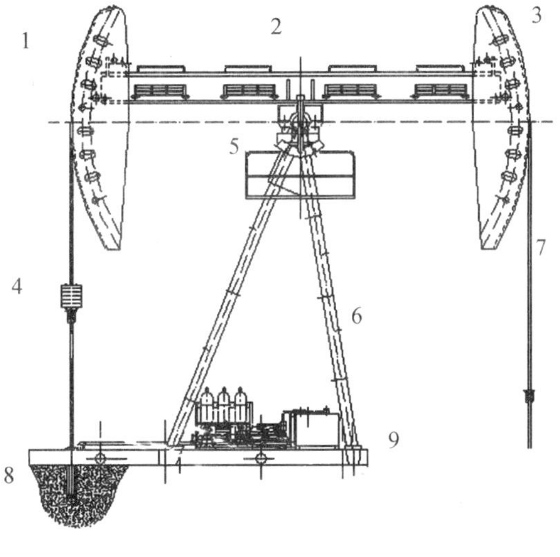

图7.19　游梁式抽油机结构组成

1、3—驴头;2—游梁;4—配重块;5—轴承;6—机架;7—抽油杆;8—液压缸;9—机座

驴头3可以保证油缸活塞杆的运动轴线不变,驴头1、3是对称布置的,机座9和机架6以及抽油杆7都可以采用原来游梁式抽油机上的零部件。

为了增加节能效果,在总体设计时,考虑了选加配重块的问题。在驴头3上悬挂了可拆卸式配重块,可根据用户的要求选装配重块。

由于驴头采用对称布置,液压缸活塞杆的冲程与抽油杆的冲程是一样的。故需将液压缸埋入地下,其上端盖在机座上固定,冲程为5.5 m。

若结构允许,可将液压缸泵站安置于机架6下方的空间内,这样可以节省空间,减少管路长度,使系统的可靠性和维护方便性得到提高。

(2)天轮式抽油机结构。

天轮式抽油机结构组成简图如图7.20所示。

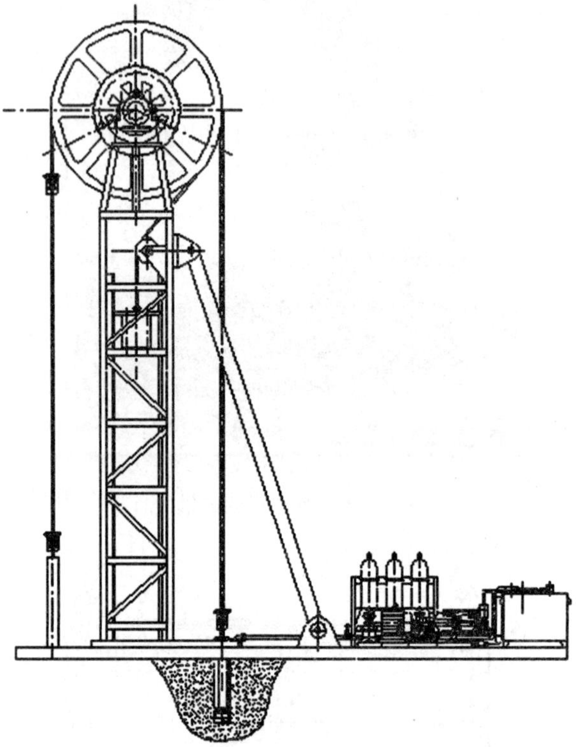

图7.20 天轮式抽油机结构组成

天轮式抽油机结构十分简单,造价低廉。其工作原理一目了然:抽油杆上升时,液压缸的活塞杆和配重块一起做功,通过钢索将原油举升到地面;抽油杆下降时,靠抽油杆、抽油泵及井下液柱的重力,将液压缸活塞杆和配重块抬高,同时通过二次元件储存势能。

天轮式结构塔架高度较高,所以易实现长冲程采油,但同时也给安装和维护带来了不便。

(3)两种机械式抽油机改造方案比较。

游梁式抽油机结构简单,垂直高度低,可充分利用现有零部件完成改造。游梁式结构中的机架下有一部分空间,可用于安置液压泵站,可以充分利用空间。由于多年来油田广泛使用游梁式抽油机,采用游梁式结构,不论是从安装调试还是在维修维护方面,都相对的要方便。

塔架天轮式结构从原理来看,是与游梁式双驴头式结构一样的,只不过把游梁和驴头换成了天轮。

塔架天轮式结构也比较简单,其零部件多采用铸造焊接成型,制造方便。塔架和天轮部件也已经有定型产品,无须重新设计。其冲程可达 6 m。但是塔架天轮式结构在安装和维护上不如游梁式结构方便。

因此游梁双驴头式结构可以依托现有成型技术改造,成本低廉,安装维护技术人员对设备的零部件比较熟悉,比较适合在油田大规模推广;天轮塔架式结构冲程较长,比较适合油田一些特殊油井的采油工作。

两种方案虽然结构迥异,但是其动力部分是一样的。故以下设计的动力部分可通用于这两种方案。

7.5.3　二次调节流量耦联静液传动抽油机液压缸的设计

(1)液压缸的基本参数。

根据抽油机的实际工况:提升质量为 8 000 kg,冲程为 5.5～6 m,冲次为 2～6 次/min。初定液压缸内径为 100 mm,活塞杆直径为 70 mm,冲程为 6.5 m。

计算工作压力:

$$p=F/A \tag{7.23}$$

式中　p——压力,Pa;

F——负载,N;

A——活塞工作面积,mm^2。

$$p=\frac{F}{A}=\frac{80\ 000\ \mathrm{N}}{\frac{\pi}{4}[(0.1\ \mathrm{mm})^2-(0.07\ \mathrm{mm})^2)]}=19.98\times10^6\ \mathrm{Pa}=19.98\ \mathrm{MPa}\approx20\ \mathrm{MPa}$$

计算流量

$$q=vA \tag{7.24}$$

式中　q——流量,$m^3\cdot s^{-1}$;

v——活塞杆的运动速度,$m\cdot s^{-1}$,V 取 $1\ m\cdot s^{-1}$;

A——活塞工作面积,mm^2。

$$q=vA=1\times\frac{\pi}{4}[(0.1\ \mathrm{mm})^2-(0.07\ \mathrm{mm})^2)]=4\times10^{-3}\ \mathrm{m^3/s}=240\ \mathrm{L/min}$$

初选液压缸端盖螺栓为 M10,个数为 12 个。

(2)液压缸强度校核。

①壁厚校核。

缸筒内径为 100 mm,外径为 130 mm 的无缝钢管,$\delta=15$,$D/\delta\leqslant10$,壁厚应满足:

$$\delta\geqslant\frac{D}{2}\left(\sqrt{\frac{[\sigma]+0.4p_y}{[\sigma]-1.3p_y}}-1\right)$$

式中　D——缸筒内径,mm;

p_y——试验压力,MPa,当 $p_n\geqslant16$ MPa 时,$p_y=1.25p_n=1.25\times20$ MPa$=20$ MPa;

$[\sigma]$——缸筒材料的许用应力,MPa,$[\sigma]=\sigma_b/n$,σ_b 为材料的抗拉强度,n 为安全系数,一般取 $n=5$。

$D=100$ mm,$\sigma_b=598$ MPa,$n=5$,$p_y=20$ MPa。

则有

$$2\left(\sqrt{\frac{[\sigma]+0.4p_y}{[\sigma]-1.3p_y}}-1\right)=\frac{100\ \text{mm}}{2}\sqrt{\frac{[598\ \text{MPa}/5]+0.4\times25\ \text{MPa}}{[598\ \text{MPa}/5]-1.3\times25\ \text{MPa}}}-1)=10.99\ \text{mm}\approx11\ \text{mm}\leqslant15\ \text{mm}$$

故壁厚满足强度要求。

②活塞杆直径 d 的校核。

活塞杆直径应满足：

$$d\geqslant\sqrt{\frac{4F}{\pi[\sigma]}}$$

式中 F——活塞杆上的作用力，N；

$[\sigma]$——活塞杆材料的许用应力，MPa，$[\sigma]=\sigma_b/1.4$。

则有$[\sigma]=598\ \text{MPa}/1.4=427\ \text{MPa}$，$F=80\ 000\ \text{N}$。

$$\sqrt{\frac{4F}{\pi[\sigma]}}=\sqrt{\frac{4\times80\ 000\ \text{N}}{\pi[598\ \text{MPa}/1.4]}}=15.45\leqslant70$$

故活塞杆之间直径满足强度要求。

③液压缸盖固定螺栓直径的校核。

螺栓直径应满足：

$$d_s\geqslant\sqrt{\frac{5.2kF}{\pi Z[\sigma]}}$$

式中 F——液压缸负载，N；

k——安全系数，这里取 $k=1.2$；

Z——螺栓个数；

$[\sigma]$——螺栓材料的许用应力，MPa，$[\sigma]=\sigma_s/(1.2\sim2.5)$。

$F=80\ 000\ \text{N}$，$k=1.2$，$[\sigma]=353\ \text{MPa}/2$，$Z=12$，则有

$$\sqrt{\frac{5.2kF}{\pi Z[\sigma]}}=\sqrt{\frac{5.2\times1.2\times80\ 000\ \text{N}}{\pi\times12\times353\ \text{MPa}/2}}=8.66\leqslant10\ \text{mm}$$

故端盖螺栓满足强度要求。

(3)液压缸密封件的选型。

根据液压缸结构设计图纸(图 7.21)上确定的相关零件尺寸以及实际工况的需要，选定以下型号的密封件；

①液压缸下端盖静密封：O 形密封圈 OR5011000；

②套筒静密封：O 形密封圈 OR5009000×2；

③活塞导向环：特开斯来圈 GP9901000-T47×2，特开斯来圈 GP7501000-T47×2(由于冲程较长，故采用 25 mm 宽的导向环)；

④活塞动密封：T 形特康格莱圈 PT0301000-T46NA；

⑤活塞静密封：O 形密封圈 OR5005000；

⑥活塞杆导向环：特开格莱圈 GR7500700-T47×2，特开斯莱圈 GR9900700-T47；

⑦活塞杆动密封：K 形特康斯特封 RS1300700-T46NA×2；

⑧活塞杆防尘圈：5 型特康埃落特封 WE5200700。

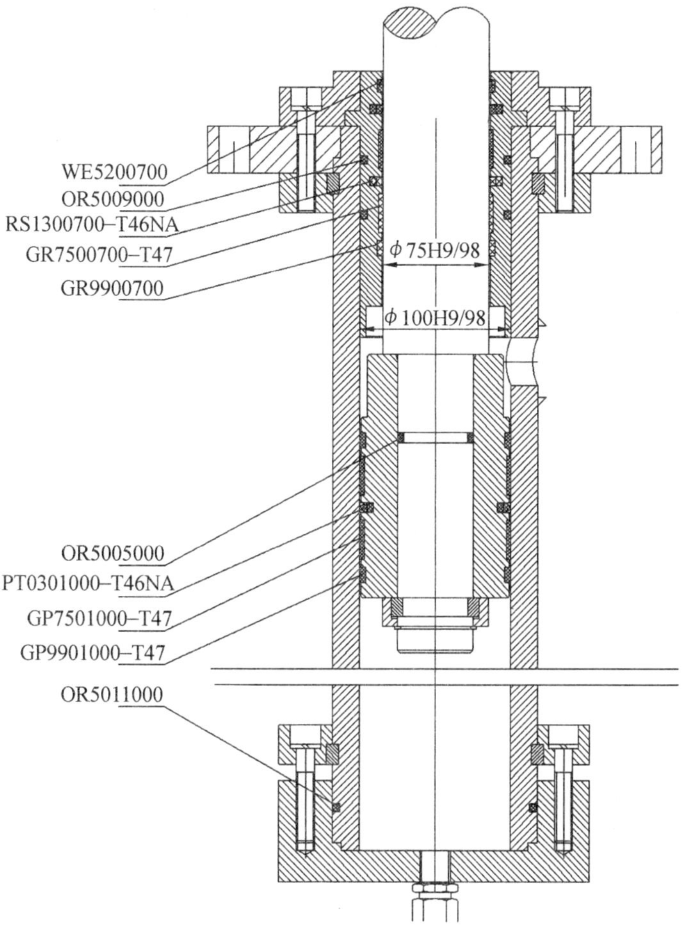

图 7.21　液压缸密封件选型

7.5.4　二次调节流量耦联静液传动抽油机液压蓄能器

由于液压蓄能器在二次调节回路中的位置不同于一般的液压回路，在液压蓄能器的计算上不能按照液压蓄能器在主油路时的计算方法计算。首先，可以根据抽油杆下降时间和辅助泵/马达的排量计算出理论上液压蓄能器的排液量，即有效工作容积为

$$\Delta V=\frac{VTn}{60\ 000}$$

式中　ΔV——蓄能器排液量，L；

V——辅助泵的排量，$mL\cdot min^{-1}$；

T——抽油杆下降时间，s；

n——辅助泵的转速，$r\cdot min^{-1}$。

$V=125$ mL，抽油杆下降时间按 $T=4$ s 计算，$n=1\ 450\ r\cdot min^{-1}$。

$$\Delta V=\frac{VTn}{60\ 000}=\frac{125\ mL\cdot min^{-1}\times 4\ mL\cdot min^{-1}\times 1\ 450\ r\cdot min^{-1}}{60\ 000}=12\ L$$

设最低工作压力 $p_2=20$ MPa，最高工作压力 $p_1=1.25p_2=25$ MPa，充气压力 $p_0=0.65p_1=13$ MPa，可计算出液压蓄能器的总容积（按绝热状态计算）为

$$V_0=\frac{\Delta V}{p_0^{1/k}[(1/p_1)^{1/k}-(1/p_2)^{1/k}]}$$

式中 V_0——液压蓄能器的总容积，L；

ΔV——液压蓄能器排液量，L；

p_0——液压蓄能器充气压力，MPa；

p_1——液压蓄能器最高工作压力，MPa；

p_2——液压蓄能器最低工作压力，MPa；

k——绝热指数，$k=1.4$。

$$V_0=\frac{\Delta V}{p_0^{1/k}[(1/p_1)^{1/k}-(1/p_2)^{1/k}]}=\frac{12}{13^{1/1.4}[(1/25)^{1/1.4}-(1/20)^{1/1.4}]}=110.957\ \text{L}$$

故选用 3 个 40 L 的蓄能器。

查新编液压工程手册，选定液压蓄能器型号：N * Q-L40-H 型液压蓄能器；液压蓄能器球阀型号：AQF-L40H_3-A。

7.5.5 二次调节流量耦联静液传动抽油机液压泵

（1）液压泵的选型。

根据液压缸工作所需的压力和流量，以及二次调节技术的特殊要求，初选德国力士乐公司 AV4SO 系列斜盘式变量柱塞泵。

根据液压缸的工作流量，初选主泵为排量 250 mL 的 A4VSO 250 斜盘式变量柱塞泵；初选辅助泵为排量 125 mL 的 A4VSO 125 斜盘式变量柱塞泵。根据产品样本，初选用于 EO 控制供油的液压泵为排量为 32 mL 的 G3 齿轮泵。三个泵可以通过轴联在一起，由同步转速为 1 500 $r\cdot min^{-1}$的交流异步电动机驱动。

（2）电动机的选型。

理论上应用二次调节技术可以将原来同等功率抽油机的电动机功率减小到原来的 50%。若按提升质量为 8 000 kg、提升速度为 1 $m\cdot s^{-1}$计算，液压缸的输出功率至少应为

$$P=Fv$$

式中 P——功率，W；

F——液压缸负载，N；

v——活塞杆运动速度，$m\cdot s^{-1}$。

$$F=80\ 000\ \text{N},\quad v=1\ \text{m}\cdot\text{s}^{-1}$$

$$P=Fv=80\ 000\ \text{N}\times 1\ \text{m}\cdot\text{s}^{-1}=80\ 000\ \text{W}=80\ \text{kW}$$

根据上述计算结果，初定电动机功率为 45 kW，同步转速为 1 500 $r\cdot min^{-1}$，故初选电动机为 Y225M-4 三相异步电动机。

（3）液压泵参数验算。

①主液压泵/马达流量的验算。

A4VSO250 泵/马达的理论流量为

$$q=\frac{Vn}{1\ 000}$$

式中　q——理论流量，$L\cdot min^{-1}$；

V——泵的排量，$mL\cdot r^{-1}$；

n——泵的转速，$r\cdot min^{-1}$。

$$V=250\ mL,\quad n=1\ 450\ r\cdot min^{-1}$$

$$q=\frac{Vn}{1\ 000}=\frac{250\ mL\times 1\ 450\ r\cdot min^{-1}}{1\ 000}=362.5\ L\cdot min^{-1}\geqslant 240\ L\cdot min^{-1}$$

故主液压泵/马达的流量满足工作要求。

②主液压泵/马达功率的验算。

A4VSO250 泵/马达的理论功率为

$$P_1=\frac{q_1p_1}{60}$$

式中　P_1——理论功率，kW；

q_1——理论流量，$L\cdot min^{-1}$；

p_1——工作压力，MPa；

$q_1=362\ L\cdot min^{-1}$，$p_1=20$ MPa。

$$P_1=\frac{q_1p_1}{60}=\frac{362\ L\cdot min^{-1}\times 20\ MPa}{60}=120.67\ kW\geqslant 80\ kW$$

故主液压泵/马达功率满足工作要求。

③辅助液压泵/马达功率的验算。

A4VSO125 泵/马达的理论功率为

$$P_2=\frac{q_2p_2}{60}$$

式中　P_2——理论功率，kW；

q_2——理论流量，$L\cdot min^{-1}$；

p_2——工作压力，MPa；

$q_2=181\ L\cdot min^{-1}$，$p_2=20$ MPa。

$$P_2=\frac{q_2p_2}{60}=\frac{181\ L\cdot min^{-1}\times 20\ MPa}{60}=60.33\ kW$$

$$P_E+P_2=45\ kW+60.33\ kW=105.33\ kW\geqslant 80\ kW=P$$

式中　P_E——电动机功率，kW；

P_2——辅助泵/马达功率，kW；

P——液压缸工作功率，kW；

故辅泵/马达功率满足工作要求。

7.5.6　二次调节流量耦联静液传动抽油机管路

(1)主液压泵/马达管路计算。

首先,根据表 7.11 初定管路的流速。

表 7.11 初定管中液体流速

导流工作压力	吸油路流速/($m \cdot s^{-1}$)	压力油路流速/($m \cdot s^{-1}$)	回油路流速/($m \cdot s^{-1}$)
5 MPa	0.75~1	~4	
10 MPa	~1.2	~5	~(2.4)
20 MPa	~1.3	~6	

吸油路流速 $v_1 = 1.3$ m/s,压力油路流速 $v_2 = 6$ m/s,回油路流速 $v_3 = 3$ m/s。

①主液压泵/马达吸油管路管径的计算。

$$d_1 = \sqrt{\frac{q_1/1\ 000 \times 60}{\frac{\pi}{4} \times v_1}}$$

式中 d_1——吸油管路管径,m;

q_1——主泵的理论流量,$L \cdot min^{-1}$;

v_1——吸油路流速,$m \cdot s^{-1}$;

$q_1 = 362.5\ L \cdot min^{-1}$,$v_1 = 1.3\ m \cdot s^{-1}$。

$$d_1 = \sqrt{\frac{q_1/1\ 000 \times 60}{\frac{\pi}{4} \times v_1}} = \sqrt{\frac{362.5\ L \cdot min^{-1}/1\ 000 \times 60}{\frac{\pi}{4} \times 1.3\ m \cdot s^{-1}}} = 0.076\ 9\ mm$$

查《液压元件手册》,选用内径 $\phi 80$ mm、壁厚 $\delta = 4$ mm 的冷拔钢管。

②主液压泵/马达压力油管管径计算。

$$d'_1 = \sqrt{\frac{q'_1/1\ 000 \times 60}{\frac{\pi}{4} \times v'_1}}$$

式中 d'_1——压力管路管径,m;

q_1——主泵的理论流量,$L \cdot min^{-1}$;

v'_1——压力油路流速,$m \cdot s^{-1}$。

$q_1 = 362.5\ L \cdot min^{-1}$,$V'_1 = 6\ m \cdot s^{-1}$。

$$d'_1 = \sqrt{\frac{q_1/1\ 000 \times 60}{\frac{\pi}{4} \times v'_1}} = \sqrt{\frac{362.5\ L \cdot min^{-1}/1\ 000 \times 60}{\frac{\pi}{4} \times 6\ m \cdot s^{-1}}} = 0.035\ 8\ mm$$

查《液压元件手册》,选用内径 $\phi 40$ mm、壁厚 $\delta = 5.5$ mm 的冷拔钢管。

③主液压泵/马达回油管路管径计算。

$$d''_1 = \sqrt{\frac{q_1/1\ 000 \times 60}{\frac{\pi}{4} \times v''_1}}$$

式中 d''_1——压力管路管径,m;

q''_1——主泵的理论流量,$L \cdot min^{-1}$;

V''_1——压力油路流速，$m \cdot s^{-1}$。

$q_1=362.5\ L \cdot min^{-1}$，$v''_1=3\ m \cdot s^{-1}$。

$$d''_1=\sqrt{\frac{q_1/1\,000\times60}{\frac{\pi}{4}\times v''_1}}=\sqrt{\frac{362.5\ L\cdot min/1\,000\times60}{\frac{\pi}{4}\times3}}=0.050\ 65\ m$$

查《液压元件手册》，选用内径 $\phi50$ mm、壁厚 $\delta=3$ mm 的冷拔钢管。

(2)辅助液压泵/马达管路计算。

①辅助液压泵/马达吸油管路管径的计算。

$$d_2=\sqrt{\frac{q_2/1\,000\times60}{\frac{\pi}{4}\times v_2}}$$

式中　d_2——吸油管路管径，m；

q_2——辅助泵的理论流量，$L \cdot min^{-1}$；

v_2——吸油路流速 $m \cdot s^{-1}$。

$q_2=181.25\ L \cdot min^{-1}$，$v_2=1.3\ m \cdot s^{-1}$。

$$d_2=\sqrt{\frac{q_2/1\,000\times60}{\frac{\pi}{4}\times v_2}}=\sqrt{\frac{181.25\ L\cdot min^{-1}/1\,000\times60}{\frac{\pi}{4}\times1.3\ m\cdot s^{-1}}}=0.054\ 4\ mm$$

查《液压元件手册》，选用内径 $\phi65$ mm、壁厚 $\delta=3.5$ mm 的冷拔钢管。

②辅助液压泵/马达压力油管管径计算。

$$d'_2=\sqrt{\frac{q'_2/1\,000\times60}{\frac{\pi}{4}\times v'_2}}$$

式中　d'_2——压力管路管径，m；

q_2——主泵的理论流量，$L \cdot min^{-1}$；

v'_2——压力油路流速，$m \cdot s^{-1}$；

$q_2=181.25\ L \cdot min^{-1}$，$v'_2=6\ m \cdot s^{-1}$。

$$d'_2=\sqrt{\frac{q_2/1\,000\times60}{\frac{\pi}{4}\times v'_2}}=\sqrt{\frac{181.25\ L\cdot min^{-1}/1\,000\times60}{\frac{\pi}{4}\times6\ m\cdot s^{-1}}}=0.025\ 3\ mm$$

查《液压元件手册》，选用内径 $\phi32$ mm，壁厚 $\delta=5$ mm 的冷拔钢管。

③辅助液压泵/马达回油管路管径计算。

$$d''_2=\sqrt{\frac{q_2/1\,000\times60}{\frac{\pi}{4}\times v''_2}}$$

式中　d''_2——压力管路管径，m；

q_2——主泵的理论流量，$L \cdot min^{-1}$；

V''_2——压力油路流速，$m \cdot s^{-1}$。

$q_2 = 181.25\ \mathrm{L \cdot min^{-1}}, V''_2 = 3\ \mathrm{m \cdot s^{-1}}$。

$$d''_2 = \sqrt{\frac{q_2/1\ 000 \times 60}{\frac{\pi}{4} \times v''_2}} = \sqrt{\frac{181.25\ \mathrm{L \cdot min^{-1}}/1\ 000 \times 60}{\frac{\pi}{4} \times 3\ \mathrm{m \cdot s^{-1}}}} = 0.035\ 8\ \mathrm{mm}$$

查《液压元件手册》，选用内径 $\phi 40$ mm，壁厚 $\delta = 2.5$ mm 的冷拔钢管。

(3) G3 齿轮泵管路计算。

①G3 齿轮泵吸油管路管径的计算。

$$d_3 = \sqrt{\frac{q_3/1\ 000 \times 60}{\frac{\pi}{4} \times v_3}}$$

式中 d——吸油管路管径，m；

q_3——主泵的理论流量，$\mathrm{L \cdot min^{-1}}$；

v_3——吸油路流速，$\mathrm{m \cdot s^{-1}}$。

$q_3 = 47.27\ \mathrm{L \cdot min^{-1}}, v_3 = 1.3\ \mathrm{m \cdot s^{-1}}$。

$$d_3 = \sqrt{\frac{q_3/1\ 000 \times 60}{\frac{\pi}{4} \times v_3}} = \sqrt{\frac{47.27\ \mathrm{L \cdot min^{-1}}/1\ 000 \times 60}{\frac{\pi}{4} \times 1.3\ \mathrm{m \cdot s^{-1}}}} = 0.028\ \mathrm{mm}$$

查《液压元件手册》，选用内径 $\phi 32$ mm，壁厚 $\delta = 2$ mm 的冷拔钢管。

②C3 齿轮泵压力油管管径计算。

$$d'_3 = \sqrt{\frac{q'_3/1\ 000 \times 60}{\frac{\pi}{4} \times v'_3}}$$

式中 d'_3——压力管路管径，m；

q_3——主泵的理论流量，$\mathrm{L \cdot min^{-1}}$；

v'_3——压力油路流速，$\mathrm{m \cdot s^{-1}}$。

$q_3 = 47.27\ \mathrm{L \cdot min^{-1}}, v_1 = 6\ \mathrm{m \cdot s^{-1}}$。

$$d'_3 = \sqrt{\frac{q_3/1\ 000 \times 60}{\frac{\pi}{4} \times v'_3}} = \sqrt{\frac{47.27\ \mathrm{L \cdot min^{-1}}/1\ 000 \times 60}{\frac{\pi}{4} \times 6\ \mathrm{m \cdot s^{-1}}}} = 0.012\ 9\ \mathrm{m}$$

查《液压元件手册》，选用内径 $\phi 15$ mm、壁厚 $\delta = 2.5$ mm 的铜管。

③G3 齿轮泵回油管路管径计算。

$$d''_3 = \sqrt{\frac{q_3/1\ 000 \times 60}{\frac{\pi}{4} \times v''_3}}$$

式中 d''_3——压力管路管径，m；

q_3——主泵的理论流量，$\mathrm{L \cdot min^{-1}}$；

v''_3——压力油路流速，$\mathrm{m \cdot s^{-1}}$。

$q_3 = 181.25\ \mathrm{L \cdot min^{-1}}, v''_3 = 3\ \mathrm{m \cdot s^{-1}}$。

$$d''_3=\sqrt{\frac{q_3/1\ 000\times 60}{\frac{\pi}{4}\times v''_3}}=\sqrt{\frac{47.27\ \text{L}\cdot\text{min}^{-1}/1\ 000\times 60}{\frac{\pi}{4}\times 3\ \text{m}\cdot\text{s}^{-1}}}=0.0182\ 9\ \text{m}$$

查《液压元件手册》，选用内径 ϕ20 mm、壁厚 δ=1.6 mm 的冷拔钢管。

7.5.7　二次调节流量耦联静液传动抽油机液压阀

根据液压系统原理图，主油路共需 8 个液压阀：溢流阀 3 个，换向阀 2 个，单向阀 4 个，节流阀 1 个，截止阀 1 个（图 7.22）。

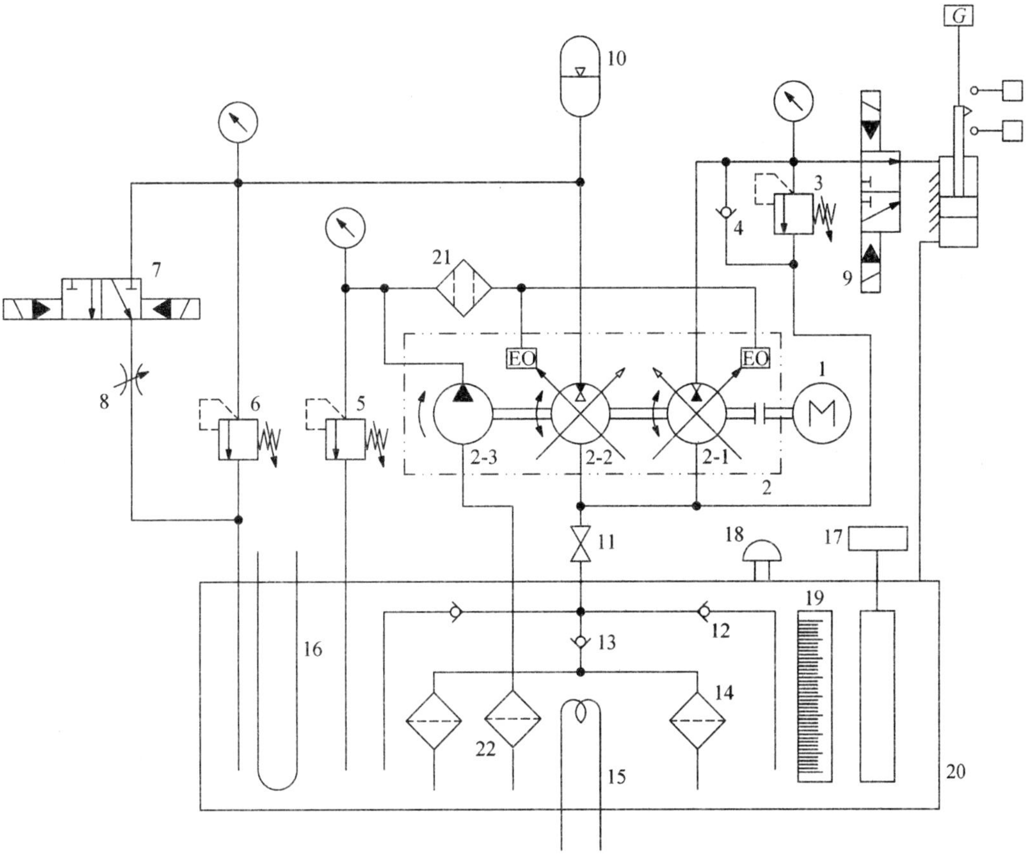

图 7.22　二次调节流是耦联静液传动抽油机液压系统原理图

1—电动机；2—液压泵/马达；3、5、6—溢流阀；4、12、13—单向阀；7、9—电液换向阀；8—节流阀；9—节流阀；10—液压蓄能器；11—截止阀；14、21、22—过滤器；15—加热器；16—压力表；17—液位传感器；18—空气过滤器；19—液位液温计；20—油箱；22—液压缸

（1）主泵/马达压力油路溢流阀选型。

主泵/马达压力油路溢流阀选用 NG30 的 DB30 型先导式溢流阀，采用板式连接结构；单向阀选用 NG32 的 A-Ha32B 板式连接单向阀；主泵/马达压力油路中的换向阀作为开关阀使用，因为管路压力比较高，故此换向阀选用 NG32 的两位四通电液换向阀——WEH32 型电液换向阀，采用板式连接结构。

(2)辅助泵/马达压力油路溢流阀选型。

辅助泵/马达压力油路溢流阀作为安全阀使用,阀的通径不必选得太大,故选用 NG10 的 DB10 型先导式溢流阀,选用板式连接结构。

(3)液压蓄能器泄油管路开关阀选型。

液压蓄能器泄油管路开关阀选用 NG10 的两位四通电磁换向阀;WE10 型电磁换向阀,采用板式连接结构;液压蓄能器泄油管路节流阀选用 NG10 的 L-H10 型板式连接节流阀。

(4)G3 齿轮泵压力油路溢流阀选型。

G3 齿轮泵压力油路溢流阀是作为安全阀使用的,阀的通径选用 NG10 即可以满足要求,此溢流阀选用 DB10 型先导式溢流阀,采用板式连接结构。

(5)主油路开关阀选型。

主油路开关阀选用 NG80 的截止阀——CJZQ-F80F 高压球阀,采用法兰连接结构。

为了使结构紧凑,系统工作可靠,安装维护方便,将主泵/马达压力油路溢流阀、单向阀,辅助泵/马达溢流阀,液压蓄能器泄油路换向阀、节流阀,G3 齿轮泵压力油路溢流阀集成安装在一个阀块上。将主泵/马达压力油路由于结构尺寸较大,故单独安装在一个阀块上。

7.5.8 二次调节流量耦联静液传动抽油机油箱

(1)油箱容积的计算。

$$V = 4\sum V_i$$

式中 V——油箱的总容积,L;

V_i——系统各元件、管路充满油液时的容液量,L。

主液压泵/马达容液量为

$$V_{A4VSO250} = 250\ \text{mL} = 0.25\ \text{L}$$

辅助液压泵/马达容液量为

$$V_{A4VSO125} = 125\ \text{mL} = 0.125\ \text{L}$$

G3 齿轮泵容液量为

$$V_{G3} = 32\ \text{mL} = 0.032\ \text{L}$$

液压蓄能器溶液量为

$$V_{蓄} = 120\ \text{L}$$

液压缸的容液量为

$$V_{缸} = \frac{\pi}{4}[(0.1\ \text{mm})^2 - (0.07\ \text{mm})^2] \times 6 = 0.024\ \text{m}^3 = 24\ \text{L}$$

管路的总容液量

$$V_{管} = \frac{\pi}{4} \times (0.08\ \text{mm})^2 \times 10\ \text{m} = 0.05\ \text{m}^3 = 50\ \text{L}(按管路内径 80 mm,长度 10 m 计算)$$

$V = 4\sum V_i = 4 \times (V_{A4VSP250} + V_{A4VSO125} + V_{G3} + V_{蓄} + V_{缸} + V_{管}) = 4 \times (0.25\ \text{L} + 0.125\ \text{L} + 0.032\ 120\ \text{L} + 24\ \text{L} + 50\ \text{L}) = 778\ \text{L} \approx 800\ \text{L}$

(2)油箱的结构设计。

油箱箱体由厚 10 mm 的钢板焊接成型,底板倾斜 10°,便于放油。油箱布局如图 7.23 所示。

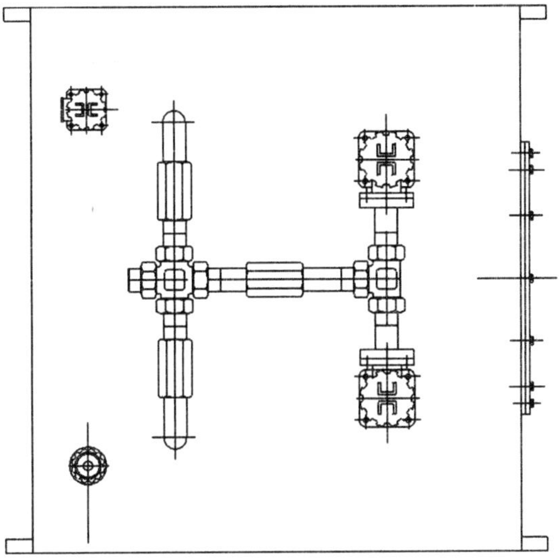

图 7.23　液压油箱布局

(3)油箱附件的选型。

过滤器:TFA-100×80,1 个,TFA-400×180,2 个;

单向阀:A-H32,3 个;

空气过滤器:QUQ2,1 个。

7.5.9　二次调节流量耦联静液传动抽油机泵站总体方案

在各部件总成设计完成的基础上,现进行泵站的总体设计。根据二次调节液压系统的回路特点,并综合考虑管路总长、弯管数量、整体尺寸、可靠性和便于维护等诸多方面的因素,现初定以下 3 种方案。

方案 1:如图 7.24 所示。

此方案虽然管路布线方便,转弯处较少,但是其布局显得比较松散,结构上布紧凑,而且整体占地面积较大。

方案 2:如图 7.25 所示。

方案 2 与方案 1 相比,在布局上可以说动了一次大手术。此方案结构更加紧凑,充分利用所占空间,管路总长度与方案 1 相当。但是由于结构紧凑,本方案中管路的转弯较多,综合上述两种方案,并结合野外作业的实际需要,制定出方案 3:如图 7.26 所示。

方案 3 大体上采用的是方案 2 的总体布局,但是泵组和电动机的安装方式采用的是方案 1 的安装方式。与前两个方案相比,方案 3 结构更为紧凑,总体尺寸不超过 4 000 mm×1 400 mm×1 500 mm,完全可以安装在双驴头式抽油机的支架下方,减少整机的占地面积。由于方案 3 结构紧凑,使得泵站压力油管路总长减小,从而减少了管路中的沿程压力损失。

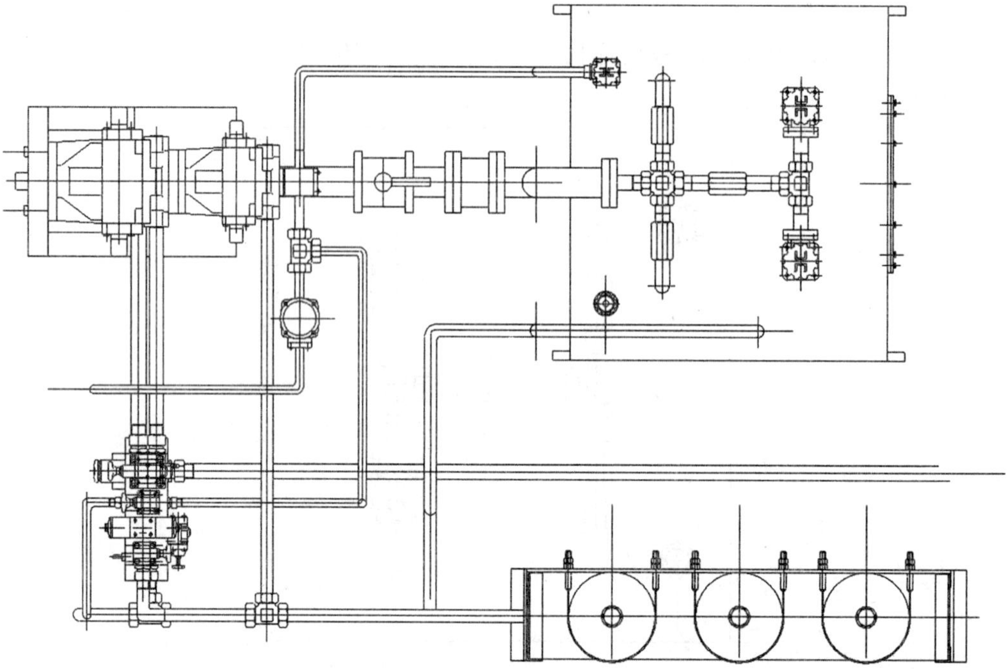

图7.24 泵站布局方案1

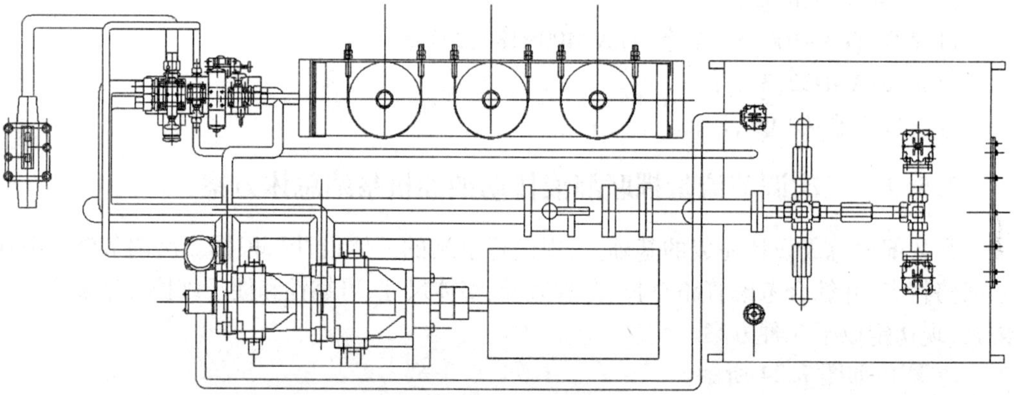

图7.25 泵站布局方案2

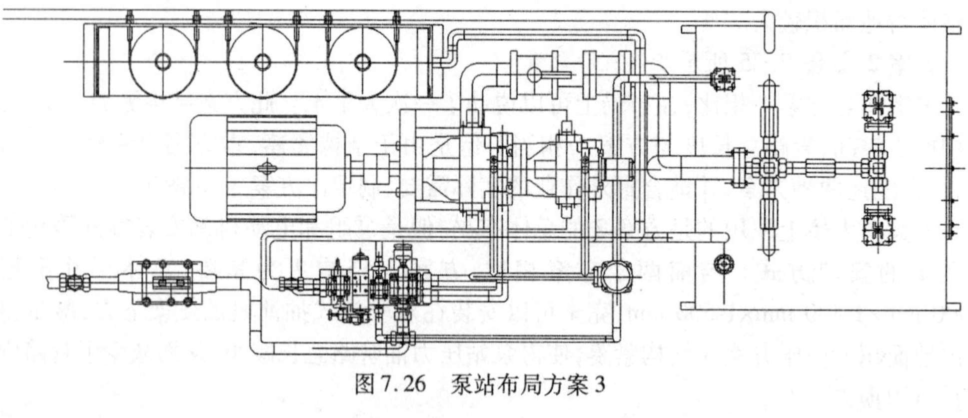

图7.26 泵站布局方案3

参考文献

[1] POLACK. Advanced pulsewidth modulation inverter technique [J]. IEEE Transactions On Industrial Applications, 1972, IA-8(3/4):145-154.

[2] NIKOLAUS H W. Hydrostatische fahr-und windenantriebe mit energie-rückgewinnung [J]. Ölhydraulik und Pneumatik, 1981, 25(3): 193-194.

[3] NIKOLAUS H W. Hydrospeicher als hydraulische batterie for hydrostatische getriebe [J]. Ölhydraulik und Pneumatik,1981, 25(7): 563-566.

[4] NIKOLAUS H W. Hydrostatische fahrantriebe mit energiespeicherung[J]. Ölhydraulik und Pneumatik, 1983, 27(1): 30-33; 1983, 27(2): 97-102.

[5] KORDAK R. Neuartige antriebskonzeption mit sekundärgeregelten hydrostatischen maschinen[J]. Ölhydraulik und Pneumatik,1981, 25(5): 387-392.

[6] KORDAK R. Praktische auslegung sekundärgereglter antriebssysteme[J]. Ölhydraulik und Pneumatik. 1982,26(11):795-800.

[7] KORDAK R. Sekundärgeregelter hydrostatische antriebe[J]. Ölhydraulik und Pneumatik, 1985, 29(9): 657-667.

[8] KORDAK R. Dremomentsteuerung bei elektrichen und hydrostatischen Maschinen mit hoher dynamik[J]. Ölhydraulik und Pneumatik, 1994,38(1-2):35-37.

[9] BACKÉ W, MURRENHOFF H. Regelung eines verstellmotors an einem konstant 钘 Symbolm@ @ drucknetz [J]. Ölhydraulik und Pneumatik, 1981, 25(8): 635-642.

[10] BACKÉ W. Elektrohydraulische regelung von verdrangereinheit [J]. Ölhydraulik und Pneumatik, 1987, 31(20):770-782.

[11] BACKÉ W, KÖGL CH. Secondary sontrolled motors in speed and torque control[C]. Tokyo: The Second International Symposium on Fluid Power, JHPS, 1993,9:241-248.

[12] BACKÉ W. Technische trends der fluidtechnik[J]. Ölhydraulik und Pneumatik, 1994, 38(11): 689-695.

[13] RABENHORST, DAVID W. Energy Convervation with Flywheels[J]. Energy, 1982, 6(3):23-24.

[14] NIKOLAUS H. Dynamik sekundärgeregelter hydroeinheiten am eingeprägten drucknetz [J]. Ölhydraulik und Pneumatik, 1982, 26(2): 74-82.

[15] ACHTEN P, VAEL G, MURRENHOFF H, et al. Low-emission hydraulic hybrid for passenger cars[J]. ATZ, 2009, 111(5):40-50.

[16] LAMBECKP R. Hydraulic pump and motors: selection and application for hydraulic power control systems[M]. New York and Basel: Marcel Dekkr. Inc., 1983.

[17] MURRENHOLF H. Einsatzbeispiel motorgeregelter antriebe mit der möglichkeit der eergierückgewinnung[J]. Ölhydraulik und Pneumatik, 1984, 28(7):427-434.

[18] MURRENHOLF H, WEISHAUPT E. Recent developments for the control of variable displacement motors with impressed pressure[C]. Tokyo:The 3rd International Symposium on Fluid Power, 1996,10: 79-84.

[19] BHAT S P, DUBEY G K. Three-phase regenerative converter with controlled flywheeling [J]. IEEE Trans, 1985, IA-21(6): 1431-1440.

[20] HAAS H J. Drehzahl-und lageregelung von verstellmotoren an einem zentralen drucknetz [J]. Ölhydraulik und Pneumatik, 1986,30(12):909-914.

[21] METZER F. Kennwerte der dynamik sekundärdrehzahlgeregelter arialkolbeneinheiten am einseprägten drucknetz[J]. Ölhydraulik und Pneumatik,1986, 30(3): 184-201.

[22] METZER F. Mikropropzessorgesteute, digitale drehwinkelregelung von axialkolbeneinheit [J]. Ölhydraulik und Pneumatik, 1987, 31(7):567-572.

[23] METZER F, FAHL H J. Untersuchungungen an einetr serienmabigen drehzahlgeregelten antriebs-axial kolleneinheit in schrägscheiben-hauweise[J]. Ölhydraulik und Pneumatik, 1987, 31(1): 50-55.

[24] TARN T J, BEJCZY A K, YUN X. New nonlinear control algorithms for multiple robot arms[J]. IEEE Transactions on Aerospace and Electronic Systems, 1988, 24(5): 571-583.

[25] OOI B T, DIXON J W, KULKAMI A B, et al. An integrated AC drive system using a controlled current PWM rectifier Inverter link[J]. IEEE Transactions on Power Electronics, 1988, 3(1):64-71.

[26] HOLTZ J, BEELKENS U. Direct frequency converter with sinusoidal input currents for variable speed ac motors[J]. IEEE Transactions on Industrial Electronics, 1989, 36(4):475-479.

[27] MATSUI K, TUSBOI K, MUTO S. Power regenerative controls by utilizing thyristor rectifier of voltage source inverter[C]. San Diego:Industry Applications Society Meeting, 1989,10:913-919.

[28] HEWKO L O, WEBER T. R. Hydraulic energy storage based hybrid propulsion system for a terrestrial vehicle[C]. Reno:Proceedings of the 25th Intersociety Energy Conversion Engineering Conference, 1990,8:99-105.

[29] HONG T, FITCH J C. Model of fuzzy logic expert system for real-time condition control of a hydraulic system[C]. Windso:Proceeding of the third International Conference on Machine Condituion Monitoring, 1990:104-109.

[30] SCHAUDER C. A regenerative two quadrant converter for DC link voltage source inverter [C]. Pittsburgh:IEEE Industry Applications Society Meeting, 1988,10:954-960.

[31] HOLTZ J J, SPRINGOB L. Reduced harmonics PWM controlled lineside converter for electric drivesr[C]. Seattle: Industry Applications Society Annual Meeting, 1990, 10: 959-964.

[32] AMRHEIN R. Secondary closed loop control increases productivity[J]. Rexroth Information Quarterly,1991 (3):7-9.

[33] RAMPEN W H, SALTER S H, FUSSEY A. Constant pressure control of the digital displacement pump[C]. 4th Bath intn'l Fluid Power Workshop, Fluid Power Systems and Modelling, 1991,9: 45-62.

[34] OSMAN R H, BANGE J B. A regenarative centrifuge drive using a current-fed inverter with vector control[C]. Seattle:Industry Applications Society Annual Meeting, 1990, 10:577-582.

[35] BUHL M R, LORENZ R D. Design and implementation of neural networks for digital current regulation of inverter drives[C]. Seattle:Industry Applications Society Annual Meeting, 1991,9-10:415-421.

[36] LI C T, LEE C S. Neural-network-based fuzzy logic control and decision system[J]. IEEE Transactions on Computer, 1991, 40(12): 1320-1336.

[37] BACKÉ W. Electrohydraulic loadsensing[C]. Milwaukee:Proceedings of the International Off-Highway and Powerplant Congress and Expostion, 1991.

[38] JDS G, ZARGARI N R, ZIOGAS P D. A new class of currentcontrolled suppressed-link ac to ac frequency changers[C]. Cambridge:Power Electronics Specialists Conference, 1991,7:830-837.

[39] LANTTO B, KRUS P, PALMBERG J. Interaction between loads in load-sensing systems [C]. Tampere, Finland: Proceedings of 2nd Tampere International Conference on Fluid Power, 1991.

[40] SUKEGAWA T, KAMIYAMA K, TAKABASHI J, et al. A multiple PWM GTO line-side converter for unity power factor and reduced harmonics [C]. Seattle:Industry Applications Society Annual Meeting, 1991,9-10:102-108.

[41] BRAUN D H, GILMORE T P, MASLOWSKI W A. Regenerative converter for PWM AC drives[J]. IEEE Transactions on Industry Applications, 1994, 30(5):1176-1184.

[42] TULUNAY Y, TULUNAY E, SENALP E T. The neural network technique-1: a general exposition[J]. Advances in Space Research, 2004 , 33(6):983-987.

[43] TULUNAY Y, TULUNAY E, SENALP E T. The neural network technique-2: an ionospheric example illustrating its application[J]. Advances in Space Research, 2004 , 33 (6):988-992.

[44] WEIAHAUPT E. Adaptive regler für eine verstelleinheit am netz mit aufgeprägtem druck [J]. Ölhydraulik und Pneumatik, 1992, 36(11): 740-749.

[45] Wu Z Q. A Rule self-regulating fuzzy controller[J]. Fuzzy Sets and Systems, 1992, 47 (1): 13-21.

[46] CLARE J C, MAYES P R, RAY W F. Bidirectional power converter for voltage fed inverter machine drives[C]. Toledo:Power Electronics Specialists Conference, 1992,6: 189-194.

[47] CREBIER J C, FERRIEUX J P. PFC full bridge rectifiers EMI modeling and analysis-common mode disturbance reduction[J]. IEEE Transactions on Power Electronics. 2004, 19(2):378-387.

[48] KÖGL C H. Sekundärgeregelte motoren im drehzahl und drehmomentregelkreis [J]. Ölhydraulik und Pneumatik,1992, 36(10): 680-686.

[49] RAHMAN MHRF,DEVANATHAN R,ZHU K. Neural network approach for linearizing control of nonlinear process plants[J]. IEEE Transactions on Industrial Electronics, 2002,47(2):470-477.

[50] TAKAGI T, SUGENO M. Stability Analysis and design of fuzzy control systems[J] Fuzzy Sets and Systems, 1992, (45): 135-156.

[51] AURAMO Y, JUHOLA M. Comparison of inference results of two otoneurological expert systems[J]. International journal of bio-medical computing, 1995,39(3):327.

[52] VORSCHAU M. Leistungssteigerungen durch neue antriebs-und Regelungskonzepte[J]. Ölhydraulik und Pneumatik. 1993, 37(4): 306-307.

[53] ELLIOTT D L. A better activation function for artificial neural networks[J]. Nuclear Instruments and Methods in Physics Reseach,1998,324(1-2):320-329.

[54] Lee D C, Sul S K, Park M H. Comparison of AC current regulators for IGBT inverters [C]. Yokohama: Power Conversion Conference, 1993,4:206-211.

[55] MEI D, KONG T,SHIH A J, et al. Magnetorheological fluid-controlled boring bar for chatter suppression [J]. Journal of Materials Processing Tech, 2009, 209(4):1861-1870.

[56] BACKÉ W. Recent research projects in hydraulics[C]. Tokyo:Proceedings of the Second JHPS International Symposium on Fluid Power, 1993,9: 3-27.

[57] BACKÉ W, KOGL C. Secondary controlled motors in speed and torque control[C]. Tokyo:Proceedings of the Second JHPS International Symposium on Fluid Power, 1993,9: 241-248.

[58] HABETLER T G. A space vector-based rectifier regulator for AC/DC/AC converters [J]. IEEE Transactions on Power Electronics, 2002, 8(1):30-36.

[59] KAZMIERKOWSKI M P, MALESANI L. Current control techniques for three-phase voltage-source PWM converters: a survey [J]. IEEE Transactions on Industrial Electronics, 2002, 45(5):691-703.

[60] ZMOOD D N, HOLMES D G. Stationary frame current regulation of PWM inverters with zero steady-state error[J]. IEEE Transactions on Power Electronics, 2003, 18(3):814-822.

[61] MALINOWSKI M, KAZMIERKOWSKI M P, HANSEN S, et al. Virtual-flux-based direct power control] of three-phase PWM rectifiers[J]. IEEE Transactions on Industry Applications, 2001, 37(4):1019-1027.

[62] UHRIN R, PROFUMO F. Performance comparison of output power estimators used in AC/DC/AC converters[C]. Bologna: Industrial Electronics, Control and Instrumentation, 1994,9: 344-348.

[63] MOHAN N, UNDELAND T, ROBBINS W. Power electronics converter applications and design [J]. Microelectronics Journal, 1995, 8 (1):32-37

[64] KÖGL C H, WERNER S. Optimierung der regelung von verstellmotoren am drucknetz mit hilfe der evolutionsstrategie[J]. Ölhydraulik und Pneumatik. 1995, 39(5): 417-421

[65] DUJIC D, KIEFERNDORF F, CANALES F. Power electronic transformer technology for traction applications—an overview [J]. Electronics, 2012,16 (1) :50-56.

[66] HOFFMANN H, PIEPENBREIER B. High voltage IGBTs and medium frequency transformer in DC-DC converters for railway applications[C]. Pisa: Power Electronics Electrical Drives Automation and Motion, 2010,6: 744-749.

[67] CIBB S, SAM G., MILLER D L. Inferring power consumption and electrical performance from motor speed in oil-well pumping units[J]. IEEE Transactions on Industry Applications, 1997, 33(1):187-193.

[68] FLINDERS F, MATHEW R, OGHANNA W. Energy saving through regenerative braking using retrofit converters[C]. Baltimore: Proceedings of the 1995 IEEE/ASME Joint, 1995,4:55-61.

[69] CHEN S, LIPO T A, FITZGERALD D. Modeling of bearing currents in inverter drives [J]. IEEE Transactions on Industry Applications,1996, 32:21-32.

[70] CHALABI F. Worldoil supply and demand a longer term view[J]. Renewable Energy, 1996, 8(1-4):22-28.

[71] BOSE K. Power electronics and variable frequency drives [M]. New York: IEEE Press, 1997.

[72] UHRIN R, PROFUMO F. Complete state feedback control of quasi direct AC/AC converter[C]. San Diego: Industry Applications Conference, 1996,10:1203-1209.

[73] OGASAWARA S, AKAGI H. Modeling and damping of high-frequency leakage currents in PWM inverter-fed AC motor drive systems[J]. IEEE Transactions on Industry Applications, 1995, 32 (5):1105-1114.

[74] HENKE R. A perspective on hydraulic drives versus emerging competition[J]. Control Engineering,1996,(3):67-70.

[75] SATO Y, KATAOKA T. State feedback control of current type pwm ac-to-dc converters fluid power[J]. IEEE Transactions on Industry Applications,1993,29 (6):1090-1097.

[76] LEONHARD W. Control of electrical drives [M]. 2nd ed. Berlin: Springer- Verlag, 1997.

[77] HO S L,YANG S,ZHOU P, et al. A combined finite element-domain elimination method for minimizing torque ripples in inverter-fed AC motor drive systems [J]. IEEE Transactions on Magnetics,2000, 36(4):1817-1821.

[78] PIERONEK J T, DECKER D K, SPECTOR V A. Spacecraft flywheel systems—benefits and issues[C]. Dayton:Proceedings of the IEEE 1997 National Aerospace and Electronics Conference,1997,7:589-593.

[79] LUOMARANTA M. A stable electro-hydraulic load sensing system based on a microcontroller[C]. Tampere, Finland:Proceedings of the Sixth Scandinavian International Conference on Fluid Power, 1996:419-432.

[80] MULCAHY T M, HULL J R, UHERKA K L, et al. Flywheel energy storage advances using HTS bearings[J]. IEEE Transactions on Applied Superconductivity, 1998, 9(2):297-300.

[81] MORDAS J B. Accumulator: a pump's best friend [J]. Hydraulics and Pneumatics, 1999,52(4):1-6.

[82] LEE D C, LEE G M, LEE K D. DC-bus voltage control of three phase AC/DC PWM converters using feedback linearization[J]. IEEE Transactions on Industry Applications, 2000, 36(3):826-833.

[83] LEE D C, JIANG J. Output voltage control of PWM inverters for stand-alone wind power generation systems using feedback linearization[C]. Hong Kong:Conference Record of the 2005 Industry Applications,2005,10: 1626-1631.

[84] BOSE B K. Energy, Environment and Advances in Power Electronics[C]. Cholula:Proceedings of the 2000 IEEE International Symposium on Power Electronics, 2000,12: TU1-T14.

[85] ACHTEN P A J, FU Z. Valving Land Phenomena of the Innas Hydraulic Transformer [J]. International Journal of Fluid Power, 2000, 1(1):39-47.

[86] WOO Y, LEE Y J. Free piston engine generator[J]. Technology Review and An Experimental Evaluation with Hydrogen Fuel, 2014, 15(2):229-235.

[87] BENHADDADI M,OLIVIER G. Barriers and incentives policies to high-efficiency motors and drives market penetration[C]. Ischia:2008 International Symposium on Power Electronics, Electrical Drives, Automation and Motion, 2008,6:1161-1164.

[88] CAUMONT O,MOIGNE P L, ROMBAUT C, et al. Energy gauge for lead-acid batteries in electric vehicles[J]. IEEE Transactions on Energy Conversion, 2000,15(3):354-360.

[89] TRUONG L, WOLFF F, DRAVID N, et al. Simulation of the interaction between flywheel energy storage and battery energy storage on the international space station[J]. Las Vegas:Proceedings of the Intersociety Energy Conversion Engineering Conference, 2000,7:848-854.

[90] BERNET S. Recent developments of high power converters for industry and traction applications[J]. IEEE Transactions on Power Electronics, 2000,15(6): 1102-1117.

[91] PARK KC,CHUNG H,LEE J G. Point stabilization of mobile robots via state-space exact eedback linearization[J]. Robotics and Computer Integrated Manufacturing, 1999, 16(5):2626-2631.

[92] BOYES J D, CLARK N H. Technologies for energy storage flywheels and super conducting magnetic energy storage[C]. Seattle:Proceedings of the IEEE Power Engineering Society Transmission and Distribution Conference, 2000,7:1548-1550.

[93] MCINROY J E, LEGOWSKI S F. Using power measurements to diagnose degradations in motor drivepower systems: a case study of oilfield pump jacks[J]. IEEE Transactions on Industry Applications, 2001, 37(6): 1574-1581.

[94] KEMPSKI A, STRZELECKI R, SMOLENSKI R, et al. Bearing current path and pulse rate in PWM-inverter-fed induction[C]. Vancouver:IEEE 32nd Annual Power Electronics Specialists Conference, 2001,7: 2025-2030.

[95] TIKKANEN S,VILENIUS M. Control of dual hydraulic free piston engine [J]. International Journal of Vehicle Autonomous Systems, 2006, 4(1):3-23.

[96] BETSCHON F, KNOSPE C R. Reducing magnetic bearing currents via gain scheduled adaptive control[J]. IEEE/ASME Transactions on Mechatronics. 2001, 6(4): 437-443.

[97] KIM H J, LEE H D, SUL S K. A new PWM strategy for common-mode voltage reduction in neutral-point-clamped inverter-fed AC motor drives[J]. IEEE Transactions on Industry Applications. 2001, 37(6): 1840-1845.

[98] HEBNER R, BENO J, WALLS A, et al. Flywheel batteries come around again[J]. IEEE Spectrum, 2002,39(4):46-51.

[99] MANYELE S V,KAGONJI I S. Analysis of medical waste incinerator performance based on fuel consumption and cycle times[J]. Engineering, 2012 , 04(10):625-635.

[100] ANGERINGER U. Drive line control for electrically driven vehicles using generalized second order sliding modes[J]. Engine & Powertrain Control, Simulation & Modeling, 2012, 45(30):79-84.

[101] Cavallo A J. Predicting the peak in world oil production[J]. Natural Resources, Research. 2002(11):187-195.

[102] WOHLFAHRT-MEHRENS M, SCHENK J, WILDE P M, et al. Materials for supercapacitors [J]. Journal of Power Sources, 2002,105(2):80-86.

[103] SUGANON, IMANISHI E, YONEZAWA S. A study on the optimization of efficiency and operating property of hydraulic systems[J]. Nippon Kikai Gakkai Ronbunshu C. 2002,68(2):524-530

[104] MUETZE A, BINDER A. Experimental evaluation of mitigation techniques for bearing currents in inverter-supplied drive systems-Investigations on induction motors up to 560 kW[J]. Journal of Biomechanics,2003, 47(6):1520-1525.

[105] MEI C, BALDA J C, WAITE W P, et al. Minimization and cancellation of common-mode currents, shaft voltages and bearing currents for induction motor drives[C]. Acapulco:IEEE 34th Annual Power Electronics Specialist Conference, 2003, 6:1127-1132.

[106] GOPFRICH K, REBBEREHC, SACK L. Fundamental frequency front end converter—a DC link drive converter without electrolytic capacitor[C]. Nomberg: PCIM 2003, 2003,5:59-64.

[107] JUNG D Y, KIM Y H, KIM S W, et al. Development of ultracapacitor modules for 42-V automotive electrical systems[J]. Journal of Power Sources, 2003,114(2):366-373.

[108] LAWRENCE R G, CRAVEN K L, NICHOLS G D. Flywheel UPS[J]. Industry Applications Magazine IEEE, 2003, 9(3):44-50.

[109] HUANG X, PEPA E, LAI J S, et al. EMI characterization with parasitic modeling for a permanent magnet motor drive[C]. Salt Lake City: Proceeding of IEEE industry applications society annual meeting, IEEE, 2003,10: 416-423.

[110] COREY G P. Batteries for stationary standby and for stationary cycling applications part 6: alternative electricity storage technologies[C]. Toronto: IEEE Power Engineering Society General Meeting, 2003,7:164-169.

[111] SUN Y, GARCIA J, KRISHNAMURTHY M. A novel fixed displacement Electric-Hydraulic Hybrid (EH2) drivetrain for city vehicles[C]. Detroit: Transportation Electrification Conference and Expo (ITEC), IEEE, 2003, 6:1-6.

[112] NAIK R, NONDAHL T A, MELFI M J, et al. Circuit model for shaft voltage prediction in induction motors fed by PWM-based AC drives[J]. IEEE Transactions on Industry Applications. 2003, 39(5): 1294-1299.

[113] KARMEL A M. Design and analysis of a transmission hydraulic system for an engine-flywheel hybrid-vehicle[C]. Atlanta: American Control Conference, 1988, 6:2385-2391.

[114] JR R D A, FERREIRA A C, SOTELO G G, et al. A superconducting high speed flywheel energy storage system[J]. Physica C Superconductivity, 2004, s 408-410(22):930-931.

[115] HIROKI S, SHIGERU I, EITARO K. Study on hybrid vehicle using constant pressure hydraulic system with flywheel for energy storage[C]. powertrain & fluid systems conference & exhibition, 2004, 7 (2) :1769-1777.

[116] WEI S, ZARGARI N, WU B. et al. Comparison and mitigation of common mode voltage in power converter topologies[C]. Seattle: Industry Applications Conference, 39th IAS Annual Meeting, IEEE, 2004, 10: 1852-1857.

[117] Electrical & Mechanical Services Department of HongKong[DB]. Guidelines on Energy Efficiency of Lift and Escalator Istallations. 2004 edition.

[118] YANG H Y, YANG J, XU B. Computational simulation and experimental research on speed control of VVVF hydraulic elevator[J]. Control Engineering Practice, 2004, 12(5):563-568.

[119] LAI Y S, CHEN P S, LEE H K, et al. Optimal common-mode voltage reduction PWM technique for inverter control with consideration of the dead-time effects-part II applications to IM drives with diode front end[J]. IEEE Transactions on Industry Applications. 2004, 40(6): 1613-1620.

[120] LAI Y S, SHYU F S. Optimal common-mode voltage reduction PWM technique for inverter control with consideration of the dead-time effects-part I: basic development[J]. IEEE Transactions on Industry Applications. 2004, 40(6): 1605-1612.

[121] BAIJU M R, MOHAPATRA K K, KANCHAN R S. et al. A dual two-level inverter scheme with common mode voltage elimination for an induction motor drive [J]. IEEE Transactions on Power Electronics, 2004, 19(3): 794-805.

[122] SHARM D K, DEBASIS G. Lagrange multiplier and nonlinear goal programming for optimizing multi-item inventory problems[J]. International Journal of Modeling and Simulation, 2004, 24(3):114-120.

[123] US Environmental Protection Agency. World's First Full Hydraulic Hybrid SUV Presented at 2004 SAEWold Congress [EB/OL]. (2004-03) [2006-06-24]. http://www.epa. gov/otaq/technology/420f04019. pdf.

[124] VARATHARAJOO R, AHMAD M T. Flywheel energy storage for spacecraft[J]. Aircraft Engineering and Aerospace Technology, 2004,76(4):384-390.

[125] HIROKI S, SHIGERU I, EITARO K. Study on hybrid vehicle using constant pressure hydraulic system with flywheel for energy storage[C]. Powertrain & Fluid Systems Conference & Exhibition,2004, 7 (2) :1769-1777.

[126] SHEN S W, FRANS E V. Analysis and control of a flywheel hybrid vehicular powertrain[J]. IEEE Transactions on Control Systems Technology,2004, 12(5):645-660.

[127] TSE K K,CHUNG S H,HUI S Y R, et al. A comparative study of carrier-frequency modulation techniques for conducted EMI suppression in PWM converters [J]. IEEE Transactions on Industrial Electronics, 2002, 49(3):618-627.

[128] MIERLO J V, BOSSCHE P V D, MAGGETTO G. Models of energy sources for EV and HEV: fuel cells, batteries, ultracapacitors, flywheels and engine-generators [J]. Journal of Power Sources, 2004,128(1): 76-89.

[129] SHI J, TANG Y J, YAO T, et al. Power conditioning system foral study on control method of voltage source SMES[C]. Palian:Transmission and Distribution Conference and Exhibition: Asia and Pacific, 2005,8:1-6.

[130] MILLER J M, EVERETT M. An Assessment of ultra-capacitors as the power cache in toyota ths-ii, gm-allision ahs-2 and ford fhs hybrid propulsion systems[C]. Austin: 20th IEEE Applied Power Electronics Conference and Exposition, 2005,3:481-490.

[131] IMRE G, KULKARNI P, SAYER J H. etal. The United States of storage[J]. IEEE Power and Energy Magazine, 2005,3(2):31-39.

[132] LYNN A, SMID E, ESHRAGHI M, et al. Modeling hydraulic regenerative hybrid vehicles using AMESim and Matlab/Simulink[C]. Orlando:Proceedings of the International Society for Optical Engineering, 2005,3:24-40.

[133] FIGARADO S, BHATTACHARYA T, MONDAL G, et al. Three-level inverter scheme with reduced power device count for an induction motor drive with common-mode voltage elimination[J]. Iet Power Electronics, 2008, 1 (1) :84-92 .

[134] LIU Y H, JIANG J H, YU Q T, et al. Study on the energy saving principle of hydraulic oil pumping unit with secondary regulation technique[C]. Nanjing: International Conference on Mechanical Engineering and Mechanics, 2005,10:715-718.

[135] OKOYE C, JIANG J H, HU Z D. Application of hydraulic power unit and accumulator charging circuit for electricity generation, storage and distribution[C]. Hangzhou:Proceedings of the Sixth International Conference on Fluid Power Transmission and Control, 2005:224-227.

[136] PRICE A. Electrical energy storage—a review of technology options[J]. Civil Engineering, 2006 , 158 (6) :52-58.

[137] BURKE A. The present and projected performance and cost of double-layer pseudo-capacitive ultra-capacitors for hybrid vehicle applications[C]. Chicago: Vehicle Power and Propulsion, IEEE Conference, 2005,7:356-366.

[138] SUZUKI Y, KOYANAGI A, KOBAYASHI M, et al. Novel applications of the flywheel energy storage system [J]. Energy, 2005 , 30 (11-12) :2128-214.

[139] KUSKO A, DEDAD J. Short-term, long-term, energy storage methods for standby electric power systems[C]. Hong Kong: Industry Applications Conference, Fourtieth IAS Annual Meeting, 2005, 10:2672-2678.

[140] AHN K K, OH B S. An experimental investigation of energy saving hydraulic control system using switching type closed loop CPS[C]. Hangzhou:Proceedings of the Sixth International Conference on Fluid Power Transmission and Control , 2005,4:153-157.

[141] ALMEIDA AT DE, FJTE F,BOTH D. Technical and economical considerations in the application of variable-speed drives with electric motor systes[J]. IEEE Transactions on Industry Applications,2005,41 (1) :188-199.

[142] KOHARI Z, VAJDA I. Losses of flywheel energy storages and joint operation with solar cells[J]. Journal of Materials Processing Technology, 2005,161(1-2):62-65.

[143] HYYPIO D. Mitigation of bearing electro-erosion of inverter-fed motors through passive common-mode voltage suppression[J]. IEEE Transactions on Industry Applications. 2005, 41(2): 576-583.

[144] LINDGREN A, KILLING B. Accumulation of knowledge enhances hydraulic circuits [J]. British Plastics and Rubber. 2005(4):14-15.

[145] SIROUSPOUR M R, SALCUDEAN S E. On the nonlinear control of hydraulic servo-systems[C]. San Francisc: Proceedings of International Conference on Robotics and Automation, 2000,4:1276-1282.

[146] MIERLO J V, MAGGETTO, G, LATAIRE P. Which energy source for road transport in the future? A comparison of Battery, Hybrid and Fuel Cell Vehicles[J]. Energy Conversion and Management, 2006, 47(17):2748-2760

[147] KO H S, JATSKEVICH J. Power quality control of wind-hybrid power generation system using fuzzy-LQR controller[J]. IEEE Transaction on energy conversion, 2007,22(2):516-527.

[148] FRANK A B, KASZYNSKI M, SAWODNY O. Drive cycle prediction and energy management optimization for hybrid hydraulic vehicles[J]. IEEE Transactions on Vehicular Technology,2013,62(8): 3581-3592.

[149] NA W, Gou B,Diong B. Nonlinear control of PEM fuel cells by exact linearization[C]. Hong Kong:Industry Applications Conference, 2007,10:2937-2943.

[150] ROCCATELLO A, MANCO S, NERVEGNA N. Modelling a variable displacement axial piston pump in a multibody simulation environment[J]. Journal of Dynamic Systems, Measurement and Control, Transactions of the ASME, 2007,129(4):456-468.

[151] GUNGOR A, ESKIN N. The characteristics that define wind as an energy source[J]. Energy Sources, Part A: Recovery, Utilization and Environmental Effects, 2008,30(9): 842-855.

[152] 徐兵, 欧阳小平, 杨华勇,等. 液压变压器瞬时排量特性[J]. 机械工程学报, 2007,43(11):44-49.

[153] 徐兵, 林建杰, 杨华勇. 液压电梯中的能量回收技术[J]. 液压与气动,2004,(6): 72-74.

[154] 徐兵, 欧阳小平, 杨华勇. 配置蓄能器的变频液压电梯节能控制系统[J].浙江大学学报(工学版),2002,36(5):521-525.

[155] 杨俭, 徐兵, 杨华勇. 配置蓄能器的变频驱动液压电梯能耗特性研究[J]. 机械工程学报,2003,14(7):623-626.

[156] 魏英俊. 新型液压驱动混合动力运动型多用途车的研究[J]. 中国机械工程, 2006, 17(15):1645-1648.

[157] 胡东明,徐兵,杨华勇. 变频驱动的闭式回路节能型液压升降系统[J]. 浙江大学学报(工学版),2008,42 (2) :209-214.

[158] 张维刚, 谭彧, 朱小林. 液压技术在混合动力汽车节能方面的应用[J]. 机床与液压,2006,(6):144-146.

[159] 杨军宏, 尹自强, 李圣怡. 阀控非对称缸的非线性建模及其反馈线性化[J]. 机械工程学报,2006,42(5):203-207.

[160] 刘明辉. 混合动力客车整车控制策略及总成参数匹配研究[D]. 长春:吉林大学, 2005.

[161] 邓卫华, 张波, 丘东元,等. 电流连续型 Boost 变换器状态反馈精确线性化与非线性 PID 控制研究[J]. 中国电机工程学报,2004,24(8):45-50.

[162] 李运华，王占林. 电气液压复合调节容积式舵机的精确线性化控制[J]. 机械工程学报,2004,40(11):21-26.

[163] 何仁，孙龙林，吴明. 汽车新型储能动力传动系统节能机理[J]. 长安大学学报(自然科学版),2002, 22(5):67-70.

[164] 张铁柱，罗邦杰，吴淑荣,等. 高速储能飞轮的设计与分析[J]. 机械工程学报，1993, 29(1):24-29.

[165] 范崇托，沈智果. 电液伺服系统的参考模型自适应控制[J]. 液压工业，1991，(3): 11-13.

[166] 黄智伟. 模糊控制技术的研究概况及动向[J]. 自动化与仪表，1991(1): 1-3.

[167] 蒋国平. 静压驱动集成化元件-A4V 通轴泵[J]. 液压工业，1988(2): 27-31.

[168] 田科. 十年来液压技术应用的发展[J]. 液压与气动，1988(1): 7-10.

[169] 王昌银，王应建，林建亚. 高精度电液位置伺服系统的智能 PID 控制[J]. 黑龙江自动化技术与应用，1989(4): 30-33.

[170] 路甬祥. 机械学科近期发展战略——流体传动与控制部分[J]. 液压与气动，1989(3): 2-3.

[171] 林建亚，王昌银，王应建. 机器人电液伺服系统模糊控制实验研究[J]. 液压与气动，1989(4): 2-5.

[172] 蒋国平. 利用次级传动技术的功率回收液压试验台[J]. 液压工业，1989(4): 30-32.

[173] 谢卓伟，付永领，刘庆和. 二次转速调节静液压驱动系统的微机数字闭环控制[J]. 工程机械，1990(11):29-32.

[174] 黎亚元，周平. 一种采用低阶模型的 MRACS 的新方法及其在非线性液压伺服系统上的应用[J]. 机床与液压，1991(1):23-27.

[175] 金力民，路甬祥，吴根茂. 采用非线性补偿算法克服二次调节系统的低速滞环[J]. 液压与气动，1991(3): 6-8.

[176] 范基，王志兰. 次级调节的节能液压系统研制[J]. 液压与气动，1991(2):16-17.

[177] 陈真炎. DA 控制阀的运动机理分析与运用[J]. 液压工业，1991(2):12-14.

[178] 王孙安，林廷圻，史维祥. 液压伺服控制系统的新发展[J]. 机床与液压，1991(1): 8-14.

[179] 蒋晓夏，刘庆和. 具有能量回收与重新利用功能的二次调节传动系统[J]. 工程机械，1992 (8): 27-30.

[180] 蒋晓夏. 静液驱动二次调节及其自适应控制系统的研究[D]. 哈尔滨:哈尔滨工业大学,1992.

[181] 牛铁成. 双闭环电控二次调节液压装置的试验研究[J]. 机床与液压，1992 (6): 275-278.

[182] 张永杲. 流体动力系统的计算机控制[M]. 北京: 机械工业出版社，1992.

[183] 贾炎. 应用二次调节技术的大惯性柔性负载牵引系统特性研究[D]. 太原:太原理工大学,2009.

名词索引